普通高等教育“十三五”规划教材——化工安全系列

化工安全导论

主　编　毕海普

副主编　袁雄军　刘龙飞

主　审　王凯全

中国石化出版社

内 容 提 要

本书为"普通高等教育'十三五'规划教材——化工安全系列"之一，以系统安全工程为理论基础，应用"4M"事故预防和控制措施，分别从事故系统中人的不安全行为、物的不安全状态、不良环境和管理欠缺等四个方面，概括性地阐述化工安全技术与工程的基本思想、基本理论、基本方法以及事故预防的基本方法。全书共六章，分别介绍安全与系统安全、事故预防与控制及化工作业和行为安全、化工工艺和设施安全、化工条件和环境安全和化工安全管理。

本书强调完整性和实用性，力争用较少的篇幅，使读者较系统地、较清晰地掌握化工安全技术与工程的核心和精髓。

本书可供化工类高等院校师生学习使用，也可供从事化工安全技术及管理人员参考。

图书在版编目(CIP)数据

化工安全导论 / 毕海普主编. —北京：中国石化出版社，2019.1
普通高等教育"十三五"规划教材·化工安全系列
ISBN 978-7-5114-5118-7

Ⅰ.①化… Ⅱ.①毕… Ⅲ.①化学工业-高等学校-教材 Ⅳ.①TQ086

中国版本图书馆 CIP 数据核字(2018)第 285301 号

中国石化出版社出版发行

地址：北京市朝阳区吉市口路 9 号
邮编：100020 电话：(010)59964500
发行部电话：(010)59964526
http://www.sinopec-press.com
E-mail:press@sinopec.com
北京柏力行彩印有限公司印刷
全国各地新华书店经销

*

787×1092 毫米 16 开本 14 印张 313 千字
2019 年 1 月第 1 版 2019 年 1 月第 1 次印刷
定价：45.00 元

《普通高等教育“十三五”规划教材——化工安全系列》编委会

前　言

化学品已广泛应用于工农业生产和居民日常生活，对于发展社会生产力、提高人民生活质量起到了不可替代的作用。化学工业在我国国民经济中占有重要的战略地位，是国家基础产业和支柱产业，既以其技术和产品服务于其他工业，同时也制约其他工业的发展。安全生产是确保化工产业健康稳定发展的基础。由于化工生产的原料和产品大多数为易燃、易爆及有毒、有腐蚀性的物质，生产工艺的连续性强，集中化程度高，技术复杂，设备种类繁多，一旦发生事故，后果将极其严重。因此，安全问题在化工生产过程中占据着非常重要的位置。

化工安全导论围绕化工过程安全问题，将安全工程的基本理论和技术方法应用于化工生产，系统介绍安全工程与技术知识、事故预防和控制理论、现代安全管理的基本原则和内容；详细阐述典型化工单元和作业、典型化工工艺和设施、典型化工条件和环境的危险性分析，以及化工安全管理和事故防控方法；力求充分反映化工生产过程中涉及化学化工安全方面的基本知识，对在有限时间内了解和认识化工安全常识、增强化工安全意识、提高化工生产安全水平、保障自身和他人安全、促进社会和谐发展具有一定意义。

本书是在多年教学和科研经验的基础上，结合近年来化工安全技术迅速发展的现状，以及广大技术人员和管理人员进行知识更新的需要而编写的。本书以系统安全工程为理论基础，基于“4M”要素在事故的发生发展中的作用和关联关系，分别介绍了化工作业和行为安全、化工工艺和设施安全、化工条件和环境安全、化工安全管理措施的事故预防与控制方法。在编写过程中，笔者力求将化工安全的基本理论和分析方法与化工生产中的具体安全问题相结合，既注意提高安全理论水平，又注重解决实际问题。在对理论和分析方法的阐述中强调了实用性和可操作性，各章主要内容之后均安排了相应的事故案例分析。

本书由常州大学毕海普(第一章、第二章、第三章、第四章)、袁雄军(第六章);常熟理工学院刘龙飞(第五章)等编写，常州大学邵辉教授和邵小晗老师也参与部分章节的编写工作，王凯全承担全书统稿。在本书编写过程中，笔者参阅和利用了大量文献资料，在此对原著作者表示感谢。

由于作者水平所限，难以跟上化工安全工程理论和技术快速发展的步伐，书中难免存在一些不当之处，敬请专家、读者批评指正。

目　录

第一章　安全与系统安全

安全工程的应用与发展是人类社会进步和经济发展的必然要求。一方面，生产活动在创造物质财富的同时带来大量危险因素，并不断向深度和广度拓展；另一方面，人们在满足了基本生活需求之后，不断追求更安全、更健康、更舒适的生存空间和生产环境。安全工程的艰巨性在于既要不断深入地控制已有的危险因素，又要预见并控制可能出现的新的危险因素，以满足人们日益增长的安全需求。

本章概括了系统安全科学的基本思想，重点介绍安全、危险、系统安全工程及系统安全分析的化工安全基础主要内容。

第一节　安全与危险

一、安全

安全是人类生存与发展活动中永恒的主题，也是当今乃至未来人类社会重点关注的问题之一。“无危则安、无损则全”。安全一般被认为是不至于对人的身体造成伤害、对精神构成威胁和使财物导致损失的状态。随着对安全问题研究的逐步深入，人们越来越清醒地意识到，“无危则安、无损则全”不是安全的科学定义。这是因为，绝对“无危、无损”的状态只是主观上的理想，任何生产、生活过程都存在一定的危险性；所谓“无危、无损的状态”是个模糊的概念，不能用科学的定量标准来衡量。

最先赋于安全一个较为科学解释的是美国安全工程师学会(ASSE)。在其编写的《安全专业术语辞典》中认为：安全是“导致损伤的危险度是能够容许的、较为不受损害的威胁和损害概率低的通用术语”。著名安全专家A. 库尔曼在《安全科学导论》中进一步指出：“安全的定义包含着危险和危急所引起的可能的损害不会发生的可信程度。”日本著名安全专家井上威恭指出：“安全系指判明的危险性不超过允许的限度。”

总之，安全是在生产、生活系统中，能将人员伤亡或财产损失的概率和严重度控制在可接受的水平的状态。

科学的安全概念具有三层含义：

(1)安全是相对的和动态的。世界上任何系统都包含有不安全的因素，都具有一定的危险性，没有任何系统是绝对安全的。“安全的”系统并不意味着已经杜绝了事故和损失，而是指事故发生的可能性相对较小，事故损失的严重性相对较低。现实中的安全系统不可能是“零事故”的极端状态，人们应该不断克服系统中的危险因素，不断追求相对“更高的安全程度”的安全目标。

(2)安全是主观和客观的统一。安全反映了人们对系统中客观存在的危险性的主观认识和容忍程度。作为客观存在，系统危险因素引发的事故何时、何地、以何种程度发生，会造成何种恶果，人们不可能完全准确地预料，但是可以通过研究事故发生的条件和统计规律来不断深化对系统危险性及事故规律性的认识；作为对客观存在的主观认识，安全表达了人们内心对客观危险的承受能力，事故发生频率和损害程度提高或(和)人们内心对事故的容忍程度降低都会产生不安全的感觉。

(3)安全需要以定量分析为基础。安全的定量分析涉及三个重要指标，即：系统事故发生的概率、事故损失的严重度、可接受的危险水平。为了认识系统的危险，人们必须在确定系统事故发生的概率及其损失的严重度的基础上，与可接受的危险水平相比较；为了实现系统安全，人们需要有针对性、有重点地借助预防措施来降低事故概率，通过控制手段来减少事故损失。

二、危险

危险是安全的对立状态。危险是指在生产、生活系统中一种潜在的，致使人员伤亡或财产损失的不幸事件(即事故)发生的概率及其严重度超出可接受水平的状态。危险的概率是指危险转变为事故的可能性即频度或单位时间危险发生的次数。危险的严重度或伤害、损失或危害的程度则是指危险发生后导致的伤害程度或损失大小。

危险性是衡量系统危险程度的客观量。相应地，安全性反映了系统的安全程度，是衡量系统安全程度的客观量。假定系统的安全性为 S，危险性为 R，则有

$$S = 1 - R \tag{1-1}$$

显然，R 越小，S 越大；反之亦然。若在一定程度上消减了危险性，就等于创造了安全。当危险性小到可以被接受的水平时，就认为系统是安全的。

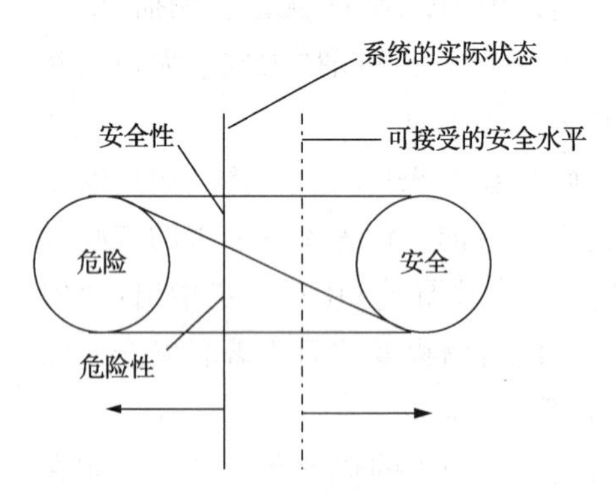

图 1-1　安全性与危险性的关系

安全性与危险性的关系可以参照图 1-1 来说明。其中，左右两端的圆分别表示系统处于绝对危险和绝对安全的状态。任何实际系统总是处于两者之间，包含一定的危险性和一定的安全性，可以用介于左右两圆中的一条垂线表示，垂线的上半段表示其安全性，下半段表示其危险性。当实际系统处于“可接受的安全水平”线(图中虚线)的右侧时，人们认为这样的系统是安全的。

我们在安全问题上面临的矛盾是：一方面，生产活动在创造物质财富的同时带来大量不安全不卫生的危险因素，并不断向深度和广度拓展，科技进步带来了火灾、爆炸、毒物泄漏、空难、原子幅射、大气污染等事故可能性和严重度的增加，在图1-1上表现为系统的实际状态有向左移动的趋势；另一方面，人们在满足了基本生活需求之后，不断追求更安全、更健康、更舒适的生存空间和生产环境，在图 1-1 上表现为可接受的安全水平有向右移动的趋势。

危险因素的绝对增长和人们对各类灾害在心理、身体上承受能力的绝对降低的矛盾是人类进步的基本特征和必然趋势，使人类对安全目标的向往和努力具有永恒的生命力。在这对矛盾之中，后者是人类进步的表现，无可厚非；因而前者是安全工作者要认真研究的主要矛盾方面。安全工作的艰巨性在于既要不断深入地控制已有的危险因素，又要预见并控制可能和正在出现的各种新的危险因素，以满足人们日益增长的安全需求。安全工作者必须勇敢地承担起这个艰巨的不容推卸的社会责任。

三、事故

1. 事故的概念

事故是指在生产活动中，由于人们受到科学知识和技术力量的限制，或者由于认识上的局限，当前还不能防止，或能防止但未有效控制而发生的违背人们意愿的事件序列。事故的发生，可能迫使系统暂时或较长期的中断运行，也可能造成人员伤亡和财产损失(又可称为损伤)，或者二者同时出现。

事故的含义包括：

(1)事故是一种发生在人类生产、生活中的特殊事件，由于任何系统都存在一定的危险性，因此人类的任何生产、生活过程中都可能发生事故。

(2)事故是一种迫使进行着的生产、生活活动暂时或永久停止的事件。事故中断、终止人们正常活动的进行，必然给人们的生产、生活带来某种形式的影响，甚至还可能造成人员伤害、财物损坏或环境污染等其他形式的严重后果。因此，事故是一种违背人们意志的事件，是人们不希望发生的事件。

(3)事故是一种突然发生的、出乎人们意料的意外事件。由于导致事故发生的原因非常复杂，往往包括许多偶然因素，因而在事故发生之前，人们无法准确地预测事故发生的时间、地点、严重程度等。因此，人们在开展生产、生活活动之前和过程中，都应该做好预防和应对事故的物质和精神准备。

(4)事故是一系列事件序列。事故由事故隐患、故障、偏差、事故、事故后果等一系列互为因果的事件构成。通常人们只把发生了严重后果的事故当成事故看待，进行原因分析、后果控制，而轻视对一般事故、未遂事故的隐患的查找和事故预防，这不但在认识上是错误的，对事故的预防也是不利的。之所以产生这种认识，是因为事故的后果，特别是引起严重伤害或损失的事故后果，给人的印象非常深刻，相应地注意了带来某种严重后果的事故；相反地，当事故带来的后果非常轻微，没有引起人们注意的时候，人们也就忽略了事故。

2. 事故的特征

事故一般具有如下特性：

(1)因果性

事故的因果性是指一切事故的发生都是有其原因的，这些原因就是潜伏的危险因素。这些危险因素有的来自人的不安全行为和管理缺陷，也有物和环境的不安全状态。这些危险因素在一定的时间和空间内相互作用就会导致系统的隐患、偏差、故障、失效，以至发生事故。

因果关系表现为继承性，即第一阶段的结果可能是第二阶段的原因，第二阶段的原因又可能引起第二阶段的结果，如图 1-2 所示。

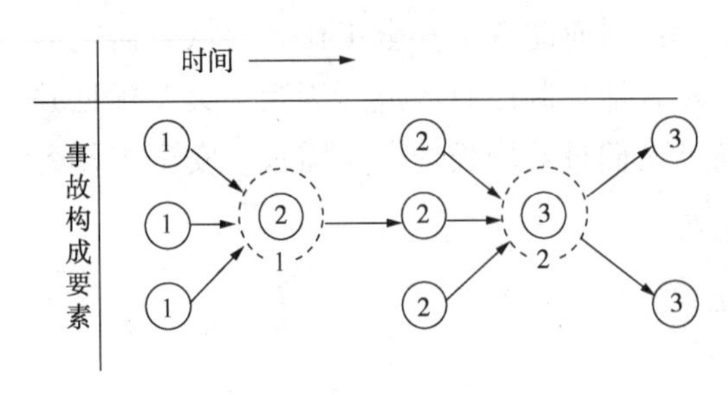

图 1-2　事故的因果关系

2005 年 11 月 13 日，吉林某双苯厂发生爆炸，在随后的 2 个小时内，厂内又接连发生 5 次爆炸。共造成 5 人死亡、1 人失踪、70 多人受伤，直接经济损失 6908 万元。爆炸发生后，排出的苯、苯胺、硝基苯等爆炸污染物和污水进入了松花江，造成了重大的环境污染事件。在这个事故中，双苯厂爆炸的结果是苯、苯胺、硝基苯等爆炸污染物和污水流入松花江的原因，而流入松花江的污染物又可能引起环境污染以及经济和社会等多方面的后果。

因果性说明事故的原因是多层次的。有的原因与事故有直接联系，有的则有间接联系，不是某一个原因就可能造成事故，而是诸多不利因素相互作用促成事故。因此，不能把事故原因归结为一时或一事，而应在识别危险时对所有的潜在因素(包括直接的、间接的和更深层次的因素)都进行分析。只有充分认识了所有这些潜在因素的发展规律，分清主次地对其加以控制和消除，才能有效地预防事故。

事故的因果性还表现在事故从其酝酿到发生、发展具有一个演化的过程。事故发生之前总会出现一些可以被人类认识的征兆，人类正是通过识别这些事故征兆来辨识事故的发展进程，控制事故，化险为夷。事故征兆是事故爆发的量的积累，表现为系统的隐患、偏差、故障、失效等，这些量的积累是系统突发事故和事故后果的原因。认识事故发展过程的因果性既有利于预防事故，也有利于控制事故后果。

(2)随机性

事故的随机性是指事故的发生是偶然的。随着时间的进程，同样的前因事件导致的后果不一定完全相同。但是在偶然的事故中孕育着必然性，必然性通过偶然事件表现出来。

事故的随机性说明事故的发生服从于统计规律，可用数理统计的方法对事故进行分析，从中找出事故发生、发展的规律，认识事故，为预防事故提供依据。

事故的随机性还说明事故具有必然性。从理论上说，若生产中存在着危险因素，只要时间足够长，样本足够多，作为随机事件的事故迟早必然会发生，事故总是难以避免的。但是安全工作者对此不是无能为力，而是可以通过科学客观的分析，从随机发生的事故中发现其规律，通过持续不懈的努力，使系统的安全状态不断改善，使事故发生的概率不断降低，使事故后果严重度不断减弱。

(3)潜伏性

事故的潜伏性是说事故在尚未发生或还没有造成后果之时，各种事故征兆是被掩盖的。系统似乎处于“正常”和“平静”状态。

事故的潜伏性使得人们认识事故、弄清事故发生的可能性及预防事故成为一项非常困难的事情。这就要求人们必须分析已发生的事故，探索和总结事故规律，从中汲取经验教训；要求人们在任何情况下都要把安全放在第一位，消除盲目性和麻痹思想，居安思危，明察秋毫，才能做到常备不懈，防患未然。

3. 事故分类

根据生产安全事故报告和调查处理条例，生产安全事故(以下简称事故)造成的人员伤亡或者直接经济损失，事故一般分为以下等级：

① 特别重大事故，是指造成30人以上死亡，或者100人以上重伤(包括急性工业中毒，下同)，或者1亿元以上直接经济损失的事故；

② 重大事故，是指造成10人以上30人以下死亡，或者50人以上100人以下重伤，或者5000万元以上1亿元以下直接经济损失的事故；

③ 较大事故，是指造成3人以上10人以下死亡，或者10人以上50人以下重伤，或者1000万元以上5000万元以下直接经济损失的事故；

④ 一般事故，是指造成3人以下死亡，或者10人以下重伤，或者1000万元以下直接经济损失的事故。

国务院安全生产监督管理部门可以会同国务院有关部门，制定事故等级划分的补充性规定。所称的“以上”包括本数，所称的“以下”不包括本数。

按致伤原因把伤亡事故分为20类，见表1-1。

表1-1 按按致伤原因的事故分类

序号	事故类别	备注
1	物体打击	指落物、滚石、捶击、碎裂、崩块、砸伤，不包括爆炸引起的物体打击
2	车辆伤害	包括挤、压、撞、颠覆等
3	机械伤害	包括铰、碾、割、戳
4	起重伤害	
5	触电	包括雷击
6	淹溺	
7	灼烫	
8	火灾	
9	高空坠落	包括由高处落地和由平地落入地坑
10	坍塌	
11	冒顶片帮	
12	透水	
13	放炮	
14	火药爆炸	生产、运输和储藏过程中的意外爆炸
15	瓦斯爆炸	包括煤尘爆炸
16	锅炉爆炸	
17	压力容器爆炸	
18	其他爆炸	
19	中毒和窒息	
20	其他	

4. 事故的发生概率与后果严重度

预防事故发生和控制事故后果是安全工程的两项主要任务。

(1)事故发生的概率

事故发生的概率是时间长度或样本个数趋近无限大的情况下，系统发生事故的时间与系统正常工作时间的比值，或系统发生事故的次数与系统正常工作次数的比值。

事故发生的概率可以由下式得到：

$$P=\lim_{t\to\infty}\frac{N_{\mathrm{d}}}{N} \tag{1-2}$$

或

$$P=\lim_{n\to\infty}\frac{N_{\mathrm{d}}}{N} \tag{1-3}$$

式中　P——事故发生的概率；

N_{d}——系统发生事故的次数；

N——系统正常工作的次数；

t——系统工作时间；

n——同类系统样本数量。

式(1-2)可称为事故的时间概率，式(1-3)可称为事故的样本概率。由于在实践中，时间或样本都不可能无限大，人们通常近似地将事故发生的频率指标作为事故发生的概率值。

(2)事故后果的严重度

事故后果严重度是事故发生后其后果带来的损失大小的度量。事故后果带来的损失包括人员生命健康方面的损失、财产损失、生产损失或环境方面的损失等可见损失，以及受伤害者本人、亲友、同事等遭受的心理冲击，事故造成的不良社会影响等无形的损失。由于无形的损失主要取决于可见损失，因此事故后果严重度也可以用可见损失的大小来相对比较。通常，以伤害的严重程度来描述人员生命健康方面的损失；以损失价值的金额数来表示事故造成的财物损失或生产损失。

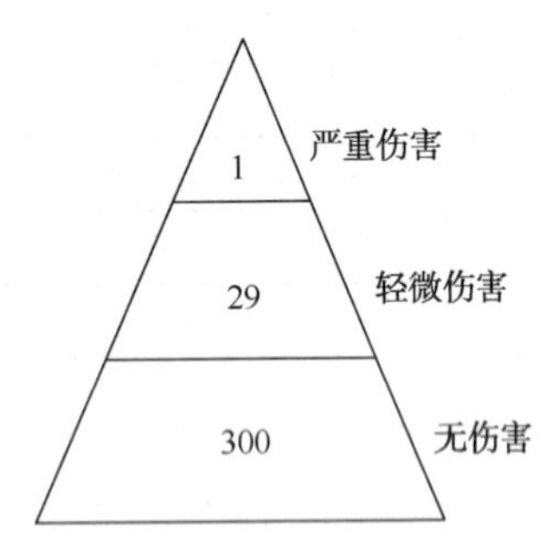

图 1-3　海因里希事故三角形

(3)事故发生的概率与后果严重度的关系

美国的海因里希(W. H. Heinrich)早在 20 世纪 30 年代就研究了事故发生概率与事故后果严重度之间的关系。根据对调查结果的统计处理得出结论，同一个人发生的 330 起同种事故中，300 起事故没有造成伤害，29 起造成了轻微伤害，1 起造成了严重伤害。即：事故后果分别为严重伤害、轻微伤害和无伤害的事故次数之比为 1∶29∶300(图 1-3)。

比例 1∶29∶300 被称为海因里希法则，它反映了事故发生频率与事故后果严重度之间的一般规律。即事故发生后带来严重伤害的情况是很少的，造成轻微伤害的情况稍多，而事故后无伤害(被称为未遂事故)的情况是大量的。

海因里希法则提醒人们，某人在遭受严重伤害之前，可能已经经历了数百次没有带来严重伤害的未遂事故。在无伤害或轻微伤害的背后，隐藏着与造成严重伤害相同的原因。在事故预防工作中，应十分重视从未遂事故中探究事故规律，在发生轻微伤害或无伤害事故时就分析其发生原因，尽早采取恰当对策防止事故发生，而不是在发生了严重伤害之后才追究其原因，采取改进措施。

四、事故与危险源

危险源即危险的根源，是可能导致人员伤害或财物损失事故的、潜在的不安全因素，生产、生活中的许多不安全因素都是危险源。事故(特别是石化生产过程中的事故)就是这些危险源的发展变化和相互作用，使能量发生了意外释放而造成的。危险源的存在是事故发生的根本原因，防止事故就是消除、控制系统中的危险源。

根据危险源在事故发生、发展中的作用，可以划分为两大类。

1. 第一类危险源

根据能量意外释放论，事故是能量或危险物质的意外释放，作用于人体的过量的能量或干扰人体与外界能量交换的危险物质是造成人员伤害的直接原因。于是，把系统中存在的、可能发生意外释放的能量或危险物质称作第一类危险源。

一般地，能量被解释为物体做功的本领。做功的本领是无形的，只有在做功时才显现出来。因此，实际工作中往往把产生能量的能量源或拥有能量的能量载体作为第一类危险源来处理。例如，带电的导体、奔驰的车辆等。

可以列举常见的第一类危险源如下：

① 产生、供给能量的装置、设备；

② 使人体或物体具有较高势能的装置、设备、场所；

③ 能量载体；

④ 一旦失控可能产生巨大能量的装置、设备、场所，如强烈放热反应的化工装置等；

⑤ 一旦失控可能发生能量蓄积或突然释放的装置、设备、场所，如各种压力容器等；

⑥ 危险物质，如各种有毒、有害、可燃烧爆炸的物质等；

⑦ 生产、加工、储存危险物质的装置、设备、场所；

⑧ 人体一旦与之接触将导致人体能量意外释放的物体。

第一类危险源具有的能量越多，一旦发生事故其后果越严重。相反，第一类危险源处于低能量状态时比较安全。

2. 第二类危险源

在生产生活中，为了利用能量，让能量按照人们的意图在系统中流动、转换和做功，必须采取各种约束、限制措施可靠地控制能量，防止能量意外释放。实际上，绝对可靠的控制措施并不存在，在许多因素的复杂作用下约束、限制能量的控制措施可能失效，能量屏蔽可能被破坏而发生事故。导致约束、限制能量措施失效或破坏的各种不安全因素称作第二类危险源。这些不安全因素来自人、物、环境三个方面。

人的因素主要表现为人的不安全行为。人失误是指人的行为结果偏离了预定的标准，而人的不安全行为可能直接破坏对第一类危险源的控制，造成能量或危险物质的意外释放的失误，是人失误的特例。例如，合错了开关使检修中的线路带电；误开阀门使有害气体泄放等。人失误也可能造成物的故障，物的故障进而导致事故。例如，超载起吊重物造成钢丝绳断裂，发生重物坠落事故。

物的因素表现为物的故障。故障是指由于性能低下不能实现预定功能的现象，物的不安全状态也可以看作是一种故障状态。物的故障可能直接使约束、限制能量或危险物质的措施失效而发生事故。例如，电线绝缘损坏发生漏电；管路破裂使其中的有毒有害介质泄漏等。有时一种物的故障可能导致另一种物的故障，最终造成能量或危险物质的意外释放。例如，压力容器的泄压装置故障，使容器内部介质压力上升，最终导致容器破裂。物的故障有时会诱发人的不安全行为；人的不安全行为会造成物的故障，实际情况比较复杂。

环境因素问题主要指系统运行的环境，包括温度、湿度、照明、粉尘、通风换气、噪声和振动等不良的物理环境，以及不良的企业和社会软环境。不良的物理环境会引起物的故障或人的不安全行为。例如，潮湿的环境会加速金属腐蚀而降低结构或容器的强度；工作场所强烈的噪声影响人的情绪，分散人的注意力而发生不安全行为。不良的企业的管理制度、人际关系或社会环境影响人的心理，可能引起不安全行为。

一起事故的发生是两类危险源共同起作用的结果。第一类危险源的存在是事故发生的前提，没有第一类危险源就谈不上能量或危险物质的意外释放，也就无所谓事故。另一方面，如果没有第二类危险源破坏对第一类危险源的控制，也不会发生能量或危险物质的意外释放。第二类危险源的出现是第一类危险源导致事故的必要条件。

在事故的发生、发展过程中，两类危险源相互依存、相辅相成。第一类危险源在事故发生时释放出的能量是导致人员伤害或财物损坏的能量主体，决定事故后果的严重程度；第二类危险源出现的难易决定事故发生的可能性大小。两类危险源共同决定危险源的危险性。图 1-4 为系统安全观点的事故因果连锁。

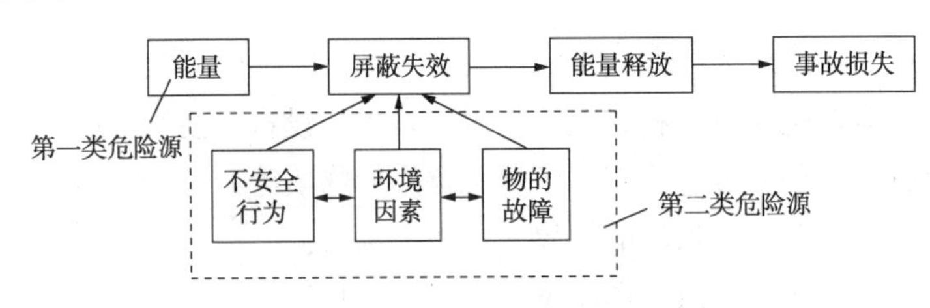

图 1-4　系统安全观点的事故因果连锁

对于一个具体的石化生产系统而言，第一类危险源客观上已经存在并且在设计、建造时已经采取了必要的控制措施，其数量和状态通常难以改变，而第二类危险源却处于动态的变化之中，因此安全生产管理和事故预防工作的重点是控制第二类危险源。

第二节　系统与系统安全工程

一、系统安全

系统安全是指在系统生命周期内应用系统安全工程和系统安全管理方法，辨识系统中的危险源，并采取有效的控制措施使其危险性最小，从而使系统在规定的性能、时间和成本范围内达到最佳的安全程度。系统安全是人们为解决复杂系统的安全性问题而开发、研究出来的安全理论、方法体系。

系统安全的基本思想是人们在研制、开发、使用、维护大规模复杂系统的过程中逐渐萌发的。20世纪50年代以后，科学技术进步的一个显著特征是设备、工艺及产品越来越复杂。战略武器研制、宇宙开发及核电站建设等使得作为现代科学技术标志的大规模复杂系统相继问世。这些复杂的系统往往由数以千万计的元素组成，元素之间的关系非常复杂，在被研究制造或使用过程中往往涉及高能量，系统中微小的差错就会导致灾难性的事故。大规模复杂系统的安全问题受到了人们的关注，于是，出现了系统安全理论和方法。

系统安全思想主要体现在三个方面：

1. 安全是相对的思想

系统安全摒弃了人们长期以来一直把安全和危险看作截然不同的、相对对立的错误认识，系统安全的思想认为，世界上没有绝对安全的事物，任何事物中都包含有不安全的因素，具有一定的危险性。安全是通过比较系统的危险性和允许接受的限度而确定的，安全是主观认识对客观存在的反应，这一过程可用图1-5加以说明。

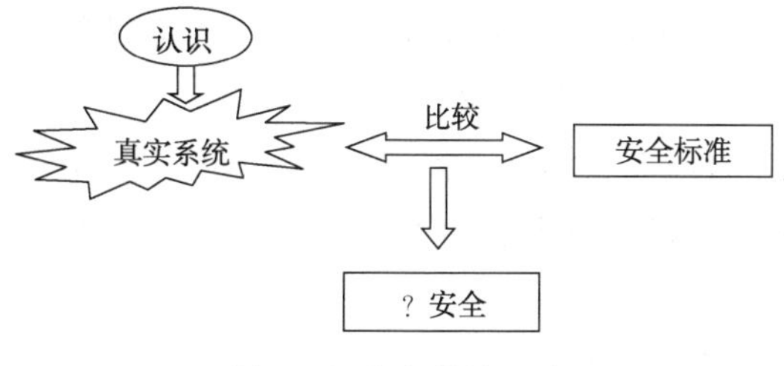

图1-5　安全的认识过程

因此，安全工作的首要任务就是在主观认识能够真实地反映客观存在的前提下，在允许的安全限度内，判断系统危险性的程度。在这一过程中要注意：认识的客观、真实性；安全标准的科学、合理性。安全伴随着人们的活动过程。它是一种与时、空相联系的状态。

2. 安全伴随着系统生命周期的思想

系统安全强调安全工程不能是一项孤立和静止的工作，系统的生命周期从系统的构思开始，经过可行性论证、设计、建造、试运转、运转、维修直至系统报废(完成一个生命周期)，系统安全需要考虑和解决其各个环节存在的不同的安全问题，制定并执行安全工作规划(系统安全活动)，并且把系统安全活动贯穿于生命整个系统生命周期，直到系统报废为止。

系统生命周期中的安全问题可用安全流变-突变图表示(图的纵座标 H 为系统的风险，横座标 t 为时间，R-M 为流变-突变 Rheology-Mutation 的简称)，如图1-6所示。

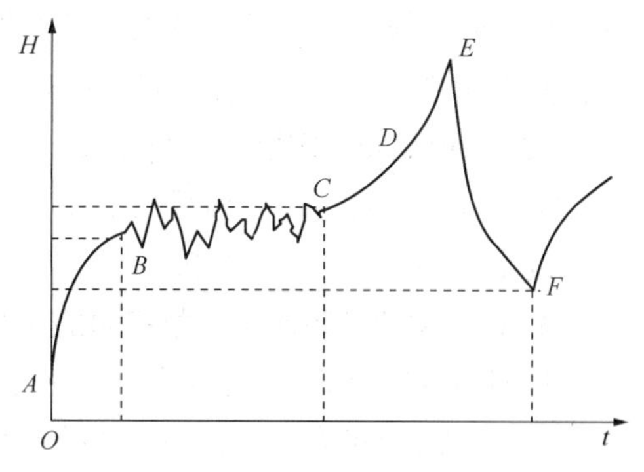

图1-6　系统生命周期的流变-突变曲线

以石油化工企业为例。AB 阶段表示某工艺单元刚刚建立运行时，设备刚刚投入使用，处于浴盆曲线中的早期失效期，可靠性较低，极易发生故障；人员由于刚刚开始生产，对工艺流程和设备的操作较为生疏，极易操作失误，且对设备故障的处理不够熟练；安全措施和管理不够完善，对于设备的维护和人员操作培训的管理不够。此时，系统风险呈现减速增长的趋势。由于系统的风险一直存在，因此在初始点，即 $t \to 0+$ 时，系统风险的值并不为零。

BC 阶段表示工程单元进入稳定的运行阶段。设备渡过早期失效期，运行较为稳定，故障的发生率降低；人员对于设备的操作开始熟练，出错较少，即使设备有意外情况发生，操作人员也可以根据经验采取及时有效的处理；安全措施逐渐到位，管理条款也愈加严密，防范措施成熟，此时系统风险以极低的速度增长。*BC* 阶段中的波动，描述的是危险的发生与抑制的过程，该阶段会出现一些故障或误操作，可以通过正确的方法加以消除。虽然灾场风险存在波动，但是灾害没有发生，从本质上来讲，还是比较安全的。当然，如果 *BC* 阶段中任意一次波动处理不当，都会导致 *BC* 阶段结束，提前进入 *CD* 阶段。因此，加强设备维护，提高员工安全操作水平，建立危机防范制度，有助于 *BC* 阶段的延长。

随着工作时间的推移，工艺单元中的设备出现磨损，发生事故的概率增加；人员由于长期从事相同的工作，由于对工艺过于熟悉，容易产生麻痹大意的心理，导致操作失误增加，危机处理也不能完全按照规定达到准确有效地控制灾害的发生。此时，系统风险进入 *CD* 阶段，呈现加速增长的趋势。

当系统在这样的危险状态下维持一段时间，潜在的能量不断集聚，最终突破系统的约束向外释放引发事故，人员和财产就会有伤亡和损失，即 *DE* 阶段。

此后，工艺瘫痪，设备无法运行，需经过 *EF* 阶段对整体的工艺加以恢复和调整。在 *F* 点时，新的工艺单元建立，新的系统形成新的风险，即存在新的初始风险值，成为另一次“流变-突变”过程的起点。

系统安全特别重视系统生命周期中两个方面的安全问题：

(1)本质化安全问题。本质安全是系统安全的根本保证，从系统的构思、设计开始就将危险源的减量化、无害化以及系统的替代化(用相对安全的系统替代危险系统)、简单化(用容易控制的简单系统取代相对复杂的系统)融入系统，使系统含有内在的能够从根本上防止发生事故的功能。系统的本质化安全追求两个基本的目标：一是系统正常运行条件下本身是安全的，即系统在其生命周期中不依赖保护与修正的安全设施也能安全运行。二是系统的故障安全，也就是当系统处于内外故障或操作失误时，不会导致事故发生或能够自动阻止误操作，系统仍能保持稳定状态。

(2)工程化安全问题。工程化安全思想是对本质安全的补充，其主导思想就是应用工程化的安全保护设备进一步加强系统在其生命周期中的安全性，同时必须确保工程安全设备在系统出现问题时不产生故障。

3. 系统中的危险源是事故根源的思想

按照系统安全的观点，危险源是可能导致事故的潜在的危险因素。系统安全强调通过改善物的(硬件)可靠性来提高系统的安全性，从而改变了以往人们只注重操作人员的不安全行为而忽略硬件故障在事故致因中作用的传统观念。

二、系统安全工程

系统安全工程是以系统安全思想为基础的一种综合性的技术方法。系统安全工程不仅要应用系统论、风险管理理论、可靠性理论，而且还要熟悉所要研究的系统或生产过程及应采取的安全技术等。

1. 系统安全工程的特点

(1)预测和预防事故的发生，是现代安全管理的中心任务。运用系统安全分析方法，打破传统安全中单一的、凭经验的相互独立，自我封闭的界限，可以识别系统中存在的薄弱环节和可能导致事故发生的条件，而且通过定量分析，预测事故发生的可能性和事故后果的严重性，从而可以采取相应的措施，预防事故发生。

(2)现代工业的特点是大规模化、连续化和自动化，其生产关系日趋复杂，各个环节和工序之间相互联系、相互制约。系统安全工程是通过系统分析，全面地、系统地、彼此联系地以及预防性地处理生产系统中的安全性，而不是孤立地、就事论事地解决生产系统中安全性问题。

(3)对安全进行定量分析、评价和优化技术，可以避免传统安全中对事故的“浅层”分析，从人机关系、人和环境、人和物的关系等诸种关系中寻找真正的事故原因和查出未想到的原因。为安全管理事故预测提供科学依据，根据分析可以选择出最佳方案，使各子系统之间达到最佳配合，用最少投资得到最佳的安全效果，从而可以大幅度地减少人身伤亡和设备损坏事故。

(4)系统安全工程要做出定性和定量的安全评价，就需要有各种标准和数据。如许可安全值、故障率、人机工程标准以及安全设计标准等。因此，系统安全工程可以促进各项标准的制定和有关可靠性数据的收集。

(5)系统安全工程的方法，不仅适用于工程，而且适用于管理，并且能用来指导产品的设计、制造、使用维修和检验。目前已初步形成系统安全工程和系统安全管理两大分支。

(6)通过系统安全工程的开发和应用，可以迅速提高安全技术人员、操作人员和管理人员的业务水平和系统分析能力，同时为培养新人提供了一套完整的参考资料。

综合上面所述，系统安全工程具有系统性、预测性、层次性、择优性和技术与管理的融合性等特点。

2. 系统安全工程的方法论

(1)研究方法上的整体化

系统安全工程的研究方法，是从整体观念出发的，它不仅把研究对象视为一个整体，还可以把系统分解为若干个子系统，对每个子系统的安全性要求，要与实现整个系统的安全性指标相符合。对于评价过程中子系统之间或者系统与系统之间的矛盾，都要根据总体协调的需求来选择解决方案。因此，系统安全要贯穿到规划、设计、制造、使用、维护等各个阶段。

在系统概念上，系统除了材料、能量、信息三大要素以外，在系统的各要素中，应格外重视人。我国和日本的有关事故统计资料表明，包含人的不安全行为造成灾害的次数，一般在90%以上。因此在研究、分析、评价系统安全时，不能忽视人在系统中所起的作用，而是必须从整体出发，全面考虑系统中的各种因素。

(2)技术应用上的综合化

系统安全工程综合应用多种学科技术，使之相互配合，使系统实现安全化，即系统工程的最优化。

人们在“安全问题”上所研究、遇到的“系统”往往是复杂的。对系统各要素间的关系揭示得越清晰、深刻、精确，就越能获得最佳应用多种技术的成就。因而，在研究综合运用各学科和各项技术过程中，人们从全面的系统观点出发，采用逻辑、概率论、数理统计、模型和模拟技术、最优化技术等数学方法，并用计算机进行处理和分析计算，把系统内部要素间的关系和不安全状态，用简明的语言、数据、曲线、图表清楚地描述出来或把所研究的问题量化表示，显示出那些不易直观觉察的各种要素间的相互关系，使人们能深刻、全面地了解和掌握所研究的对象，做出最优决策，保证整个系统能按预定计划达到安全目标。

(3)安全管理科学化

安全工作中的规划、组织、控制和决策等统称为安全管理。安全管理工作对实现系统安全、经济效益等具有重要意义，所以，科学化的管理对实现系统安全至关重要。

安全管理科学化的基本工作方法是PDCA循环的方法。这个方法是由美国质量管理专家戴明(W. E. Deming)首先提出并运用到质量管理工作上的，所以又称戴明循环或戴明(PDCA)管理模式。

戴明管理模式包括四个阶段八个步骤。

① 四个阶段，即策划(Planning)、实施(Do)、检查(Cheek)、处置或改进(Action)。第一阶段是策划阶段，即P阶段。通过调查、设计和试验制定技术经济指标、质量目标、管理目标以及达到这些目标的具体措施和方法。第二阶段是实施阶段，即D阶段。要按照所制定的计划和措施去付诸实施。第三阶段是检查阶段，即C阶段。要对照计划，检查执行情况和效果，及时发现计划实施过程中的经验和问题。第四阶段是处置或改进阶段，即A阶段。要根据检查的结果采取措施，把成功的经验加以肯定，形成标准；对于失败的教训，也要认真地总结，以防日后再出现。对于一次循环中解决不好或者还没有解决的问题，要转到下一个PDCA循环中去继续解决。PDCA循环，像一个车轮，不停地向前转动，同时不断地解决产品质量中存在的各种问题，从而使产品质量不断得到提高(图1-7)。

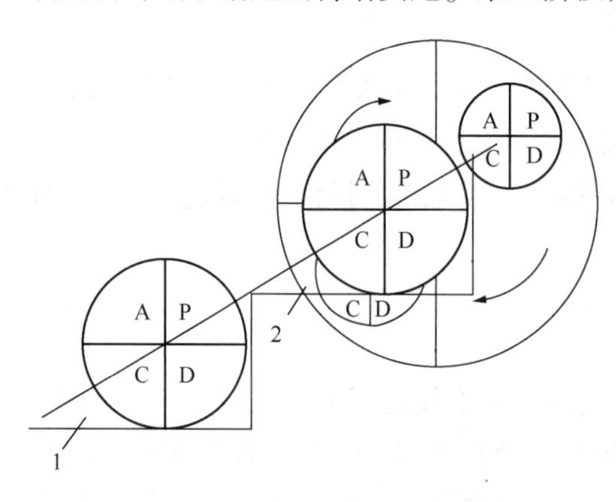

图1-7 PDCA循环上升示意图

1—原有水平；2—新的水平

② 八个步骤是四个阶段中主要内容的具体化。第一步，调查现状；第二步，分析原因；第三步，找出主要原因；第四步，制定计划和活动措施；以上四个步骤是策划(P)阶段的具体化，第五步，即实施(D)阶段，按预定的计划认真执行；第六步，即检查(C)阶段，调查了解采取对策后的实际效果；第七步，根据检查的结果进行总结；第八步，是把本次循环没有解决的遗留问题，转入下一次PDCA循环中去。以上第七、第八两步是处理(A)阶段的具体化。

PDCA循环的四个阶段，体现着科学认识论的一种具有管理手段和一套科学的工作程序。它不仅在质量管理工作中可以运用，同样也适合于安全、环境、健康等其他各项管理工作。目前国内外企业有将质量(Quanlity)、健康(Health)、安全(Safety)、环境(Environment)管理整合的趋势，设立HSE(或QHSE)管理部门，遵照ISO—9000质量标准、ISO—

14000 环境标准以及 OSHAS 18000 安全管理标准构建标准化管理体系，其核心就是根据戴明管理模式构建管理体系，贯彻和实施全面的、持续改进的科学化管理。

三、系统安全工程的时间维度

系统安全工程的三项基本工作，危险源辨识、危险性评价、危险控制，前后关联，循环发展，在时间维度上是递进的。系统安全工程基本工作的具体内容和相互关系结构如图 1-8 所示。

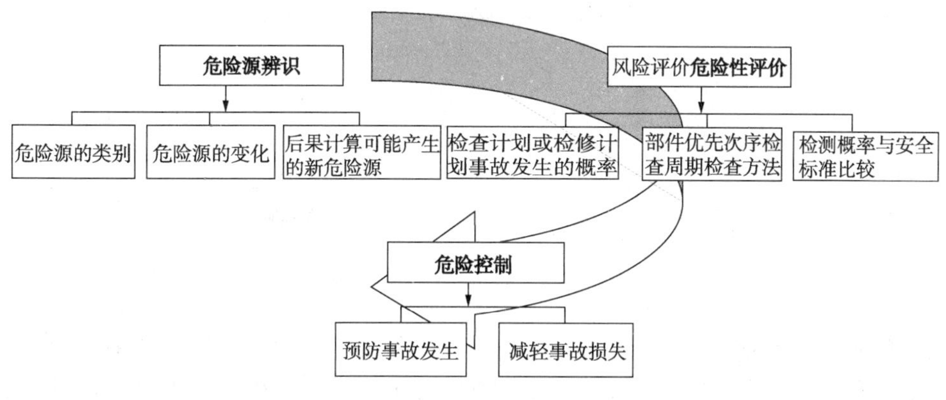

图 1-8　系统安全工程的时序结构

1. 危险源辨识

危险源辨识是发现、识别系统中危险源的工作。这是一件非常重要的工作，是危险源控制的基础，只有识别了危险源之后才能有的放矢地考虑如何采取控制危险源。

危险源辨识包括：

(1)危险源类别

除了根据危险源在事故发生、发展中的作用可以分为两类危险源之外，危险源还有多种分类方式：

① 根据引发事故的能量和危险物质可将危险源分为：火灾危险源、爆炸危险源、毒性危险源、粉尘危险源、机械危险源、电气危险源、放射危险源、热媒危险源、冷媒危险源、噪声危险源等。

② 根据引发事故的大小可将危险源分为：一般危险源、重大危险源、特大危险源等。我国对储罐区(储罐)、库区(库)、生产场所、压力管道、锅炉、压力容器、煤矿(井工开采)、金属与非金属矿山(井工开采)、尾矿库等分别制定了区别危险源大小的标准。GB 18218—2009《危险化学品重大危险源辨识》还专门规定了判定危险化学品重大危险源的标准。

(2)危险源的变化

任何系统都是动态的，系统中的危险源也不可能一成不变。约翰逊(Johnson)很早就注意到变化在事故发生、发展中的作用，认为人失误和物的故障的发生都与系统的变化有关，他认为能量的意外释放是由于管理者的计划错误或操作者的行为失误，唯有适应生产系统中物的因素或人的因素的变化，从而导致不安全行为或不安全状态，破坏了对能量的屏蔽或控制，造成了事故。图 1-9 为约翰逊的事故因果连锁模型。

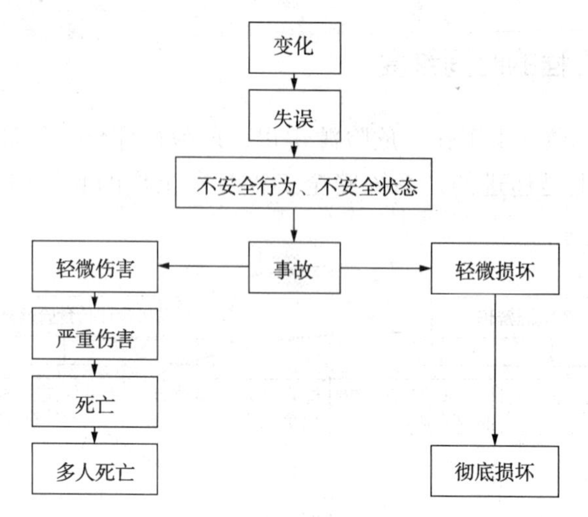

图 1-9　约翰逊的事故因果连锁模型

危险源的变化包括数量的变化、类型的变化、位置的变化、传递方式的变化等，危险源辨识必须认真分析和识别这些变化。在安全管理工作中，变化被看作是一种潜在的事故致因，应该尽早发现并采取相应的措施。

(3)可能产生的新危险源

系统在运行过程中，其状态、载荷、功能、目标、环境等可能发生变化，因此可能出现新的危险因素和危险源，危险源辨识必须认真分析和识别这些新的危险源。

2. 危险性评价

危险性评价是评价危险源导致各类事故的可能性、事故造成损失的严重程度，判断系统的危险性是否超出了安全标准，以决定是否应采取危险控制措施以及采取何种控制措施的工作。

危险性评价包括：

(1)事故发生概率的确定

事故发生概率指所研究的系统在单位时间内发生事故的次数。事故发生概率通常根据不同行业、不同企业事故的统计或生产工艺安全分析得到，在事故样本缺乏的情况下，也可以通过模糊数学的方法推断。对于人员伤亡事故，GB 6441—1986《企业职工伤亡事故分类标准》规定以千人死亡率、千人重伤率、伤害频率计算事故频率。

(2)事故后果严重度的确定

事故后果严重度指事故造成损失的大小，包括经济损失和非经济损失两部分。由于后者通常难以确定，因此事故后果严重度一般仅考虑经济损失。经济损失是可以用货币折算的损失，是人员伤亡和财产损失的总和，包括直接经济损失和间接经济损失。研究表明，间接经济损失一般是直接经济损失的 5~10 倍。对于人员伤亡事故，《企业职工伤亡事故分类标准》GB 6441—1986)规定以轻伤、重伤、死亡定性地表示其严重度，用伤亡人数、损失工作日数定量表示其严重度。

(3) 与安全标准的比较

安全标准又称为风险标准，是社会公众允许的、可以接受的危险度。由于安全标准因时、因地、因人而异，因此需要通过具体的风险分析来确定。

在确定安全标准时，通常遵循的原则是：

① 重大危害对员工个人或公众成员造成的风险不应显著高于人们在日常生活中接触到的其他风险；

② 只要合理可行任何重大危害的风险都应努力降低；

③ 在有重大危害风险的地方具有危害性的开发项目不应对现有的风险造成显著的增加；

④ 如果一个事件可能造成较严重的后果那么应努力降低此事件发生的频率也就是要努力降低社会风险。

当系统危险性低于可以接受的安全标准时，就需要采取控制措施。

3. 危险控制

系统危险控制主要是通过改善生产工艺和改进生产设备来降低系统危险性实现系统安全的。危险控制的主要理论依据是能量意外释放及其控制理论。危险控制可以划分为预防事故发生的危险控制及防止或减轻事故损失的危险控制。

四、系统安全工程的空间维度

系统安全工程认为，事故预防工作的重点是系统中人、机、环境危险因素的控制问题。这是因为，对于一个具体的生产系统，作为第一类危险源的能量或危险物质在客观上已经确定，其数量和状态通常不大改变，而作为第二类危险源致使系统屏蔽失效的人的失误、物的故障以及环境因素却是随时变化的。因此，为了有效地预防各类危险源引发的事故，系统安全工程在空间维度上，必须综合分析人、机、环境中存在的危险因素及其相互的影响，整体控制人的失误、物的故障以及不良的环境因素。

1. 人失误致因分析与控制

在各类事故的致因因素中，人的因素占有特别重要的位置，几乎所有的事故都与人的不安全行为有关。按系统安全的观点，人是构成系统的一种元素，当人作为系统元素发挥功能时，会发生失误。人失误是指人的行为结果偏离了规定的目标或超出了可接受的界限，并产生了不良的后果。人的不安全行为可以看作是一种人失误。一般来讲，不安全行为是操作者在生产过程中直接导致事故的人失误，是人失误的特例。

(1) 人失误致因分析

菲雷尔(R. Ferrell)认为，作为事故原因的人失误的发生，可以归结到下面三个原因：

① 超过人的能力的过负荷；

② 与外界刺激要求不一致的反应；

③ 由于不知道正确方法或故意采取不恰当的行为。

皮特森在菲雷尔观点的基础上进一步指出，事故原因包括人失误和管理缺陷两方面，而过负荷、人机学方面的问题和决策错误是造成人失误的原因(图 1-10)。

(2)防止人失误的技术措施

从预防事故角度，可以从三个阶段采取技术措施防止人失误，即：控制、减少可能引起人失误的各种因素，防止出现人失误；在一旦发生人失误的场合，使人失误无害化，不至于引起事故；在人失误引起事故的情况下，限制事故的发展，减少事故的损失。具体技术措施包括：

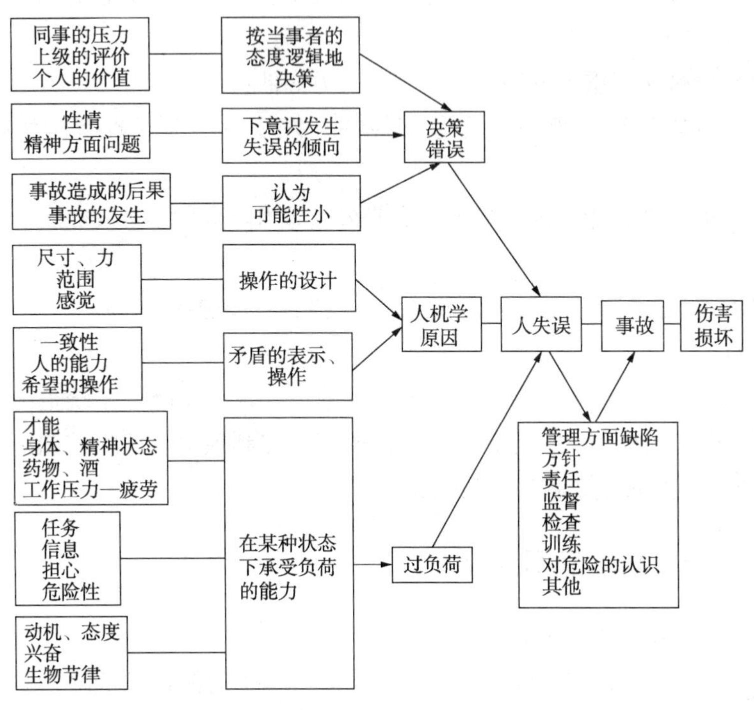

图 1-10　皮特森的人失误模型

① 用机器代替人

机器的故障率一般在 $10^{-4}\sim10^{-6}$之间，而人的故障率在 $10^{-2}\sim10^{-3}$之间，机器的故障率远远小于人的故障率。因此，在人容易失误的地方用机器代替人操作，可以有效地防止人失误。

② 冗余系统

冗余系统是把若干元素附加于系统基本元素上来提高系统可靠性的方法，附加上去的元素称为冗余元素，含有冗余元素的系统称为冗余系统。其方法主要有：两人操作、人机并行、审查。

③ 耐失误设计

耐失误设计是通过精心的设计使人员不能发生失误或者发生了失误也不会带来事故等严重后果的设计。即：利用不同的形状或尺寸防止安装、连接操作失误；利用连锁装置防止人失误；采用紧急停车装置；采取强制措施使人员不能发生操作失误；采取连锁装置使人失误无害化。

④ 警告

在生产操作过程中，人们需要经常注意到危险因素的存在，以及一些必须注意的问题。

警告是提醒人们注意的主要方法。警告包括：视觉警告（如亮度、颜色、信号灯、旗帜、标记、标志、书面警告等）、听觉警告（如喇叭、电铃、蜂鸣器或闹钟等）、气味警告（如在易燃易爆气体里加入气味剂；根据燃烧产生的气味判断火的存在；在紧急情况下，向人员不能迅速到达的地方利用芳香气体发出警报等）、触觉警告（如公路上的振动带等）等。

（3）防止人失误的管理措施

① 职业适合性

职业适合性是指人员从事某种职业应具备的基本条件，它着重于职业对人员的能力要求。包括：

职业适合分析。即分析确定职业的特性，如：工作条件、工作空间、物理环境、使用工具、操作特点、训练时间、判断难度、安全状况、作业姿势、体力消耗等特性。人员职业适合分析在职业特性分析的基础上确定从事该职业人员应该具备的条件，人员应具备的基本条件包括所负责任、知识水平、技术水平、创造性、灵活性、体力消耗、训练和经验等。

职业适合性测试。职业适合性测试即在确定了适合职业之后，测试人员的能力是否符合该种职业的要求。

职业适合性人员的选择。选择能力过高或过低的人员都不利于事故的预防。一个人的能力低于操作要求，可能由于其没有能力正确处理操作中出现的各种信息而不能胜任工作，还可能发生人失误；反之，当一个人的能力高于操作要求的水平时，不仅浪费人力资源，而且工作中会由于心理紧张度过低，产生厌倦情绪而发生人失误。

② 安全教育与技能训练

安全教育与技能训练是为了防止职工不安全行为，防止人失误的重要途径。安全教育、技能训练的重要性，首先在于他能提高企业领导和广大职工搞好事故预防工作的责任感和自觉性。其次，安全技术知识的普及和安全技能的提高，能使广大职工掌握工伤事故发生发展的客观规律，提高安全操作水平，掌握安全检测技术水平和控制技术，搞好事故预防，保护自身和他人的安全健康。

③ 其他管理措施

合理安排工作任务，防止发生疲劳和使人员的心理处于最优状态；树立良好的企业风气，建立和谐的人际关系，调动职工的安全生产积极性；持证上岗，作业审批等措施都可以有效地防止人失误的发生。

2. 物的故障分析与控制

（1）物的故障分析

由于物的故障即物所具有的能量或危险物质可能释放引起事故的状态，因此又称为物的不安全状态。人机系统把生产过程中发挥一定作用的机械、物料、生产对象以及其他生产要素统称为物。物都具有不同形式、性质的能量，有出现能量意外释放，引发事故的可能性。这是从能量与人的伤害之间的联系所给的定义。如果从发生事故的角度，也可把物的不安全状态看作为曾引起或可能引起事故的物的状态。

在生产过程中，物的不安全状态极易出现。所有的物的不安全状态，都与人的不安全行为或人的操作、管理失误有关。往往在物的不安全状态背后，隐藏着人的不安全行为或人失误。物的不安全状态既反映了物的自身特性，又反映了人的素质和人的决策水平。

物的不安全状态的运动轨迹，一旦与人的不安全行为的运动轨迹交叉，就是发生事故的时间与空间。所以，物的不安全状态是发生事故的直接原因。因此，正确判断物的具体不安全状态，控制其发展，对预防、消除事故有直接的现实意义。

(2)物的故障控制

针对生产中物的不安全状态的形成与发展，在进行施工设计、工艺安排、施工组织与具体操作时，采取有效的控制措施，把物的不安全状态消除在生产活动进行之前，或引发为事故之前，是安全管理的重要任务之一。

根据能量意外释放的事故致因理论，消除生产活动中物的不安全状态，主要应做到：

① 减少和限制能量的积聚。例如：用安全能源代替不安全能源，限制能量的规模，防止能量蓄积，缓释能量等。

② 防止能量的意外释放。例如：控制能量的非正常流动或转换，防止能量的载体和约束的故障等。

③ 防止人意外的进入能量正常流动与转换渠道而致伤害。如采取物理屏蔽和信息屏蔽措施，阻止人与能量或危险物质运动轨迹交叉等。

3. 环境危险因素分析与控制

生产作业环境中，温度、湿度、照明、振动、噪声、粉尘、有毒有害物质等，不但会影响人在作业中的工作情绪，不适度的、超过人能接受的环境条件，还会导致人的职业性伤害。良好的作业环境的基本条件包括：

(1)照明必须满足作业的需要

强光线也叫眩光，使人眼出现疲劳与目眩。昏暗或过暗光，不但使人眼出现疲劳，还可能导致操作失误，甚至发生事故。

(2)噪声、振动的强度必须低于人生理、心理的承受能力

噪声、振动损伤人的听觉、影响人的神经系统和心脏功能，有损人的健康，降低工作效率，发生各类事故。

(3)有毒、有害物质的浓度必须控制在允许的作业标准以下

有毒、有害物质对人直接产生危害，长期在有毒、有害物质的环境中，能发生人的慢性中毒、职业病。出现急性中毒时会迅速造成死亡。

4. 人机环境系统的综合安全分析

任何生产系统都是由人、机、环境构成的有机整体。人机环境系统的综合安全分析，就是建立在系统安全工程的基础上，以实现系统整体的安全性、高效性与经济性作为目标，着重研究人、机与环境及三者与系统整体的安全关系。许多事实表明，要解决安全上的技术问题，决不能撇开人的特性于不顾，更不能不考虑人机环境关系。人机环境系统安全分析是以人、机器(设备)、环境三个要素的各自特性为基础，认真进行总体分析。即在明确系统总体要求的前提下，拟出若干个安全措施方案，并相应建立有关模型和进行模拟试验，着重分析和研究人、机器(设备)、环境三个要素对系统总体性能的影响和应具备的各自功能及相互关系，不断修正和完善“人——机器(设备)——环境系统”的结构方式，最终确保最优组合方案的实现。人机环境系统的综合安全分析的基本要素如图 1-11 所示。

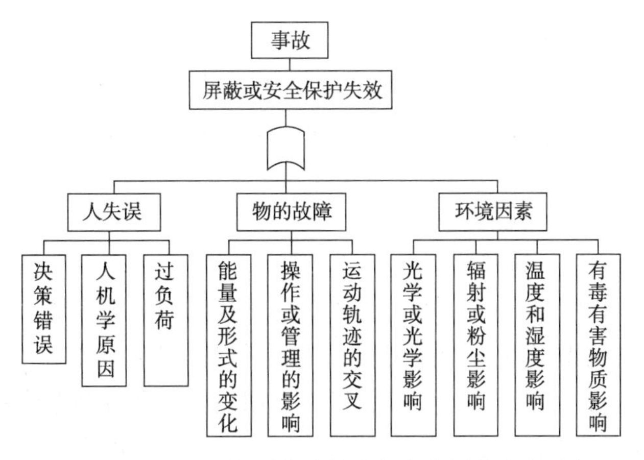

图 1-11　人机环境系统的综合安全分析的基本要素

第三节　系统安全分析技术

一、系统安全分析概述

系统安全分析，就是把生产过程或作业环节作为一个完整的系统，对构成系统的各个要素进行全面的分析，判明各种状况的危险特点及导致灾害性事故的因果关系，从而对系统的安全性做出预测和评价，为采取各种有效的手段、方法和行动消除危险因素创造条件。

系统安全分析方法，也就是对生产系统(包括生产装置、工艺过程、作业环境以及人员)的安全性进行检查诊断及危险预测的方法。对危险进行分析和预测的目的是对各种方案进行评价，确定所提出的方案是否能满足系统安全性的要求，找出系统的薄弱环节，以便加以改进，作为制定消除危险、防止灾害对策的依据。

因此，系统安全分析方法是实现系统安全工程中危险源辨识、危险性评价两项基本工作的重要手段。

1. 系统安全分析方法种类

系统安全分析方法有很多种，可适用于不同的系统安全分析过程。这些方法可以按分析过程的相对时间进行分类，也可按分析的对象、内容进行分类。按逻辑方法，可分为归纳分析和演绎分析。

简单地讲，归纳分析是从原因推论结果的方法，演绎分析是从结果推论原因的方法。这两种方法在系统安全分析中都有应用。从危险源辨识的角度，演绎分析是从事故或系统故障出发查找与该事故或系统故障有关的危险因素；与归纳分析相比较，可以把注意力集中在有限的范围内，提高工作效率。归纳分析是从故障或失误出发探讨可能导致的事故或系统故障，再来确定危险源；与演绎方法相比较，可以无遗漏地考察、辨识系统中的所有危险源。实际工作中可以把两类方法结合起来，以充分发挥各类方法的优点。

常用的系统安全分析方法有：

安全检查表法（Safety Checklist）；

预先危险性分析（Preliminary Hazard Analysis ，PHA）；

故障类型和影响分析（Failure Model and Effect Analysis ，FMEA）；

危险与可操作性分析(Hazard and Operability Analysis ，HAZOP)；

事件树分析（Event Tree Analysis ，ETA）；

事故树分析（Fault Tree Analysis ，FTA)等。

2. 系统安全分析方法的选择

在系统寿命不同阶段的危险辨识和评价中，应该选择相应的系统安全分析方法，系统寿命期间内各阶段适用的系统安全分析方法见表 1-2。例如，在系统的开发、设计初期，可以应用预先危险性分析方法。在系统运行阶段，可以应用危险性和可操作性分析、故障类型和影响分析等方法进行详细分析，或者应用事件树分析、事故树分析或因果分析等方法对特定的事故或系统故障进行详细分析。

表 1-2　系统安全分析方法适用情况

分析方法	开发研制	方案设计	样机	详细设计	建造投产	日常运行	改建扩建	事故调查	拆除
检查表		√	√	√	√	√	√		√
预先危险性分析	√	√	√	√			√		
故障类型和影响分析			√	√		√	√	√	
危险性与可操作性分析			√	√		√	√	√	
事故树分析		√	√	√		√	√	√	
事件树分析			√			√	√	√	

二、安全检查表(Safty checklist)

安全检查表是一份进行安全检查和诊断的清单(表 1-3)。

表 1-3　安全检查表(生产车间)

序号	检查项目	依据	实际情况	检查结果	备注
1	房屋结构(顶、梁、墙)	《建筑设计防火规范》《石油化工企业设计防火规范》	砖混结构	符合	
2	门、窗		门敞开，无窗	基本符合	
3	楼梯、平台、护拦		较好		
4	应急疏散通道		无		
5	通风设施(风扇、通风管等)		有风扇，敞开门窗通风		
6	照明加热设备	《化工企业设备动力管理规定》《化工企业静电安全检查规程》等国家有关规定	普通照明	基本符合	
7	中间储槽		无		
8	压缩机或其他特种设备		有精馏塔		
9	控制室、配电室及其他设备		无		规范线路管理

续表

序号	检查项目	依据	实际情况	检查结果	备注
10	岗位记录、报表	《安全生产许可证条例》《化工企业安全管理制度》等有关文件	有		
11	交接班记录、巡回检查记录		无		整改
12	工艺指标合格率(压力、温度、流量、液位)		较高，无具体数据		整改
13	采用自动化控制、防爆泄压措施		有自动控制设备，无防爆措施		
14	惰性气体保护、事故槽		无		
15	报警连锁装置(停电、停水、超温、超压、毒物浓度超标、可燃气体检测)		无		
16	设备完好程度(零部件、运转无异常、无跑冒滴漏、防腐、防冻、保温、地脚螺丝、基础、防护罩等)	《安全生产许可证条例》《化工企业设备动力管理规定》《化工企业静电安全检查规程》等国家有关规定	少数设备管道连接处有跑冒滴漏、腐蚀现象，其他均较好		
17	阀兰、顶盖、视镜、液位计、压力表、温度计、流量计等		温度计、液位计较好		
18	安全阀、放空管、紧急停车装置		无紧急停车装置		
19	润滑情况		有对设备进行润滑，并进行年检		
20	泄漏情况		少数法兰、阀门、管道连接附近有跑漏现象，地面有泄漏液体		
21	电器、电机、电源线(防爆、绝缘)		电灯等没防爆装置，有电线接头处裸露		
22	防雷防静电装置		有防雷装置，静电接地		
23	工艺管线色标		被腐蚀已不明显		
24	压力容器		常压生产		
25	防护服、防护用品(作业人员)	《劳动卫生防护用品配备标准》等国家劳动卫生标准	有工作服，其他不足		
26	车间防护用品(防毒面具、安全帽、应急灯)		没有应急灯		
27	洗手池、洗眼器、人身冲洗设施		只有洗手池，其他不足		
28	消防栓配置	《消防法》《灭火器配备标准》等国家标准	厂区有消防栓，需共用		
29	灭火器配置		有4个，不足		
30	安全通道(应急出口)		无		
31	消防通道		不是环行，较宽		
32	车间易燃、易爆、有毒警示牌		车间不易燃爆；无有毒警示牌		

它由一些有经验的、对工艺过程、检查设备和作业情况熟悉的人员，事先对检查对象共同进行详细分析、充分讨论、列出检查项目和检查要点并编制成表。为防止遗漏，在制定安全检查表时，通常要把检查对象分割为若干子系统，按子系统的特征逐个编制安全检查表。在系统安全设计或安全检查时，按照安全检查表确定的项目和要求，逐项落实安全措施，保证系统安全。

1. 安全检查表的编制程序

(1)确定人员。要编制一个符合客观实际，能全面识别系统危险性的安全检查表，首先要建立一个编制小组，其成员包括熟悉系统的各方面人员。

(2)熟悉系统。包括系统的结构、功能、工艺流程、操作条件、布置和已有的安全卫生设施。

(3)收集资料。收集有关安全法律、法规、规程、标准、制度及本系统曾发生过的事故资料，作为编制安全检查表的依据。

(4)判别危险源。按功能或结构将系统划分为子系统或单元，逐个分析潜在的危险因素。

(5)列出安全检查表。针对危险因素有关规章制度、以往的事故教训以及本单位的检验，确定安全检查表的要点和内容，然后按照一定的要求列出表格。

2. 安全检查表的格式

安全检查表一般包括检查日期、检查人员、检查项目、检查内容和要求、检查结果、处理意见、整改措施等。

3. 实例

危险化学品生产车间安全检查表示例(表 1-3)。

三、预先危险性分析(PHA)

预先危险性分析是在系统付诸实施之前，根据经验和理论推断，辨识可能出现的危险源，提出预防、改正、补救等安全技术措施，消除或控制事故的系统安全分析方法。

1. 预先危险性分析程序

(1)准备工作

在进行分析之前要收集对象系统的资料和其他类似系统或使用类似设备、工艺物质的系统的资料。要弄清对象系统的功能、构造，为实现其功能选用的工艺过程、使用的设备、物质、材料等。

(2)审查

一般地，应按照预先编好的安全检查表进行审查，其中审查内容主要有以下几方面：

① 危险设备、场所、物质；② 有关安全的设备、物质间的交接面，如物质的相互反应，火灾、爆炸的发生及传播，控制系统等；③ 可能影响设备、物质的环境因素，如地震、洪水、高(低)温、潮湿、振动等；④ 运行、试验、维修、应急程序，如人失误后果的严重性，操作者的任务，设备布置及通道情况，人员防护等；⑤ 辅助设施，如物质、产品储存，试验设备，人员训练，动力供应等；⑥ 有关安全的设备，如安全防护设施，冗余设

备，灭火系统，安全监控系统，个人防护设备等。

根据审查结果，确定系统中的主要危险源，研究其产生原因和可能导致的事故。根据导致事故原因的重要性和事故后果的严重程度，把危险源进行粗略地分类。一般地，可以把危险源划分为4级：

Ⅰ级：安全的，可以忽略；

Ⅱ级：临界的，有导致事故的可能性，事故后果轻微，应该注意控制；

Ⅲ级：危险的，可能导致事故、造成人员伤亡或财物损失，必须采取措施控制；

Ⅳ级：灾难的，可能导致事故、造成人员严重伤亡或财物巨大损失，必须设法消除。

针对不同级别的危险源，有重点地采取修改设计、增加安全措施来消除或控制它们，从而达到系统安全的目的。

(3)结果汇总

以表格的形式汇总分析结果。典型的结果汇总表包括主要的事故，产生原因，可能的后果，危险性级别，应采取的措施等栏目。

2. 分析实例

对硫化氢(H_2S)输送到反应装置的设计方案进行预先危害分析。在设计的初期分析者只知道在工艺过程中处理的物质是硫化氢，以及硫化氢有毒、可燃烧。于是，把硫化氢意外泄漏作为可能的事故，进行了预先危险性分析(表1-4)。

表1-4 硫化氢输送系统预先危险性分析

分析对象：硫化氢输送系统		分析者：		分析时间：
事故	原因	后果	级别	建议的措施
毒物泄漏	储罐破裂	大量泄漏导致人员伤亡	Ⅳ	采用泄漏报警系统
				最小储存量
				制定巡检规程
	反应过剩	泄漏可能导致人员伤亡	Ⅲ	过剩硫化氢收集处理系统
				安全监控(紧急停车)系统
				制定规程保证收集处理系统先于装置运行

四、故障类型和影响分析(FMEA)

故障类型和影响分析是以可能发生的不同类型的故障为起点对系统的各组成部分、元素进行的系统安全分析。最初的分析只能做定性分析，后来在分析中包括了故障发生难易程度的评价或发生的概率，更进一步地，把它与危险度分析结合起来，构成故障类型和影响、危险度分析(Failure Modes，Effects and Criticality Analysis，FMECA)。这样，如果确定了每个元素故障发生概率，就可以确定设备、系统或装置的故障发生概率。从而定量地描述故障的影响。

1. 故障类型和影响分析程序

(1)确定对象系统

① 明确作为分析对象的系统、装置或设备。

② 确定进行分析的物理的系统边界。划清对象系统、装置、设备与邻接系统、装置、设备的界线，圈定所属的元素、设备、元件。

③ 确定系统分析的边界。包括两方面的问题：

a 明确分析时不需考虑的故障类型、运行结果、原因或防护装置等，如分析故障原因时不考虑飞机坠落到系统上、地震、龙卷风等；

b 明确初始运行条件或设备、元件状态等，如作为初始运行条件必须明确正常情况下阀门是开启还是关闭的。

④ 收集设备、元件的最新资料，包括其功能、与其他设备、元件间的功能关系等。

(2)分析系统元素的故障类型和产生原因

确定故障类型可以从以下两方面着手：

① 如果分析对象是已有元素，则可以根据以往运行经验或试验情况确定元素的故障类型；

② 如果分析对象是设计中的新元素，则可以参考其他类似元素的故障类型，或者对元素进行可靠性分析来确定元素的故障类型。

(3)研究故障类型的影响

通常从三个方面来研究元素故障类型的影响：

① 该元素故障类型对相邻元素的影响；

② 该元素故障类型对整个系统的影响；

③ 该元素故障类型对邻近系统的影响及对周围环境的影响。

(4)故障类型的影响分析表格

根据分析的目的、要求设立必要的栏目，简捷明了地显示全部分析内容。

2. 分析实例

对起重机的两种主要故障(钢丝绳过卷和切断)进行的分析见表 1-5。

表 1-5 起重机的故障类型和影响、危险度分析(部分)

项目	构成因素	故障模式	故障影响	危险严重度	故障发生概率	检查方法	校正措施和注意事项
防止过卷装置	电气零件	动作不可靠	误动作	大	10^{-2}	通电检查	立即修理
	机械部分	变形生锈	破损	中	10^{-4}	观察	警戒
	安装螺栓	松动	误报、失报	小	10^{-3}	观察	立即修理
钢丝绳	绳	变形、扭结	切断	中	10^{-4}	观察	立即更换
	单根钢丝	15%切断	切断	大	10^{-1}	观察	立即更换

注：危险的严重度——大(危险)、中(临界)、小(安全)。

校正措施——立即停止作业、看准机会修理、注意。

发生概率——非常容易发生的 10^{-1}；容易发生的 10^{-2}；偶尔发生的 10^{-3}；不太发生的 10^{-4}；几乎不发生的 10^{-5}；很难发生的 10^{-6}。

五、危险与可操作性分析（HAZOP）

危险与可操作性分析运用系统审查方法全面地审查工艺过程，对各个部分进行系统的提问，发现可能的偏离设计意图的情况，分析其产生原因及其后果，并针对其产生原因采取恰当的控制措施。由于通常用系统温度、压力、流量等过程参数的偏差来判断偏离设计意图的情况，因此危险性与可操作性分析它特别适合于石化工业的系统安全分析。

危险与可操作性分析需要由一组人而不是一人实行，这一点有别于其他系统安全分析方法。

1. 基本概念和术语

危险与可操作性分析中，常用的术语如下：

（1）意图。希望工艺的某一部分完成的功能，可以用多种方式表达，在很多情况下用流程图描述。

（2）偏离。背离设计意图的情况，在分析中运用引导词系统地审查工艺参数来发现偏离。

（3）原因。引起偏离的原因，可能是物的故障、人失误、意外的工艺状态（如成分的变化）或外界破坏等。

（4）后果。偏离设计意图所造成的后果（如有毒物质泄漏等）。

（5）引导词。在辨识危险源的过程中引导、启发人的思维，对设计意图定性或定量的简单词语。表 1-6 为危险与可操作性分析的引导词。

表 1-6　危险与可操作性分析的引导词

引导词	意义	注释
没有或不	对意图的完全否定	意图的任何部分没有达到，也没有其他事情发生
较多、较少	量的增加或减少	对原有量的增减，如流速、温度，或是对原有活动，如“加热”和“反应”的增减
也，又	量的增加	与某些附加活动一起，全部设计或操作意图达到
部分	量的减少	只是一些意图达到，一些未达到
反向	意图的逻辑反面	最适用于流动，例如，流动或化学反应的反向。也可用于物质，如“中毒”代“解毒”
不同	替代	原意图的一部分没有达到
于非	完全替代	发生了完全另外的事情

（6）工艺参数。有关工艺的物理或化学特性，包括一般项目，如反应、混合、浓度、pH 值等，以及特殊项目，如温度、压力、相态、流量等。表 1-7 列出了对一般生产工艺进行危险与可操作性分析时常用的工艺参数。

表 1-7　常用工艺参数

流量	温度	时间成分	pH 值	频率	浓度	混合	分离
压力	液位	速度	速度	电压	添加	反应	

表 1-8 为化工生产过程中一些工艺参数出现偏离的情况。

表 1-8　化工生产工艺部分偏离情况

偏离	塔	罐(容器)	管线	热交换器	泵
流量大			√		
流量小(无流量)			√		
液面高	√	√			
液面低	√	√			
接触面高		√			
接触面低		√			
压力高	√	√	√		
压力低	√	√	√		
温度高	√	√	√		
温度低	√	√	√		
浓度高	√	√			
浓度低	√	√			
流向相反(或错误)			√		
管子泄漏			√	√	
管子破裂			√	√	
泄漏	√	√	√	√	√
破裂	√	√	√	√	√

2. 工作步骤

危险与可操作性分析工作分为准备工作和分析过程两个步骤。

(1)准备工作

① 确定分析的目的、对象和范围

首先必须明确进行危险与可操作性分析的目的，确定研究的系统或装置，明确问题的边界、研究的深入程度等。

② 成立研究小组

开展危险与可操作性分析需要利用集体的智慧和经验。小组成员以 5~7 人为佳，小组成员应包括有关的各领域专家、对象系统的设计者等。

③ 获得必要的资料

包括各种设计图纸、流程图、工厂平面图、等比例图和装配图，以及操作指令、设备控制顺序图、逻辑图和计算机程序，有时还需要工厂或设备的操作规程和说明书等。

④ 制定研究计划

首先要估计研究工作需要的时间，根据经验估计每个工艺部分或操作步骤的分析花费的时间，再估计全部研究需花费的时间。然后安排会议和每次会议研究的内容。

(2)分析过程

通过会议的形式对工艺的每个部分或每个操作步骤进行审查。会议组织者以各种形式的提问来启发大家，让大家对可能出现的偏离、偏离的原因、后果及应采取的措施发表意见。具体分析过程如图 1-12 所示。

(3)研究实例

图 1-13 为某间歇式化工工艺系统，在运行中，须“将 100LC 物质从圆筒装入总计量罐”。

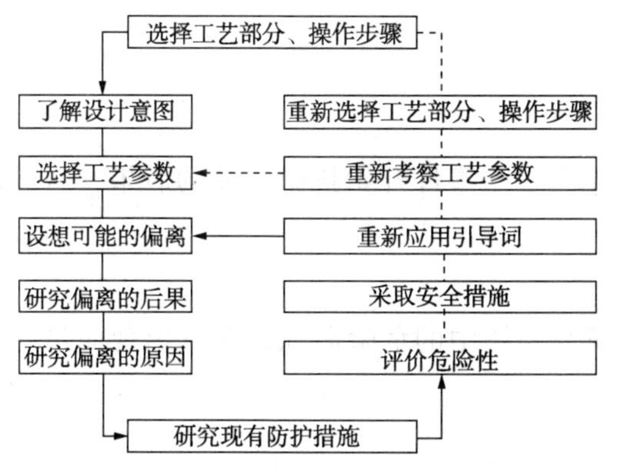

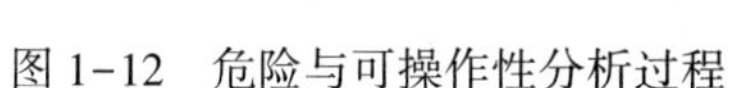

图 1-12　危险与可操作性分析过程

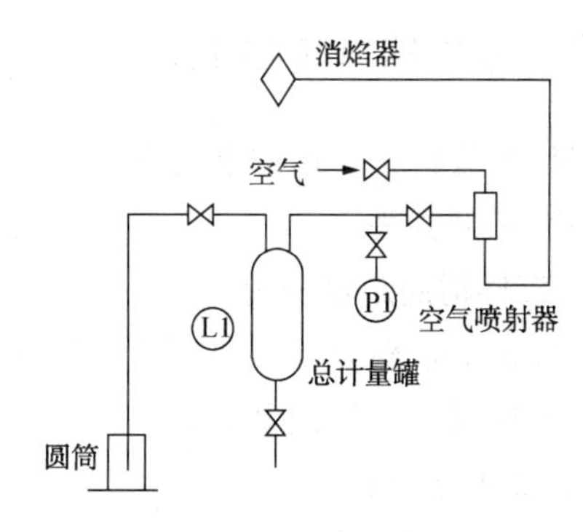

图 1-13　间歇式化工工艺系统(局部)

该操作步骤包括两个工艺参数，即从总计量罐中“排出空气”和将一定“流量”物质 C 由圆筒经喷射器装入总计量罐。分别利用 7 个引导词与这两个工艺参数相结合，设想可能出现的偏离，并研究偏离的原因和结果，得到表 1-9 和表 1-10 的结果。

表 1-9　从总计量罐中排出空气可能出现的偏离

偏离	原因	后果
不排出空气	无空气供应 喷射器故障 阀门关闭	生产过程不方便，但无危害
排出较多空气	使计量罐完全排尽	罐能承受全真空吗？
排出较少空气	输送圆筒中物质的抽力不够	生产过程不方便，但无危害
也排出空气	由抽出管路从圆筒或总计量罐中将 C 物质或其他物质排出	失火危险？ 静电危险？ 腐蚀危险？ 消焰器关闭？ 物质离开消焰器后是否出现危险？ 它们流入何处？
排出部分空气	排出的只是氧与氮，不可能	
反向排出空气	如空气喷射器关闭，压缩空气将流入计量罐	空气流入圆筒并喷洒出筒中的物质？
而不排出空气	计量罐满时开动空气喷射器	经管路流出物质并经消焰器 流出，与“也排出空气”危险相同

表 1-10　将一定数量 C 物质装入总计量罐可能出现的偏离

偏离	原因	后果
不装入 C	不得到 C，阀门关闭	无危险
装入较多 C	装入 100L 以上	如果罐已装满而喷射器开动，C 流入空气喷射器，危险；如果装入计量罐过量，如何安全地将它排出？
装入较少 C	装入不足 100L	此时无危险
也装入 C	得到 C 物资与其他物资的混合物，列出可能发生的混合物	可能的危险混合物产生
装入一部分 C	无意义，C 不是几种物质的混合物	
反向装入 C	从计量罐流入圆筒	物质溢出
而不装入 C	与圆筒中的物质相混，列出其他物质	计量罐中可能发生的反应或腐蚀

六、事件树分析(ETA)

事件树分析是一种按事故发展的时间顺序由初始事件开始推论可能的后果，从而进行危险源辨识的方法。

1. 事件树的定性分析

事件树的定性分析是通过编制事件树，研究系统中的危险源如何相继出现而最终导致事故、造成系统故障或事故。

(1)编制事件树

① 确定初始事件

初始事件可以是系统或设备的故障、人失误或工艺参数的偏离等可能导致事故的事件，可以通过系统设计、系统危险性评价、系统运行经验或事故教训等确定。

② 判定安全功能

系统中包含许多安全功能(安全系统、操作者的行为等)，这些安全功能在初始事件发生时将起到消除或减轻其影响以维持系统的安全运行的作用。

③ 发展事件树和简化事件树

从初始事件开始，自左至右发展事件树。首先考察初始事件一旦发生时应该最先起作用的安全功能，把发挥功能(又称正常或成功)的状态画在上面的分枝；把不能发挥功能(又称故障或失败)的状态画在下面的分枝，直到到达系统故障或事故为止。

(2)开展分析

① 找出事故连锁

事件树的各分枝代表初始事件发生后可能的发展途径。其中，最终导致事故的途径为事故连锁。一般地，导致系统事故的途径有很多，即有许多事故连锁。

② 找出预防事故的途径

事件树中最终达到安全的途径指导我们如何采取措施预防事故。如果能保证这些安全功能发挥作用，则可以防止事故。一般地，可以通过若干途径来防止事故发生。

2. 事件树的定量分析

事件树的定量分析其基本内容是由各事件的发生概率计算系统故障或事故发生的概率。一般地，当各事件之间相互统计独立时，其定量分析比较简单。当事件之间相互统计不独立时(如共同原因故障、顺序运行等)，则定量分析变得非常复杂。这里仅讨论前一种情况。

(1)各发展途径的概率

各发展途径的概率等于自初始事件开始的各事件发生概率的乘积。例如，图1-14所示事件树中各发展途径的概率计算如下：

$$P[S_1]=P[A]\cdot P[B_1]\cdot P[C_1]$$

$$P[S_2]=P[A]\cdot P[B_1]\cdot P[C_2]\cdot P[D_1]$$

$$P[F_1]=P[A]\cdot P[B_1]\cdot P[C_2]\cdot P[D_2]$$

$$P[S_3]=P[A]\cdot P[B_2]\cdot P[D_1]$$

$$P[F_2]=P[A]\cdot P[B_2]\cdot P[D_2]$$

(2)事故发生概率

事件树定量分析中，事故发生概率等于导致事故的各发展途径的概率和。对于图 1-14 所示的事件树，其事故发生概率为

$$P=P[F_1]+P[F_2]$$

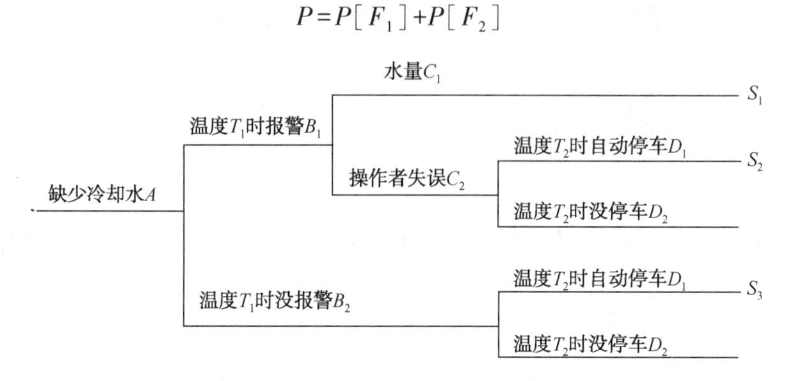

图 1-14 “缺少冷却水”事件树分析

3. 分析实例

以氧化反应釜缺少冷却水事件为初始事件，相关的安全功能有如下三种：

(1)当温度达到 T_1时高温报警器提醒操作者；

(2)操作者增加供给反应釜冷却水量；

(3)当温度达到 T_2时自动停车系统停止氧化反应。

经统计分析得 $P[A]=0.1$，$P[B_1]=0.99$，$P[C_1]=0.8$，$P[D_1]=0.99$，编制的事件树如图 1-14 所示。

该事件树中有 2 条事故连锁($A-B_1-C_2-D_2$，$A-B_2-D_4$)和 3 条防止事故的途径($A-B_1-C_1$，$A-B_1-C_2-D_2$，$A-B_2-D_3$)。发生事故的概率为

$$\begin{aligned}P &= P[F_1]+P[F_2]\\ &= P[A]\cdot P[B_1]\cdot P[C_2]\cdot P[D_2]+P[A]\cdot P[B_2]\cdot P[D_2]\\ &= 0.001009\end{aligned}$$

七、事故树分析(FTA)

事故树分析是从特定的事故开始，利用逻辑门构成树图考察可能引起该事件发生的各种原因事件及其相互关系的系统安全分析方法。

1. 事故树中的符号

在事故树中，事件间的关系是因果关系或逻辑关系，用逻辑门来表示。以逻辑门为中心，上一层事件是下一层事件产生的结果，称为输出事件；下一层事件是上一层事件的原因，称为输入事件。事故树中有事件符号和逻辑门符号两类符号(图 1-15)。

(1)事件及其符号

作为被分析对象的特定事故事件被画在事故树的顶端，叫做顶事件。导致事件发生的最初始的原因事件位于事故树下部的各分支的终端，叫做基本事件。处于顶事件与基本事件中间的事件叫做中间事件，它们是造成顶事件的原因，又是基本事件产生的结果。在图

1-15(a)中，矩形符号① 表示需要分析的事件，如顶事件和中间事件。事件的具体内容写在事件符号之内；圆形符号② 表示基本事件。菱形符号③ 表示目前不能分析或不必要分析的事件；房形符号④ 表示属于基本事件的正常事件，一些对输出事件的出现必不可少的事件；转移符号⑤、⑥表示与同一事故树中的其他部分内容相同。

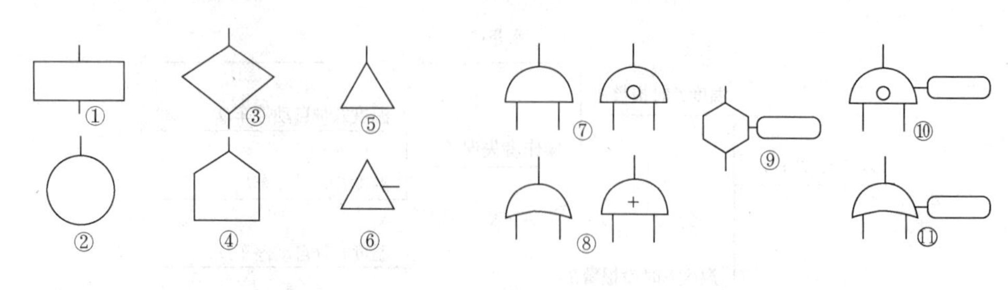

图 1-15　事故树的事件和逻辑门符号

(2)逻辑门及其符号

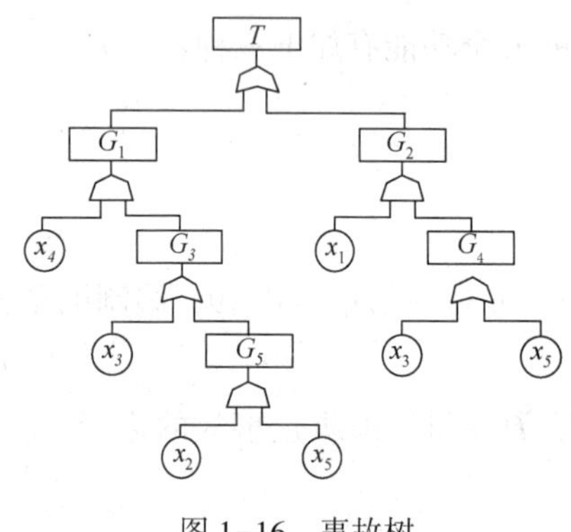

图 1-16　事故树

在图 1-15(b)中，逻辑与门⑦表示只有全部输入事件都出现时输出事件才出现的逻辑关系；逻辑或门⑧表示只要有一个或一个以上输入事件出现则输出事件就出现的逻辑关系；控制门⑨是一个逻辑上的修正，表示当满足条件时输出事件才出现；条件门⑩是将逻辑与门或逻辑或门与控制门的结合起来的逻辑门。

2. 事故树的数学表达

布尔代数是事故树的数学基础。事故树中的逻辑或门对应于布尔代数的逻辑和运算，逻辑与门对应于逻辑积运算。

例如，可按下面的步骤写出如图 1-16 所示事故树的布尔表达式：

$$
\begin{aligned}
T &= G_1 + G_2 \\
&= x_4 \cdot G_3 + x_1 \cdot G_4 \\
&= x_4 \cdot (x_3 + G_5) + x_1 \cdot (x_3 + x_5) \\
&= x_4 \cdot (x_3 + x_2 \cdot x_5) + x_1 \cdot (x_3 + x_5) \\
&= x_3 \cdot x_4 + x_2 \cdot x_4 \cdot x_5 + x_1 \cdot x_3 + x_1 \cdot x_5
\end{aligned}
$$

3. 事故树分析步骤

事故树分析包括：求出基本事件的最小割集和最小径集；确定各基本事件对顶事件发生的重要度(包括：结构重要度、概率重要度、临界重要度)，其中，确定结构重要度的工作属于定性分析，确定概率重要度、临界重要度的工作属于定量分析。

(1)最小割集与最小径集

① 最小割集

在事故树中，基本事件发生能使顶事件发生的基本事件集合叫做割集。最小割集是能够引起顶事件发生的最少割集组合。最小割集表明哪些基本事件组合在一起发生可以使顶事件发生，它指明事故发生模式。

② 最小径集

在事故树中，基本事件不发生能保证顶事件不发生的基本事件集合叫做径集。若径集中包含的基本事件不发生对保证顶事件不发生不但充分而且必要，则该径集叫做最小径集。最小径集表明哪些基本事件组合在一起不发生就可以使顶事件不发生，它指明应该采取何种措施防止事故发生。

③ 最小割集求法

利用事故树的布尔表达式可以方便地找出简单事故树的最小割集。根据布尔代数运算法则，把布尔表达式变换成基本事件逻辑和的形式，则逻辑积项包含的基本事件构成割集；进一步应用幂等法则和吸收法则整理，得到最小割集。例如，对于图 1-16 所示的事故树，其布尔表达式展开后化简：

$$T = x_3 \cdot x_4 + x_2 \cdot x_4 \cdot x_5 + x_1 \cdot x_3 + x_1 \cdot x_5$$

最终得到最小割集为

$$(x_3 \cdot x_4)(x_2 \cdot x_4 \cdot x_5)(x_1 \cdot x_3)(x_1 \cdot x_5)$$

④ 最小径集求法

根据布尔代数的对偶法则，把事故树中事故事件用其对立的非事故事件代替，把逻辑与门用逻辑或门、逻辑或门用逻辑与门代替，便得到了与原来事故树对偶的成功树。求出成功树的最小割集，就得到了原事故树的最小径集。例如，图 1-16 所示事故树其对偶的成功树如图 1-17 所示。该成事故树的最小割集为

$$\bar{T} = \bar{G}_1 + \bar{G}_2$$

$$= (\bar{x}_4 + \bar{G}_3)(\bar{x}_1 + \bar{G}_4)$$

$$= [\bar{x}_4 + \bar{x}_3(\bar{x}_2 + \bar{x}_5)](\bar{x}_1 + \bar{x}_3 \cdot \bar{x}_5)$$

$$= \bar{x}_1 \cdot \bar{x}_4 + \bar{x}_3 \cdot \bar{x}_4 \cdot \bar{x}_5 + \bar{x}_1 \cdot \bar{x}_2 \cdot \bar{x}_3 + \bar{x}_2 \cdot \bar{x}_3 \cdot \bar{x}_3 \cdot \bar{x}_5 + \bar{x}_1 \cdot \bar{x}_3 \cdot \bar{x}_5 + \bar{x}_3 \cdot \bar{x}_5 \cdot \bar{x}_3 \cdot \bar{x}_5$$

$$= \bar{x}_1 \cdot \bar{x}_4 + \bar{x}_1 \cdot \bar{x}_2 \cdot \bar{x}_3 + \bar{x}_3 \cdot \bar{x}_5$$

于是，原事故树的最小径集为

$$(\bar{x}_1 \cdot \bar{x}_4),\ (\bar{x}_1 \cdot \bar{x}_2 \cdot \bar{x}_3),\ (\bar{x}_3 \cdot \bar{x}_5)$$

(2)基本事件重要度

在事故树分析中，用基本事件重要度来衡量某一基本事件对顶事件影响的大小。

① 结构重要度

基本事件的结构重要度取决于它们在事故树结构中的位置。可以根据基本事件在故障树最小割集(或最小径集)中出现的情况，评价其结构重要度。

在由较少基本事件组成的最小割集中出现的基本事件，其结构重要度较大；在不同最小割集中出现次数多的基本事件，其结构重要度大。

于是，可以按式(1-5)计算第 i 个基本事件的结构重要度：

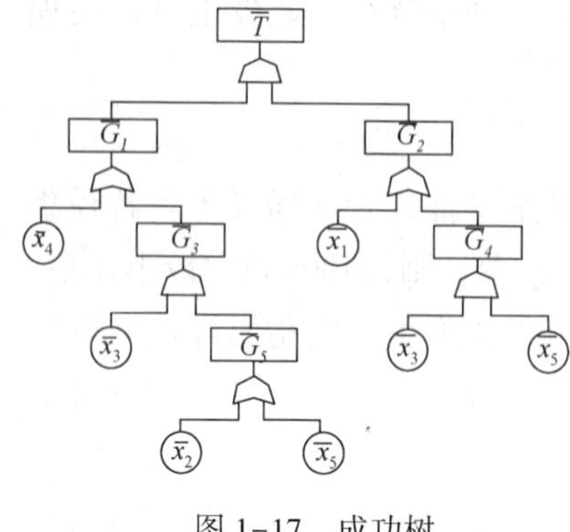

图 1-17　成功树

$$I_\phi(i)=\frac{1}{k}\sum_{j=1}^{m}\frac{1}{R_j} \tag{1-5}$$

式中　k——事故树包含的最小割集数目；

m——包含第 i 个基本事件的最小割集数目；

R_j——包含第 i 个基本事件的第 j 个最小割集中基本事件的数目。

例如，图 1-16 所示事故树的最小割集为 $(x_3 \cdot x_4)$，$(x_1 \cdot x_3)$，$(x_1 \cdot x_5)$，$(x_2 \cdot x_4 \cdot x_5)$，按式(1-5)计算各基本事件的结构重要度如下：

$$I_\phi(1)=I_\phi(3)=\frac{1}{4}\times\left(\frac{1}{2}+\frac{1}{2}\right)=\frac{1}{4}$$

$$I_\phi(2)=\frac{1}{4}\times\frac{1}{3}=\frac{1}{12}$$

$$I_\phi(4)=I_\phi(5)=\frac{1}{4}\times\left(\frac{1}{2}+\frac{1}{3}\right)=\frac{5}{24}$$

所以　　$I_\phi(1)=I_\phi(3)>I_\phi(4)=I_\phi(5)>I_\phi(2)$

② 概率重要度

基本事件对顶事件的影响还与基本事件发生概率有关，概率大的基本事件对顶事件的影响大。因此，第 i 个基本事件概率重要度的定义为

$$I_g(i)=\frac{\partial g(q)}{\partial q_i} \tag{1-6}$$

式中　$g(q)$——事故树的概率函数；为各最小割集中基本事件发生概率的不交并集合；

q_i——第 i 个基本事件的发生概率。

例如，图 1-16 事故树的概率函数(根据布尔代数的不交并原理)为

$$\begin{aligned}g(q)=&q_3q_4+q_2q_4q_5+q_1q_3+q_1q_5-(q_3q_4q_2q_5+q_3q_4q_1+q_1q_3q_4q_5+q_1q_2q_3q_4q_5+\\&q_1q_2q_4q_5+q_1q_3q_5)+(q_1q_2q_3q_4q_5+q_1q_2q_3q_4q_5+q_1q_2q_3q_4q_5)-q_1q_2q_3q_4q_5\\=&q_1q_3+q_1q_5+q_3q_4+q_2q_4q_5-q_1q_3q_4-q_1q_3q_5-q_2q_3q_4q_5-q_1q_3q_4q_5-\\&q_1q_2q_4q_5+q_1q_2q_3q_4q_5\end{aligned}$$

假设各基本事件发生的概率为 $q_1=0.01$，$q_2=0.02$，$q_3=0.03$，$q_4=0.04$，$q_5=0.05$

按式(1-6)，基本事件 x_1 的概率重要度为

$$I_g(1)=\frac{\partial g(q)}{\partial q_1}=q_3+q_5-q_3q_4-q_3q_5-q_3q_4q_5-q_2q_4q_5+q_2q_3q_4q_5=0.077$$

类似地，可以算出其余各基本事件的概率重要度为

$$I_g(2)=0.020，I_g(3)=0.049，Ig(4)=0.031，I_g(5)=0.010$$

于是，各基本事件概率重要度次序为

$$I_g(1)>I_g(3)>I_g(4)>I_g(2)>I_g(5)$$

4. 事故树分析实例

(1)化学反应失控事故

图 1-18 为一放热化学反应装置。在生产过程中随着供料速度的增加化学反应放热量增加，当反应器的温度达到 149℃时将发生重大破坏性反应失控事故。为了保证正常的反应温度(93℃)，利用流经水冷热交换器的循环水排走热量。

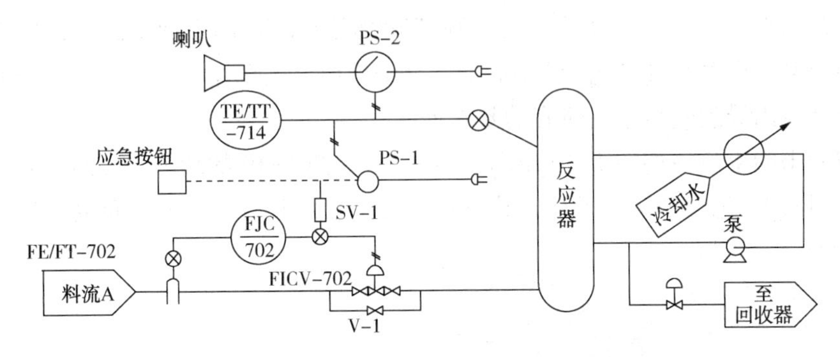

图 1-18 化学反应装置安全保护系统

该装置设有安全监控系统，其功能如下：

① 利用温度传感器 TE/TT-714 监测反应温度；

② 反应器温度升高到 107℃时发出声音警报(利用喇叭)；

③ 反应器温度升高到 107℃时关闭电磁阀 SV-1，切断物料供给，使反应停止；

④ 操作者听到报警后可以按下应急按钮关闭电磁阀，切断物料供应，使反应停止。

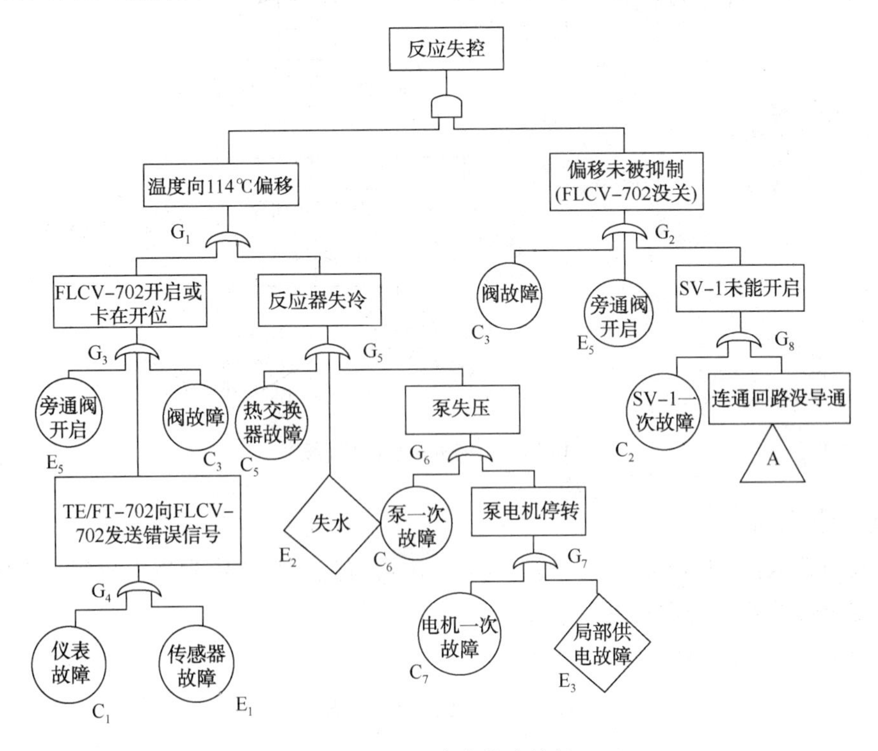

图 1-19 反应失控事故树

(2)编制事故树

事故树顶事件为"反应失控"，其发生是由于"温度向149℃偏移"和"偏移没被抑制(FICV-702没关闭)"两事件同时发生的结果，两中间事件与顶事件间用逻辑与门连结。

分析"温度向149℃偏移"事件，可以从供料失控反应器冷却不好两方面探究原因。前者对应于"FICV-702开启或卡在开位"事件；后者对应于"反应器失冷"事件。

"偏移没被抑制"事件的发生除了"阀故障"和"旁通开启"两方面原因外，主要是由于安全监控系统故障，即"SV-1没开启"引起的，仔细地研究安全监控系统的构成和发挥功能情况可以逐次地找出导致其事故的所有的基本事件。

最终编制出的事故树如图1-19所示，图1-20为图1-19的续图。由两事故树图可以看出，该事故树共19包含个基本事件，其中C_3、E_3、E_4、E_5在事故树中重复出现，实际上有16个基本事件。

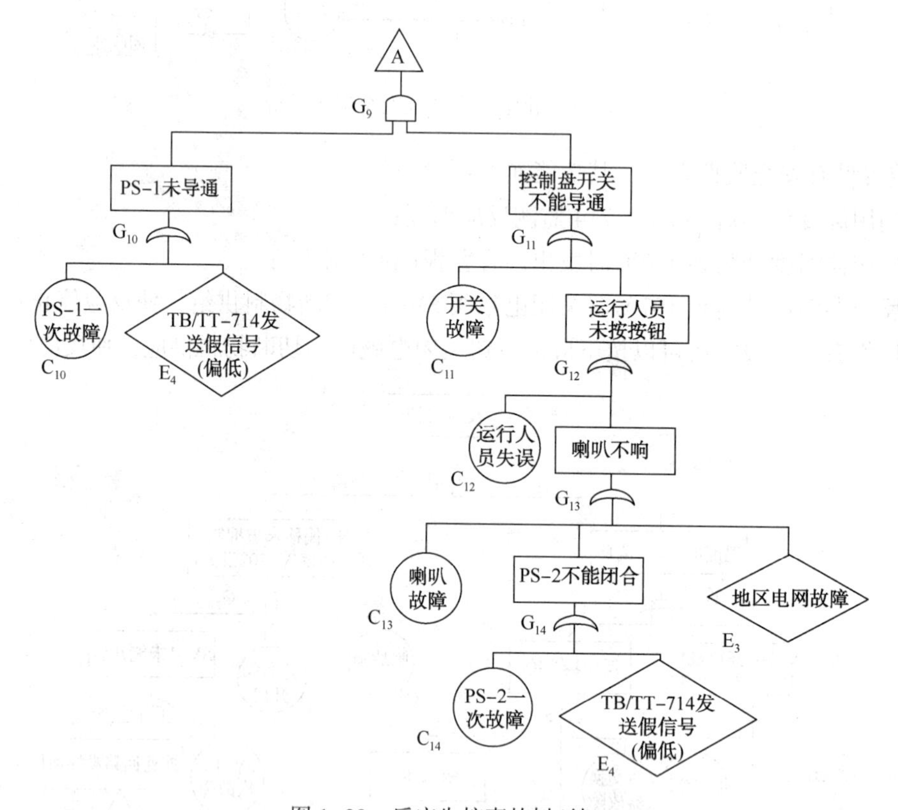

图1-20　反应失控事故树(续)

(3)事故树分析

该事故树共包括14个逻辑门，其中仅有一逻辑与门，其余皆为逻辑或门，表明该化学反应系统安全性较差，较容易发生事故。

事故树的全部最小径集为

$$(C_3,\ E_{35},\ C_8,\ C_{10},\ E_4)$$

$$(C_3,\ C_4,\ C_5,\ C_6,\ C_7,\ E_1,\ E_2,\ E_3,\ E_4)$$

$$(C_3,\ E_3,\ E_5,\ C_8,\ E_4,\ C_{11},\ C_{12},\ C_{13},\ C_{14})$$

事故树的最小割集为

单一事件最小割集 2 个：(C_3)　(E_5)

两事件最小割集 15 个：

(E_3，E_4)　(E_3，C_8)　(E_3，C_{10})

(E_2，E_4)　(E_2，C_8)　(E_1，E_4)

(E_1，E_8)　(E_4，C_7)　(C_7，C_8)

(E_4，E_6)　(C_6，C_8)　(E_4，C_5)

(C_5，C_8)　(E_4，C_4)　(C_4，C_8)

三事件是小割集 24 个：

(C_4，C_{10}，C_{11})　(C_4，C_{10}，C_{12})　(C_4，C_{10}，C_{13})

(C_4，C_{10}，C_{14})　(C_5，C_{10}，C_{11})　(C_5，C_{10}，C_{12})

(C_5，C_{10}，C_{13})　(C_5，C_{10}，C_{14})　(C_6，C_{10}，C_{11})

(C_6，C_{10}，C_{12})　(C_6，C_{10}，C_{13})　(C_6，C_{10}，C_{14})

(C_7，C_{10}，C_{11})　(C_7，C_{10}，C_{12})　(C_7，C_{10}，C_{13})

(C_7，C_{10}，C_{14})　(C_{10}，C_{11}，E_1)　(C_{10}，C_{12}，E_1)

(C_{10}，C_{13}，E_1)　(C_{10}，C_{14}，E_1)　(C_{10}，C_{11}，E_1)

(C_{10}，C_{12}，E_2)　(C_{10}，C_{13}，E_2)　(C_{10}，C_{14}，E_2)

第四节　系统安全事故案例

一、系统重大危险源控制不当发生爆炸事故

1. 事故经过

2015 年 8 月 12 日，位于天津市滨海新区天津港的某公司危险品仓库发生火灾爆炸事故，造成 165 人遇难、8 人失踪，798 人受伤，304 幢建筑物、12428 辆商品汽车、7533 个集装箱受损。截至 2015 年 12 月 10 日，依据《企业职工伤亡事故经济损失统计标准》等标准和规定统计，已核定的直接经济损失 68. 66 亿元。

2. 事故分析

这是一个这是一个重大危险源控制不当引发的事故。安全工作的艰巨性在于既要不断深入地控制已有的危险因素，又要预见并控制可能和正在出现的各种新的危险因素，分在潜在的危险源及其可能引发的不安全状态。重大危险源控制不当主要表现在：

①事故的直接原因是：该公司危险品仓库运抵区南侧集装箱内硝化棉由于湿润剂散失出现局部干燥，在高温(天气)等因素的作用下加速分解放热，积热自燃，引起相邻集装箱内的硝化棉和其他危险化学品长时间大面积燃烧，导致堆放于运抵区的硝酸铵等危险化学品发生爆炸。

②该公司严重违反有关法律法规，是造成事故发生的主体责任单位。该公司无视安全生产主体责任，严重违反天津市城市总体规划和滨海新区控制性详细规划，违法建设危险

货物堆场，违法经营、违规储存危险货物，安全管理极其混乱，安全隐患长期存在。

③调查组同时认定，还存在诸多地方部门的管理问题。

3. 事故预防

针对事故暴露出的八个方面的教训与问题，调查组提出了十个方面的防范措施和建议，即：坚持“安全第一”的方针，切实把安全生产工作摆在更加突出的位置；推动生产经营单位落实安全生产主体责任，任何企业均不得违法违规变更经营资质；进一步理顺港口安全管理体制，明确相关 部门安全监管职责；完善规章制度，着力提高危险化学品安全监管法治化水平；建立健全危险化学品安全监管体制机制，完善法律法规和标准体系；建立全国统一的 监管信息平台，加强危险化学品监控监管；严格执行城市总体规划，严格安全准入条件；大力加强应急救援力量建设和特殊器材装备配备，提升生产安全事故应急处 置能力；严格安全评价、环境影响评价等中介机构的监管，规范其从业行为；集中开展危险化学品安全专项整治行动，消除各类安全隐患。

二、系统危险性分析缺失发生毒物泄漏事故

1. 事故经过

1984 年 12 月 3 日，美国联碳公司设在印度中央邦首府博帕尔市的农药厂发生甲基异氰酸甲酯泄漏事故，有近 40t 剧毒的甲基异氰酸酯(简称为 MIC)及其反应物在 2h 内冲向天空，顺着 7.4km/h 的风向东南方向飘荡，霎时毒气弥漫，覆盖了相当宽阔部分市区(约 64.7km^2)。事故致使近 60 万人死亡，5 万人双目失明，10 万人终身残疾，20 万人中毒，事故经济损失高达近百亿元，震惊整个世界、人们把这称之为人类历史上的灾难。

2. 事故分析

这是一个对系统危险性分析缺失、系统存在严重设计缺陷导致的事故。系统危险性分析要运用系统安全分析方法，识别系统中存在的薄弱环节和可能导致事故发生的条件，预测事故发生的可能性和事故后果的严重性，为系统识别的危险源设计相应的预防和控制措施。系统危险性分析缺失、系统存在严重设计缺陷主要表现在：

(1)直接原因

① 由于工人误操作将 120~240 gal(1gal=3.785dm^3)水进入异氰酸甲酯储罐中，引起放热反应，致使压力升高，防爆膜破裂而造成的。

② 储罐内有大量氯仿(氯仿是 MIC 制造初期作反应抑制剂加入的)，氯仿分解产生氮离子，使储罐(材质为不锈钢)发生腐蚀而产生游离铁离子。在铁离子的催化作用下，加速了放热反应进行，致使罐内温度、压力急剧升高。

③ 氢氧化钠洗涤塔处理能力太小，不可能将 MIC 全部中和。

④ 燃烧塔未能发挥作用。

(2)间接原因

① 安全管理薄弱，违规操作较多。

② 设计存在严重缺陷。

③ 忽视员工培训和安全教育。

④ 缺乏及时维修。

3. 事故预防

对于这次震惊世界的毒气泄漏事故，总结出的教训是悲惨而深刻的，应以更加坚决的态度，采取以下主要措施。

(1)对生产和加工剧毒化学品的装置，应有独立的安全处理系统，一旦发生泄漏事故能及时启动处理系统，将危险物全部处理、吸收或破坏掉。该系统应定期检修，只要生产系统在进行，它就应处于良好的应急工作状态。

(2)凡加工和生产危险品的工厂，都应制订事故应急救援预案。通过预测把可能导致重大灾害的情况在工厂内公开，把防护、急救、脱险、疏散、现场处理等信息让有关人员都清楚，提高对突发事故的应急处理能力。

(3)对于生产化学危险物品的工厂，在建厂选址时。应作危险性评价。对剧毒化学品的储存量应以维持正常运转为限。根据危险程度留有足够防护带。建厂后，不得临近厂区建设居民区。

(4)提高操作人员技术素质，杜绝误操作和违章作业。严格交接班制度，记录齐全，明确责任，奖罚分明。强化安全教育和健康教育，提高职工的自我保护意识和普及事故中的自救、互救常识。坚持持证上岗，未取得安全作业证者不得上岗。健全安全管理规程，并严格执行。

(5)对小事故要做详细分析处理，做到“四不放过”。即事故原因未查清不放过；事故责任人未受到处理不放过；事故责任人和周围群众没有受到教育不放过，事故制订切实可行的整改措施没有落实不放过。

(6)对于危险性大的工厂，其安全的关键是抓住人员、技术、信息和组织管理四要素，防止重大事故的发生。

三、系统危险因素时空耦合发生连锁事故

1. 事故经过

2005 年 11 月 13 日，吉林某双苯厂硝基苯料馏塔发生爆炸，造成 8 人死亡，50 人受伤，直接经济损失 6908 万元，并引发松花江水污染事件。事件调查组认定，“11・13”爆炸事故和松花江水污染事故是一起特大生产安全责任事故和特别重大水污染责任事件。

2. 事故分析

这是一个系统危险因素时空耦合发生的连锁事故。“系统”往往是复杂的，系统各要素随时间及其各要素之间关系千丝万缕，需要采用逻辑、概率论、数理统计、模型和模拟技术、最优化技术等数学方法，分析危险因素可能发生的时空耦合及连锁事故，显示出那些不易直观觉察的各种要素间的相互关系，做出最优决策。系统危险因素耦合导致事故主要表现在：

(1)爆炸事故的立接原因：硝基苯精制岗位操作人员违反操作规程，在停止粗硝基苯进料后，未关闭预热器蒸气阀门，导致预热器内物料汽化；恢复硝基苯精制单元生产时，再次违反操作规程，先打开预热器蒸气阀门加热，后启动粗硝基苯进料泵进料，引起进入预热器的物料突沸并发生剧烈振动，使预热器及管线的法兰松动、密封失效，空气吸入系统，

由于摩擦、静电等原因，导致硝基苯精馏塔发生爆炸，并引发其他装置、设施连续爆炸。

(2)爆炸事故的主要原因：双苯厂对安全生产管理重视不够、对存在的安全隐建整改不力，安全生产管理制度存在漏洞，劳动组织管理存在缺陷。

(3)污染事件的直接原因：双苯厂没有事故状态下防止受污染的水流入松花江的措施。爆炸事故发生后，未能及时采取有效措施，防止泄漏出来的部分物料和循环水及抢救事故现场消防水与残余物料的混合物流入松花江。

(4)分公司及双苯厂对可能发生的事故会引发松花江水污染问题没有进行深入研究，有关应急预案有重大缺失。

3. 事故预防

(1)全面强化员工培训，使操作人员充分掌握本岗位的操作技能和应急处理能力。

(2)在高危行业中进一步提高装置的自动化水平，提高工人的危机管理能力等，使人为的因素在高危行业的安全事故中降到最低限度。

(3)以"安全第一、预防为主、综合治理、强化基础、突出重点、常抓不懈"方针为指导，把重心落在基层，把重点放在现场，彻底整改安全环保隐患，坚决杜绝重伤以及人身伤害事故，杜绝重大生产、设备及火灾爆炸事故，杜绝重大环境污染事故，实现企业的科学发展、安全发展、环保发展。

(4)单位的安全生产管理制度和操作规程要进一步完善，开展反"三违"活动，加强各个岗位操作和检修、维修工作的检查，检查要有记录。

(5)对单位的安全管理制度存在的问题和事故隐患进行一次全面排查，对检查中发现的各种事故隐患立即进行整改。企业必须围绕危险化学品安全生产，研究内在规律，采取相应对策，建立长效的安全生产与管理机制。

(6)单位要根据生产情况制定事故应急预案，并定期进行有针对性的演练，演练要有记录。如生产过程中出现异常情况，要做及时的应急处置，以减少事故造成的危害。

(7)应逐步将高危险企业迁出市区。同时，对于新的高危行业的企业在规划和布局上要有长远眼光，布局要在高居民区较远的郊外，并充分考虑到城市未来在空间上延伸，从布局上尽最大努力避免和减少生产活动对广大群众生命财产造成的威胁和伤害。

第二章　事故预防与控制

事故包含发生、扩展以至造成的各种恶果，涵盖发展阶段和发展状态。有效的对策分析不但需要预防事故致因，而且要分析和控制在事故发展过程中起到助推作用的各种因素，控制措施应贯穿事故的全部发展进程。随着科学技术和生产方式的发展，事故的表现形式在不断变化，人们对事故原因和发展过程的认识也在不断深入，只有掌握了这些特性和规律，才可以更好地预防事故的发生，减少事故造成的损失。

本章介绍化工生产的事故类型，重点说明事故致因理论及事故变化发展过程，阐述事故预防和控制方法。

第一节　化工生产事故类型

《中国石化生产安全事故管理规定》将事故分为：人身伤亡事故、火灾事故、爆炸事故、生产事故、设备事故、交通事故。

一、火灾爆炸事故

火灾、爆炸是石油化工生产中多发而且危害甚大的事故类型。在石油化工生产、加工、输送、储运中常常伴随着易燃、易爆、高温、高压、深冷、有毒有害和腐蚀等危险因素，由于高温、高压、深冷能够提高生产效率，降低能耗，取得更好的经济效益，石油化工的生产工艺日益向高深发展，火灾的风险也随之加大。例如石油裂解装置内的温度高达800~900℃，生产尿素的反应压力在10MPa以上，高压聚乙烯需要在100~300MPa的压力和50~300℃的高温下才能聚合生成，乙烯生产要在-103℃的低温下才能运送和储存。高温、高压、深冷易使设备材料损坏，金属材料发生蠕变、改变金相组织，降低机械强度，低温会使设备材料变脆易裂。研究石油化工装置的构造特点、火灾危险性和生产过程中的工艺要求，有助于我们了解掌握石油化工装置的特征和事故发生的规律，把握事故处置的主动权，有针对性地采取处置对策，减轻或消除事故危害。

化工火灾爆炸不同于其他火灾，燃烧形式、现象、种类、规模和危害性有如下特征：

① 燃烧速度快，火势发展猛烈；

② 火焰温度高，辐射热强；

③ 容易形成立体燃烧；

④ 容易形成大面积燃烧；

⑤ 爆炸危险性大；

⑥ 容易引起连锁事故；

⑦ 火灾爆炸中毒事故多；

⑧ 火灾爆炸损失严重；

⑨ 火灾扑救困难。

基于对大量事故案例的分析研究，化工企业发生火灾爆炸事故的主要原因如下：

① 缺乏消防知识；

② 消防安全制度不健全；

③ 不严格执行安全制度；

④ 违反安全操作规程；

⑤ 设备缺陷；

⑥ 工艺设计缺陷。

二、设备事故

工业企业设备(包括各类生产设备、管道、厂房、建筑物、构筑物、仪器、电信、动力、运输等设备或设施)因由于设计、制造、施工、使用、检修、管理等原因造成停产或效能降低，直接经济损失超过规定限额的行为或事件。加强设备事故的管理，其目的是对所发生的设备事故及时采取有效措施，防止事故扩大和再度发生，并从事故中吸取教训，防止事故重演，达到消灭事故的目的，确保安全生产。

按照有关制度规定，设备事故按设备损坏程度可分为重大设备事故、普通设备事故和微小事故三类。设备事故由设备科和车间进行管理，设备科内应设专人管理全厂的设备事故，设备事故管理人员，必须责任心强，能坚持原则，并具有一定的专业知识及管理经验，应按照政府的有关法令，上级及本企业的有关制度和规定进行工作。车间的设备主任、工艺员、设备员、工段长和班组长等，通常是生产第一线的有丰富实践经验的组织者和指挥者，同样他们在设备及事故管理方面也负有重要的责任。要认真贯彻上级的各项法令、规定、指示及各项制度，要狠抓落实，要经常对操作工、检修工的实际操作进行指导和监督，特别是要及时纠正错误的操作，加强设备检查，发现异常情况要及时解决，把事故消灭在萌芽状态。

设备事故发生后，应立即切断电源，保持现场，按设备分级管理的有关规定上报，并及时组织有关人员根据“三不放过”的原则(事故原因分析不清不放过，事故责任者与群众未受到教育不放过，没有防范措施不放过)，进行调查分析，严肃处理，从中吸取经验教训。

设备事故按其发生的性质可分为以下三类：

(1) 责任事故。凡属人为原因，如违反操作规程、擅离工作岗位、超负荷运转、加工工艺不合理及维护修理不当等，致使设备损坏或效能降低者，称为责任事故。

(2) 质量事故。凡因设备原设计、制造、安装等原因，致使设备损坏或效能降低者，称为质量事故。

（3）自然事故。凡因遭受自然灾害，致使设备损坏或效能降低者，称为自然事故。任何责任事故都要查清原因和责任，对事故责任者应按情节轻重、责任大小、认错态度分别给予批评教育、行政处分或经济处罚，触犯刑律者要依法制裁。

对设备事故隐瞒不报或弄虚作假的单位和个人，应加重处罚，并追究领导责任。设备事故频率应按规定统计，按期上报。

三、生产事故

由于违反操作规程、规定、岗位操作法、指挥错误，以及停电、停水、停汽(气)、停风造成停(减)产、跑料、串料的事故。停电、停水、停汽(气)、停风等突发情况容易造成停(减)产、跑料、串料的事故，停(减)产会给企业造成不同程度的经济损失，跑料即油、气的泄漏和串料事故不但造成经济损失，同时存在爆炸、火灾、中毒和污染环境的潜在危险性。

安全工作最根本的任务是激发每一个职工的主观意识，唤起每个职工的安全观念，这个问题在今天我们的安全工作中越来越重要。有些企业，生产效益不错，各项规章制度也比较健全，但是控制不住事故，原因就是人的工作没有做好。具体讲是职工的安全意识不强，违反操作规程造成的。

工伤事故统计资料表明，缺乏安全技术知识是新工人发生工伤事故的重要原因，由于各个工厂的性质不同，工人从事的工种不同，所需要的安全技术知识的内容也各不相同。对刚入厂的新工人来说，首先应了解和掌握一般生产工人都能接触到的、通用性的安全技术基础知识。尤其是对于领导人员，在掌握安全技术基础知识的同时应该熟练掌握各种危险情况下的应对措施，避免出现因指挥错误造成不必要的损失。

四、交通事故

车辆、船舶在行驶航运中，由于违反交通航运规则及机械设备故障等造成人员伤亡，车辆、船舶损坏和物资财产损失的事故。由于现代石油化工企业生产规模大，厂区面积大，部门分散，往往在厂内活动需要使用机动车，而厂内路面比较狭窄，而且路况比较复杂，有时机动车还要进入生产车间内部，加上厂内交通标识和交通管制不完善，有可能在厂内出现交通事故。

各地区交通事故的处理方法不同，但是一般来讲如果是厂内车辆则由安监局处理，如果是外来车辆可以由事故发生地公安机关交通管理部门受理，按照交通事故处理。厂内机动车辆(即在生产经营单位内从事运输的各类车辆)在生产经营单位内部道路发生的机动车交通事故，且造成人员伤亡的，属于市直接监察单位的由市安监局受理，其他事故单位由事故发生地安监部门受理。生产经营单位从业人员在劳动过程中因机动车交通事故受伤或死亡，依据《工伤保险条例》规定可以享受工伤待遇的，应提请劳动和社会保障部门给予工伤认定及经济补偿。因用人单位以外的第三方侵权造成劳动者人身损害，赔偿权利人请求第三方承担民事赔偿责任的，人民法院应予支持，告知赔偿权利人可以提起民事诉讼，向第三方追偿。

五、放射事故

指放射性物质丢失及因放射性同位素、射线装置等辐射源失控引起的人员超剂量照射和放射污染等异常事件。

根据《放射事故管理规定(2001)》放射事故按类别分为：人员受超剂量照射事故，放射性物质污染事故和丢失放射性物质事故，放射事故按其后果的严重程度分为：放射事件(又称零级事故)、一级事故、二级事故和三级事故。

六、人身伤亡事故

在生产岗位劳动过程中，除上述事故类型外，还包括企业在册职工发生的与生产有关的伤亡或急性中毒事故。

据统计石化企业每年发生的人身事故约占事故总数的50%，这类事故具有以下特点：一是与其他类事故相比，人身事故导致的后果往往是个别职工受到人身伤害，不会造成大的财产损失或者是不良的社会影响；二是事故伤者往往是对事故负有一定责任；三是事故发生的原因基本上是职工防范意识不强，不存在主观上的故意或者是蓄意违章。

企业的安全技术监督管理部门为各类事故归口管理单位，负责各类事故的汇总、统计、分析和上报。各类事故的调查主管部门划分如下：人身事故、火灾事故、爆炸事故的调查由安全技术监督管理部门负责。设备事故的调查由设备主管部门负责。当发生设备损坏导致停产事故，应以设备主管部门为主调查，其他部门配合。当发生涉及人身伤亡的设备事故时，应以安全技术监督管理部门为主调查，设备主管部门配合。生产事故的调查由生产主管部门负责。交通事故的调查由交通主管部门负责。

第二节　事故致因理论

事故致因理论是从大量典型事故的本质原因的分析中所提炼出的事故机理和事故模型。这些机理和模型反映了事故发生的规律性，能够为事故原因的定性、定量分析，为事故的预测预防，为改进安全管理工作，从理论上提供科学的、完整的依据。

随着科学技术和生产方式的发展，事故发生的本质规律在不断变化，人们对事故原因的认识也在不断深入，因此先后出现了十几种具有代表性的事故致因理论和事故模型。

一、事故致因理论的发展

在20世纪50年代以前，资本主义工业化大生产飞速发展，美国福特公司的大规模流水线生产方式得到广泛应用。这种生产方式利用机械的自动化迫使工人适应机器，包括操作要求和工作节奏，一切以机器为中心，人成为机器的附属和奴隶。与这种情况相对应，人们往往将生产中的事故原因推到操作者的头上。

1919年，格林伍德(M. Greenwood)和伍兹(H. Woods)提出了“事故倾向性格”论，后来纽伯尔德(Newboid)在1926年以及法默(Farmer)在1939年分别对其进行了补充。该理论认为，从事同样的工作和在同样的工作环境下，某些人比其他人更易发生事故，这些人是事故倾向者，他们的存在会使生产中的事故增多；如果通过人的性格特点区分出这部分人而不予雇佣，则可以减少工业生产的事故。这种理论把事故致因归咎于人的天性，但是后来的许多研究结果并没有证实此理论的正确性。

1936年美国人海因里希(W. H. Heinrich)提出事故因果连锁理论。海因里希认为，伤害事故的发生是一连串的事件，按一定因果关系依次发生的结果。他用五块多米诺骨牌来形象地说明这种因果关系，即第一块牌倒下后会引起后面的牌连锁反应而倒下，最后一块牌即为伤害。因此，该理论也被称为“多米诺骨牌”理论。多米诺骨牌理论建立了事故致因的事件链这一重要概念，并为后来者研究事故机理提供了一种有价值的方法。

海因里希曾经调查了75000件工伤事故，发现其中有98%是可以预防的。在可预防的工伤事故中，以人的不安全行为为主要原因的占89.8%，而以设备的、物质的不安全状态为主要原因的只占10.2%。按照这种统计结果，绝大部分工伤事故都是由于工人的不安全行为引起的。海因里希还认为，即使有些事故是由于物的不安全状态引起的，其不安全状态的产生也是由于工人的错误所致。因此，这一理论与事故倾向性格论一样，将事件链中的原因大部分归于操作者的错误，表现出时代的局限性。

第二次世界大战爆发后，高速飞机、雷达、自动火炮等新式军事装备的出现，带来了操作的复杂性和紧张度，使得人们难以适应，常常发生动作失误。于是，产生了专门研究人类的工作能力及其限制的学问——人机工程学，它对战后工业安全的发展也产生了深刻的影响。人机工程学的兴起标志着工业生产中人与机器关系的重大改变。以前是按机械的特性来训练操作者，让操作者满足机械的要求；现在是根据人的特性来设计机械，使机械适合人的操作。

这种在人机系统中以人为主、让机器适合人的观念，促使人们对事故原因重新进行认识。越来越多的人认为，不能把事故的发生简单地说成是操作者的性格缺陷或粗心大意，应该重视机械的、物质的危险性在事故中的作用，强调实现生产条件、机械设备的固有安全，才能切实有效地减少事故的发生。

1949年，葛登(Gorden)利用流行病传染机理来论述事故的发生机理，提出了“用于事故的流行病学方法”理论。葛登认为，流行病病因与事故致因之间具有相似性，可以参照分析流行病因的方法分析事故。

流行病的病因有三种：①当事者(病者)的特征，如年龄、性别、心理状况、免疫能力等；②环境特征，如温度、湿度、季节、社区卫生状况、防疫措施等；③致病媒介特征，如病毒、细菌、支原体等。这三种因素的相互作用，可以导致人的疾病发生。与此相类似，对于事故，一要考虑人的因素，二要考虑作业环境因素，三要考虑引起事故的媒介。

这种理论比只考虑人失误的早期事故致因理论有了较大的进步，它明确地提出事故因素间的关系特征，事故是三种因素相互作用的结果，并推动了关于这三种因素的研究和调查。但是，这种理论也有明显的不足，主要是关于致因的媒介。作为致病媒介的病毒等在任何时间和场合都是确定的，只是需要分辨并采取措施防治；而作为导致事故的媒介到底是什么，还需要识别和定义，否则该理论无太大用处。

1961 年由吉布森(Gibson)提出，并在 1966 年由哈登(Hadden)引伸的"能量异常转移"论，是事故致因理论发展过程中的重要一步。该理论认为，事故是一种不正常的，或不希望的能量转移，各种形式的能量构成了伤害的直接原因。因此，应该通过控制能量或者控制能量的载体来预防伤害事故，防止能量异常转移的有效措施是对能量进行屏蔽。

能量异常转移论的出现，为人们认识事故原因提供了新的视野。例如，在利用"用于事故的流行病学方法"理论进行事故原因分析时，就可以将媒介看成是促成事故的能量，即有能量转移至人体才会造成事故。

20 世纪 70 年代后，随着科学技术不断进步，生产设备、工艺及产品越来越复杂，信息论、系统论、控制论相继成熟并在各个领域获得广泛应用。对于复杂系统的安全性问题，采用以往的理论和方法已不能很好地解决，因此出现了许多新的安全理论和方法。

在事故致因理论方面，人们结合信息论、系统论和控制论的观点、方法，提出了一些有代表性的事故理论和模型。相对来说，20 世纪 70 年代以后是事故致因理论比较活跃的时期。

20 世纪 60 年代末(1969 年)由瑟利(J. Surry)提出，20 世纪 70 年代初得到发展的瑟利模型，是以人对信息的处理过程为基础描述事故发生因果关系的一种事故模型。这种理论认为，人在信息处理过程中出现失误从而导致人的行为失误，进而引发事故。与此类似的理论还有 1970 年的海尔(Hale)模型，1972 年威格里沃思(Wigglesworth)的"人失误的一般模型"，1974 年劳伦斯(Lawrence)提出的"金矿山人失误模型"，以及 1978 年安德森(Anderson)等对瑟利模型的修正等。

这些理论均从人的特性与机器性能和环境状态之间是否匹配和协调的观点出发，认为机械和环境的信息不断地通过人的感官反映到大脑，人若能正确地认识、理解、判断，作出正确决策和采取行动，就能化险为夷，避免事故和伤亡；反之，如果人未能察觉、认识所面临的危险，或判断不准确而未采取正确的行动，就会发生事故和伤亡。由于这些理论把人、机、环境作为一个整体(系统)看待，研究人、机、环境之间的相互作用、反馈和调整，从中发现事故的致因，揭示出预防事故的途径，所以，也有人将它们统称为系统理论。

动态和变化的观点是近代事故致因理论的又一基础。1972 年，本尼尔(Benner)提出了在处于动态平衡的生产系统中，由于"扰动"(Perturbation)导致事故的理论，即 P 理论。此后，约翰逊(Johnson)于 1975 年发表了"变化-失误"模型，1980 年诺兰茨(W. E. Talanch)在《安全测定》一书中介绍了"变化论"模型，1981 年佐藤音信提出了"作用一变化与作用连锁"模型。

近十几年来，比较流行的事故致因理论是"轨迹交叉"论。该理论认为，事故的发生不外乎是人的不安全行为(或失误)和物的不安全状态(或故障)两大因素综合作用的结果，即人、物两大系列时空运动轨迹的交叉点就是事故发生的所在，预防事故的发生就是设法从时空上避免人、物运动轨迹的交叉。与轨迹交叉论类似的理论是“危险场”理论。危险场是指危险源能够对人体造成危害的时间和空间的范围。这种理论多用于研究存在诸如辐射、冲击波、毒物、粉尘、声波等危害的事故模式。

事故致因理论的发展虽还很不完善，还没有给出对于事故调查分析和预测预防方面的普遍和有效的方法。然而，通过对事故致因理论的深入研究，必将在安全管理工作中产生以下深远影响：①从本质上阐明事故发生的机理，奠定安全管理的理论基础，为安全管理实践指明正确的方向；②有助于指导事故的调查分析，帮助查明事故原因，预防同类事故的再次发生；③为系统安全分析、危险性评价和安全决策提供充分的信息和依据，增强针对性，减少盲目性；④有利于认定性的物理模型向定量的数学模型发展，为事故的定量分析和预测奠定基础，真正实现安全管理的科学化；⑤增加安全管理的理论知识，丰富安全教育的内容，提高安全教育的水平。

二、几种有代表性的事故致因理论

1. 事故因果连锁理论

(1) 海因里希因果连锁理论

海因里希是最早提出事故因果连锁理论的，他用该理论阐明导致伤亡事故的各种因素之间，以及这些因素与伤害之间的关系。该理论的核心思想是：伤亡事故的发生不是一个孤立的事件，而是一系列原因事件相继发生的结果，即伤害与各原因相互之间具有连锁关系。

海因里希提出的事故因果连锁过程包括如下五种因素：

第一，遗传及社会环境(M)。遗传及社会环境是造成人的缺点的原因。遗传因素可能使人具有鲁莽、固执、粗心等对于安全来说属于不良的性格；社会环境可能妨碍人的安全素质培养，助长不良性格的发展。这种因素是因果链上最基本的因素。

第二，人的缺点(P)。即由于遗传和社会环境因素所造成的人的缺点。人的缺点是使人产生不安全行为或造成物的不安全状态的原因。这些缺点既包括诸如鲁莽、固执、易过激、神经质、轻率等性格上的先天缺陷，也包括诸如缺乏安全生产知识和技能等的后天不足。

第三，人的不安全行为或物的不安全状态(H)。这二者是造成事故的直接原因。海因里希认为，人的不安全行为是由于人的缺点而产生的，是造成事故的主要原因。

第四，事故(D)。事故是一种由于物体、物质或放射线等对人体发生作用，使人员受到或可能受到伤害的、出乎意料的、失去控制的事件。

第五，伤害(A)。即直接由事故产生的人身伤害。

上述事故因果连锁关系，可以用 5 块多米诺骨牌来形象地加以描述。如果第一块骨牌倒下(即第一个原因出现)，则发生连锁反应，后面的骨牌相继被碰倒(相继发生)。

该理论积极的意义就在于，如果移去因果连锁中的任一块骨牌，则连锁被破坏，事故过程被中止。海因里希认为，企业安全工作的中心就是要移去中间的骨牌——防止人的不安全行为或消除物的不安全状态，从而中断事故连锁的进程，避免伤害的发生。

海因里希的理论有明显的不足，如它对事故致因连锁关系的描述过于绝对化、简单化。事实上，各个骨牌(因素)之间的连锁关系是复杂的、随机的。前面的牌倒下，后面的牌可能倒下，也可能不倒下。事故并不是全都造成伤害，不安全行为或不安全状态也并不是必然造成事故，等等。尽管如此，海因里希的事故因果连锁理论促进了事故致因理论的发展，成为事故研究科学化的先导，具有重要的历史地位。

(2) 博德事故因果连锁理论

博德在海因里希事故因果连锁理论的基础上，提出了与现代安全观点更加吻合的事故因果连锁理论。

博德的事故因果连锁过程同样为五个因素，但每个因素的含义与海因里希的都有所不同。

第一，管理缺陷。对于大多数企业来说，由于各种原因，完全依靠工程技术措施预防事故既不经济也不现实，只能通过完善安全管理工作，经过较大的努力，才能防止事故的发生。企业管理者必须认识到，只要生产没有实现本质安全化，就有发生事故及伤害的可能性，因此，安全管理是企业管理的重要一环。

安全管理系统要随着生产的发展变化而不断调整完善，十全十美的管理系统不可能存在。由于安全管理上的缺陷，致使能够造成事故的其他原因出现。

第二，个人及工作条件的原因。这方面的原因是由于管理缺陷造成的。个人原因包括缺乏安全知识或技能，行为动机不正确，生理或心理有问题等；工作条件原因包括安全操作规程不健全，设备、材料不合适，以及存在温度、湿度、粉尘、气体、噪声、照明、工作场地状况(如打滑的地面、障碍物、不可靠支撑物)等有害作业环境因素。只有找出并控制这些原因，才能有效地防止后续原因的发生，从而防止事故的发生。

第三，直接原因。人的不安全行为或物的不安全状态是事故的直接原因。这种原因是安全管理中必须重点加以追究的原因。但是，直接原因只是一种表面现象，是深层次原因的表征。在实际工作中，不能停留在这种表面现象上，而要追究其背后隐藏的管理上的缺陷原因，并采取有效的控制措施，从根本上杜绝事故的发生。

第四，事故。这里的事故被看做是人体或物体与超过其承受阈值的能量接触，或人体与妨碍正常生理活动的物质的接触。因此，防止事故就是防止接触。可以通过对装置、材料、工艺等的改进来防止能量的释放，或者操作者提高识别和回避危险的能力，佩戴个人防护用具等来防止接触。

第五，损失。人员伤害及财物损坏统称为损失。人员伤害包括工伤、职业病、精神创伤等。

在许多情况下，可以采取恰当的措施使事故造成的损失最大限度地减小。例如，对受伤人员进行迅速正确地抢救，对设备进行抢修以及平时对有关人员进行应急训练等。

(3) 亚当斯事故因果连锁理论

亚当斯提出了一种与博德事故因果连锁理论类似的因果连锁模型，该模型以表格的形式给出，见表 2-1。

表 2-1　亚当斯事故因果连锁模型

管理体系	管理失误		现场失误	事故	伤害或损坏
	领导者在下述方面决策失误或没作决策：	安技人员在下述方面管理失误或疏忽：			
目标	方针政策	行为			
	目标	责任	不安全行为	伤亡事故	
组织	规范	权限范围			
	责任	规则			对人
机能	职级	知道		损坏事故	
	考核	主动性			
	权限授予	积极性			对物
		业务活动	不安全状态	无伤害事故	

在该理论中，事故和损失因素与博德理论相似。这里把人的不安全行为和物的不安全状态称做现场失误，其目的在于提醒人们注意不安全行为和不安全状态的性质。

亚当斯理论的核心在于对现场失误的背后原因进行了深入的研究。操作者的不安全行为及生产作业中的不安全状态等现场失误，是由于企业领导和安技人员的管理失误造成的。管理人员在管理工作中的差错或疏忽，企业领导人的决策失误，对企业经营管理及安全工作具有决定性的影响。管理失误又由企业管理体系中的问题所导致，这些问题包括：如何有组织地进行管理工作，确定怎样的管理目标，如何计划、如何实施等。管理体系反映了作为决策中心的领导人的信念、目标及规范，它决定各级管理人员安排工作的轻重缓急、工作基准及指导方针等重大问题。

(4) 北川彻三事故因果连锁理论

前面几种事故因果连锁理论把考察的范围局限在企业内部。实际上，工业伤害事故发生的原因是很复杂的，一个国家或地区的政治、经济、文化、教育、科技水平等诸多社会因素，对伤害事故的发生和预防都有着重要的影响。

日本人北川彻三正是基于这种考虑，对海因里希的理论进行了一定的修正，提出了另一种事故因果连锁理论，见表 2-2。

表 2-2　北川彻三事故因果连锁理论

基本原因	间接原因	直接原因		
	技术的原因			
学校教育的原因	教育的原因	不安全行为		
社会的原因	身体的原因		事故	伤害
历史的原因	精神的原因	不安全状态		
	管理的原因			

在北川彻三的因果连锁理论中，基本原因中的各个因素，已经超出了企业安全工作的范围。但是，充分认识这些基本原因因素，对综合利用可能的科学技术、管理手段来改善间接原因因素，达到预防伤害事故发生的目的，是十分重要的。

2. 能量意外转移理论

(1) 能量意外转移理论的概念

在生产过程中能量是必不可少的，人类利用能量做功以实现生产目的。人类为了利用能量做功，必须控制能量。在正常生产过程中，能量在各种约束和限制下，按照人们的意志流动、转换和做功。如果由于某种原因能量失去了控制，发生了异常或意外的释放，则称发生了事故。

如果意外释放的能量转移到人体，并且其能量超过了人体的承受能力，则人体将受到伤害。吉布森和哈登从能量的观点出发，曾经指出：人受伤害的原因只能是某种能量向人体的转移，而事故则是一种能量的异常或意外的释放。

能量的种类有许多，如动能、势能、电能、热能、化学能、原子能、辐射能、声能和生物能，等等。人受到伤害都可以归结为上述一种或若干种能量的异常或意外转移。麦克法兰特(Mc Farland)认为："所有的伤害事故(或损坏事故)都是因为：①接触了超过机体组织(或结构)抵抗力的某种形式的过量的能量；②有机体与周围环境的正常能量交换受到了干扰(如窒息、淹溺等)。因而，各种形式的能量构成伤害的直接原因。"根据此观点，可以将能量引起的伤害分为两大类：

第一类伤害是由于转移到人体的能量超过了局部或全身性损伤阈值而产生的。人体各部分对每一种能量的作用都有一定的抵抗能力，即有一定的伤害阈值。当人体某部位与某种能量接触时，能否受到伤害及伤害的严重程度如何，主要取决于作用于人体的能量大小。作用于人体的能量超过伤害阈值越多，造成伤害的可能性越大。例如，球形弹丸以 4. 9N 的冲击力打击人体时，最多轻微地擦伤皮肤，而重物以 68. 9N 的冲击力打击人的头部时，会造成头骨骨折。

第二类伤害则是由于影响局部或全身性能量交换引起的。例如，因物理因素或化学因素引起的窒息(如溺水、一氧化碳中毒等)，因体温调节障碍引起的生理损害、局部组织损坏或死亡(如冻伤、冻死等)。

能量转移理论的另一个重要概念是：在一定条件下，某种形式的能量能否产生人员伤害，除了与能量大小有关以外，还与人体接触能量的时间和频率、能量的集中程度、身体接触能量的部位等有关。

用能量转移的观点分析事故致因的基本方法是：首先确认某个系统内的所有能量源；然后确定可能遭受该能量伤害的人员，伤害的严重程度；进而确定控制该类能量异常或意外转移的方法。

能量转移理论与其他事故致因理论相比，具有两个主要优点：一是把各种能量对人体的伤害归结为伤亡事故的直接原因，从而决定了以对能量源及能量传送装置加以控制作为防止或减少伤害发生的最佳手段这一原则；二是依照该理论建立的对伤亡事故的统计分类，是一种可以全面概括、阐明伤亡事故类型和性质的统计分类方法。

能量转移理论的不足之处是：由于意外转移的机械能(动能和势能)是造成工业伤害的主要能量形式，这就使得按能量转移观点对伤亡事故进行统计分类的方法尽管具有理论上的优越性，然而在实际应用上却存在困难。它的实际应用尚有待于对机械能的分类作更加深入细致的研究，以便对机械能造成的伤害进行分类。

（2）应用能量意外转移理论预防伤亡事故

从能量意外转移的观点出发，预防伤亡事故就是防止能量或危险物质的意外释放，从而防止人体与过量的能量或危险物质接触。在工业生产中，经常采用的防止能量意外释放的措施有以下几种：

① 用较安全的能源替代危险性大的能源。例如：用水力采煤代替爆破采煤；用液压动力代替电力等。

② 限制能量。例如：利用安全电压设备；降低设备的运转速度；限制露天爆破装药量等。

③ 防止能量蓄积。例如：通过良好接地消除静电蓄积；采用通风系统控制易燃易爆气体的浓度等。

④ 降低能量释放速度。例如：采用减振装置吸收冲击能量；使用防坠落安全网等。

⑤ 开辟能量异常释放的渠道。例如：给电器安装良好的地线；在压力容器上设置安全阀等。

⑥ 设置屏障。屏障是一些防止人体与能量接触的物体。屏障的设置有三种形式：第一，屏障被设置在能源上，如机械运动部件的防护罩、电器的外绝缘层、消声器、排风罩等；第二，屏障设置在人与能源之间，如安全围栏、防火门、防爆墙等；第三，由人员佩戴的屏障，即个人防护用品，如安全帽、手套、防护服、口罩等。

⑦ 从时间和空间上将人与能量隔离。例如：道路交通的信号灯；冲压设备的防护装置等。

⑧ 设置警告信息。在很多情况下，能量作用于人体之前，并不能被人直接感知到，因此使用各种警告信息是十分必要的，如各种警告标志、声光报警器等。

以上措施往往几种同时使用，以确保安全。此外，这些措施也要尽早使用，做到防患于未然。

3. 基于人体信息处理的人失误事故模型

这类事故理论都有一个基本的观点，即：人失误会导致事故，而人失误的发生是由于人对外界刺激(信息)的反应失误造成的。

① 威格里斯沃思模型

威格里斯沃思在1972年提出，人失误构成了所有类型事故的基础。他把人失误定义为“(人)错误地或不适当地响应一个外界刺激”。他认为：在生产操作过程中，各种各样的信息不断地作用于操作者的感官，给操作者以“刺激”。若操作者能对刺激作出正确的响应，事故就不会发生；反之，如果错误或不恰当地响应了一个刺激(人失误)，就有可能出现危险。危险是否会带来伤害事故，则取决于一些随机因素。

威格里斯沃思的事故模型可以用图2-1中的流程关系来表示。该模型绘出了人失误导致事故的一般模型。

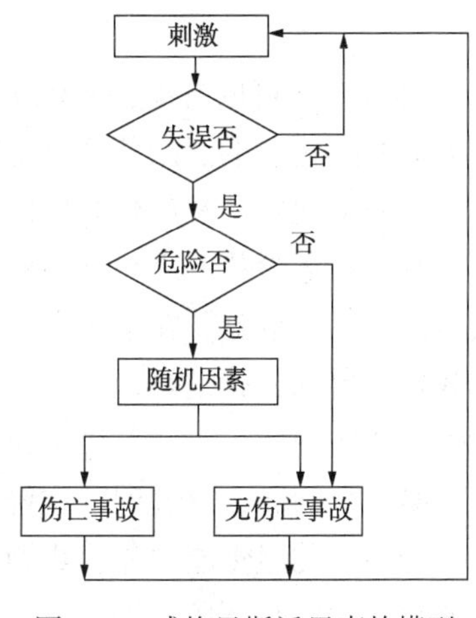

图2-1　威格里斯沃思事故模型

② 瑟利模型

瑟利把事故的发生过程分为危险出现和危险释放两个阶段，这两个阶段各自包括一组类似人的信息处理过程，即知觉、认识和行为响应过程。在危险出现阶段，如果人的信息处理的每个环节都正确，危险就能被消除或得到控制；反之，只要任何一个环节出现问题，就会使操作者直接面临危险。在危险释放阶段，如果人的信息处理过程的各个环节都是正确的，则虽然面临着已经显现出来的危险，但仍然可以避免危险释放出来，不会带来伤害或损害；反之，只要任何一个环节出错，危险就会转化成伤害或损害。瑟利模型如图 2-2 所示。

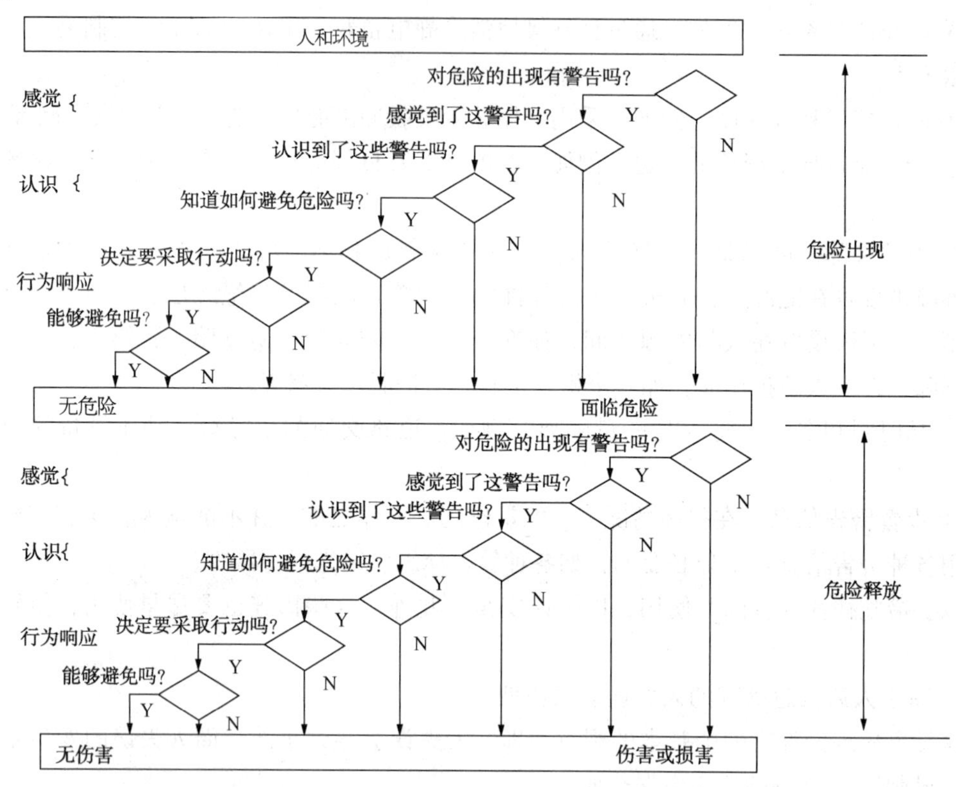

图 2-2　瑟利事故模型

由图 2-2 可以看出，两个阶段具有相类似的信息处理过程，每个过程均可被分解成 6 个方面的问题。下面以危险出现阶段为例，分别介绍这 6 个方面问题的含义。

第一个问题：对危险的出现有警告吗？这里警告的意思是指工作环境中是否存在安全运行状态和危险状态之间可被感觉到的差异。如果危险没有带来可被感知的差异，则会使人直接面临该危险。在生产实际中，危险即使存在，也并不一定直接显现出来。这一问题给我们的启示，就是要让不明显的危险状态充分显示出来，这往往要采用一定的技术手段和方法来实现。

第二个问题：感觉到了这警告吗？这个问题有两个方面的含义：一是人的感觉能力如何，如果人的感觉能力差，或者注意力在别处，那么即使有足够明显的警告信号，也可能未被察觉；二是环境对警告信号的“干扰”如何，如果干扰严重，则可能妨碍对危险信息的察觉和接受。根据这个问题得到的启示是：感觉能力存在个体差异，提高感觉能力要依靠经验和训练，同时训练也可以提高操作者抗干扰的能力；在干扰严重的场合，要采用能避开干扰的警告方式(如在噪声大的场所使用光信号或与噪声频率差别较大的声信号)或加大警告信号的强度。

第三个问题：认识到了这警告吗？这个问题问的是操作者在感觉到警告之后，是否理解了警告所包含的意义，即操作者将警告信息与自己头脑中已有的知识进行对比，从而识别出危险的存在。

第四个问题：知道如何避免危险吗？问的是操作者是否具备避免危险的行为响应的知识和技能。为了使这种知识和技能变得完善和系统，从而更有利于采取正确的行动，操作者应该接受相应的训练。

第五个问题：决定要采取行动吗？表面上看，这个问题无庸置疑，既然有危险，当然要采取行动。但在实际情况下，人们的行动是受各种动机中的主导动机驱使的，采取行动回避风险的"避险"动机往往与"趋利"动机(如省时、省力、多挣钱、享乐等)交织在一起。当趋利动机成为主导动机时，尽管认识到危险的存在，并且也知道如何避免危险，但操作者仍然会"心存侥幸"而不采取避险行动。

第六个问题：能够避免危险吗？问的是操作者在作出采取行动的决定后，是否能迅速、敏捷、正确地作出行动上的反应。

上述六个问题中，前两个问题都是与人对信息的感觉有关的，第3~5个问题是与人的认识有关的，最后一个问题是与人的行为响应有关的。这6个问题涵盖了人的信息处理全过程并且反映了在此过程中有很多发生失误进而导致事故的机会。

瑟利模型适用于描述危险局面出现得较慢，如不及时改正则有可能发生事故的情况。对于描述发展迅速的事故，也有一定的参考价值。

③ 劳伦斯模型

劳伦斯在威格里斯沃思和瑟利等人的人失误模型的基础上，通过对南非金矿中发生的事故的研究，于1974年提出了针对金矿企业以人失误为主因的事故模型如图2-3所示，该模型对一般矿山企业和其他企业中比较复杂的事故情况也普遍适用。

在生产过程中，当危险出现时，往往会产生某种形式的信息，向人们发出警告，如突然出现或不断扩大的裂缝、异常的声响、刺激性的烟气等。这种警告信息叫做初期警告。初期警告还包括各种安全监测设施发出的报警信号。如果没有初期警告就发生了事故，则往往是由于缺乏有效的监测手段，或者是管理人员事先没有提醒人们存在着危险因素，行为人在不知道危险存在的情况下发生的事故，属于管理失误造成的。

在发出了初期警告的情况下，行为人在接受、识别警告，或对警告作出反应等方面的失误都可能导致事故。

当行为人发生对危险估计不足的失误时，如果他还是采取了相应的行动，则仍然有可能避免事故；反之，如果他麻痹大意，既对危险估计不足，又不采取行动，则会导致事故的发生。这里，行为人如果是管理人员或指挥人员，则低估危险的后果将更加严重。

矿山生产作业往往是多人作业、连续作业。行为人在接受了初期警告、识别了警告并正确地估计了危险性之后，除了自己采取恰当的行动避免伤害事故外，还应该向其他人员发出警告，提醒他们采取防止事故的措施。这种警告叫做二次警告。其他人接到二次警告

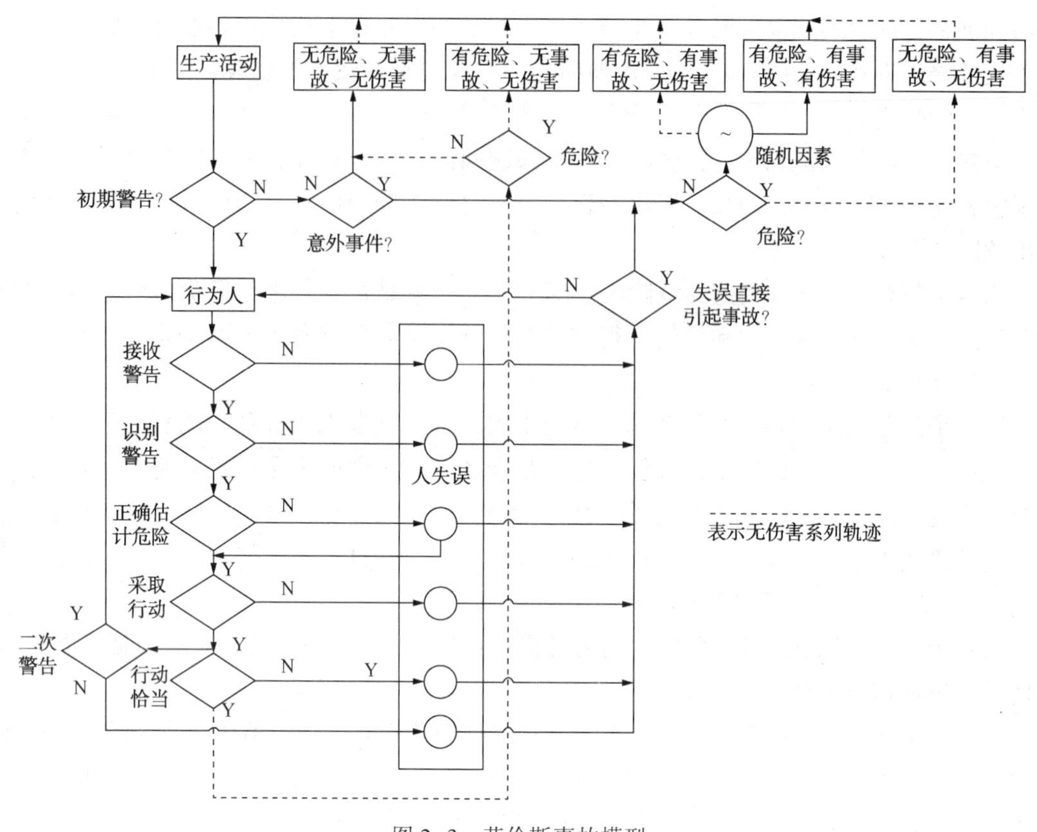

图 2-3　劳伦斯事故模型

后，也应该按照正确的系列对警告加以响应。

劳伦斯模型适用于类似矿山生产的多人作业生产方式。在这种生产方式下，危险主要来自于自然环境，而人的控制能力相对有限，在许多情况下，人们唯一的对策是迅速撤离危险区域。因此，为了避免发生伤害事故，人们必须及时发现、正确评估危险，并采取恰当的行动。

4. 动态变化理论

世界是在不断运动、变化着的，工业生产过程也在不断变化之中。针对客观世界的变化，我们的安全工作也要随之改进，以适应变化了的情况。如果管理者不能或没有及时地适应变化，则将发生管理失误；操作者不能或没有及时地适应变化，则将发生操作失误。外界条件的变化也会导致机械、设备等的故障，进而导致事故的发生。

（1）扰动起源事故理论

本尼尔(Bener)认为，事故过程包含着一组相继发生的事件。这里，事件是指生产活动中某种发生了的事情，如一次瞬间或重大的情况变化，一次已经被避免的或导致另一事件发生的偶然事件等。因而，可以将生产活动看做是一个自觉或不自觉地指向某种预期的或意外的结果的事件链，它包含生产系统元素间的相互作用和变化着的外界的影响。由事件链组成的正常生产活动，是在一种自动调节的动态平衡中进行的，在事件的稳定运行中向预期的结果发展。

事件的发生必然是某人或某物引起的，如果把引起事件的人或物称为“行为者”，而其动作或运动称为“行为”，则可以用行为者及其行为来描述一个事件。在生产活动中，如果行为者的行为得当，则可以维持事件过程稳定地进行；否则，可能中断生产，甚至造成伤害事故。

生产系统的外界影响是经常变化的，可能偏离正常的或预期的情况。这里称外界影响的变化为“扰动”(Perturbation)。扰动将作用于行为者。产生扰动的事件称为起源事件。

当行为者能够适应不超过其承受能力的扰动时，生产活动可以维持动态平衡而不发生事故。如果其中的一个行为者不能适应这种扰动，则自动平衡过程被破坏，开始一个新的事件过程，即事故过程。该事件过程可能使某一行为者承受不了过量的能量而发生伤害或损害，这些伤害或损害事件可能依次引起其他变化或能量释放，作用于下一个行为者并使其承受过量的能量，发生连续的伤害或损害。当然，如果行为者能够承受冲击而不发生伤害或损害，则事件过程将继续进行。

综上所述，可以将事故看做由事件链中的扰动开始，以伤害或损害为结束的过程。这种事故理论也叫做“P 理论”。图 2-4 为这种理论的示意图。

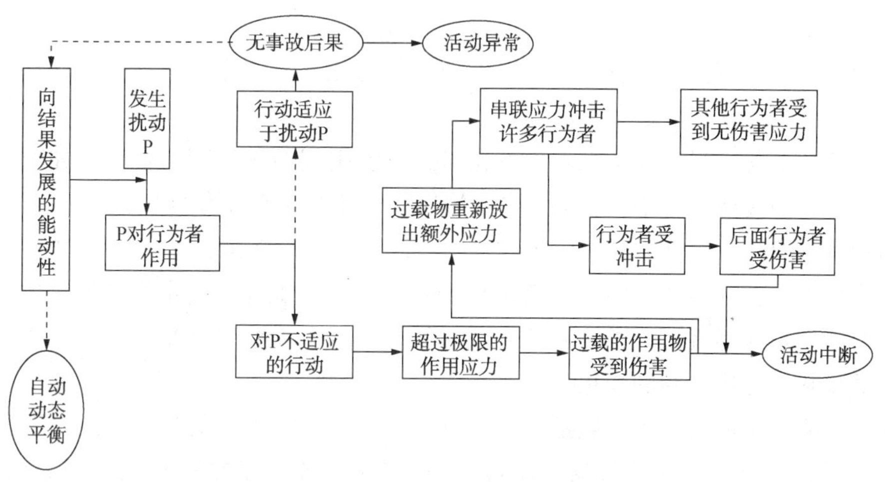

图 2-4　扰动理论示意图

(2) 变化-失误理论

约翰逊(Johnson)认为：事故是由意外的能量释放引起的，这种能量释放的发生是由于管理者或操作者没有适应生产过程中物的或人的因素的变化，产生了计划错误或人为失误，从而导致不安全行为或不安全状态，破坏了对能量的屏蔽或控制，即发生了事故，由事故造成生产过程中人员伤亡或财产损失。图 2-5 为约翰逊的变化-失误理论示意图。

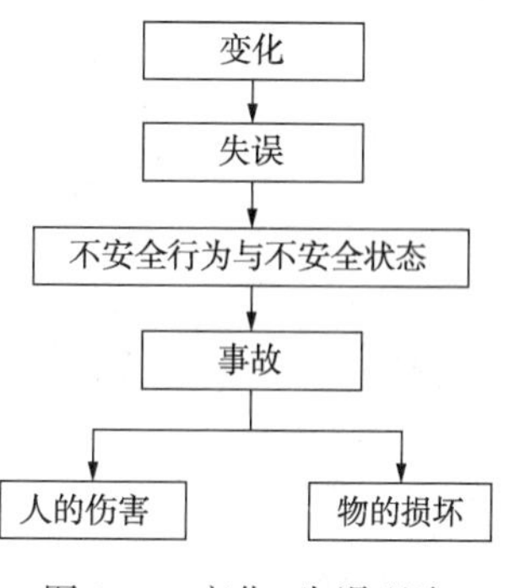

图 2-5　变化-失误理论

按照变化的观点，变化可引起人失误和物的故障，因此，变化被看做是一种潜在的事故致因，应该被尽早地发现并采取相应的措施。作为安全管理人员，应该对下述的一些变化给予足够的重视：

企业外部社会环境的变化。企业外部社会环境，特别是国家政治或经济方针、政策的变化，对企业的经营理念、管理体制及员工心理等有较大影响，必然也会对安全管理造成影响。

企业内部的宏观变化和微观变化。宏观变化是指企业总体上的变化，如领导人的变更，经营目标的调整，职工大范围的调整、录用，生产计划的较大改变等。微观变化是指一些具体事物的改变，如供应商的变化，机器设备的工艺调整、维护等。

计划内与计划外的变化。对于有计划进行的变化，应事先进行安全分析并采取安全措施；对于不是计划内的变化，一是要及时发现变化，二是要根据发现的变化采取正确的措施。

实际的变化和潜在的变化。通过检查和观测可以发现实际存在着的变化；潜在的变化却不易发现，往往需要靠经验和分析研究才能发现。

时间的变化。随着时间的流逝，人员对危险的戒备会逐渐松弛，设备、装置性能会逐渐劣化，这些变化与其他方面的变化相互作用，引起新的变化。

技术上的变化。采用新工艺、新技术或开始新工程、新项目时发生的变化，人们由于不熟悉而易发生失误。

人员的变化。这里主要指员工心理、生理上的变化。人的变化往往不易掌握，因素也较复杂，需要认真观察和分析。

劳动组织的变化。当劳动组织发生变化时，可能引起组织过程的混乱，如项目交接不好，造成工作不衔接或配合不良，进而导致操作失误和不安全行为的发生。

操作规程的变化。新规程替换旧规程以后，往往要有一个逐渐适应和习惯的过程。

需要指出的是，在管理实践中，变化是不可避免的，也并不一定都是有害的，关键在于管理是否能够适应客观情况的变化。要及时发现和预测变化，并采取恰当的对策，做到顺应有利的变化，克服不利的变化。

约翰逊认为，事故的发生一般是多重原因造成的，包含着一系列的变化-失误连锁。从管理层次上看，有企业领导的失误、计划人员的失误、监督者的失误及操作者的失误等。该连锁的模型如图 2-6 所示。

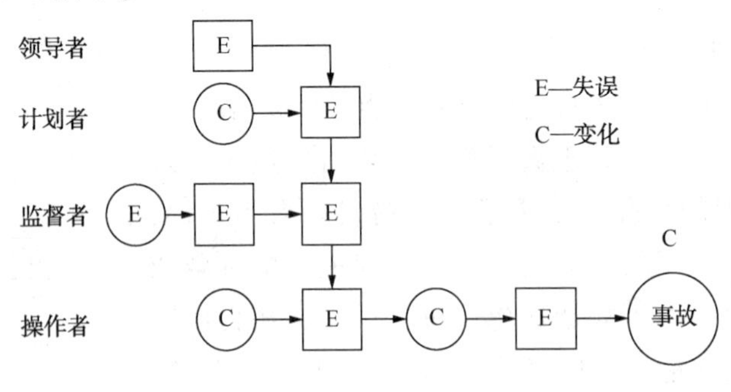

图 2-6　变化-失误连锁模型

5. 轨迹交叉论

轨迹交叉论的基本思想是：伤害事故是许多相互联系的事件顺序发展的结果。这些事件概括起来不外乎人和物(包括环境)两大发展系列。当人的不安全行为和物的不安全状态在各自发展过程中(轨迹)，在一定时间、空间发生了接触(交叉)，能量转移于人体时，伤害事故就会发生。而人的不安全行为和物的不安全状态之所以产生和发展，又是受多种因素作用的结果。

轨迹交叉理论的示意图如图 2-7 所示。图中，起因物与致害物可能是不同的物体，也可能是同一个物体；同样，肇事者和受害者可能是不同的人，也可能是同一个人。

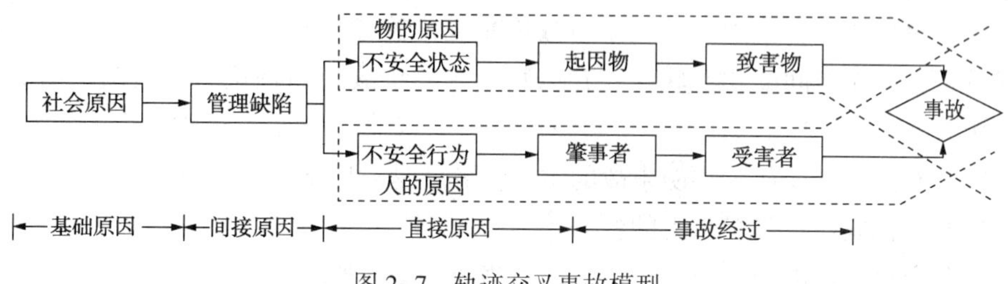

图 2-7　轨迹交叉事故模型

轨迹交叉理论反映了绝大多数事故的情况。在实际生产过程中，只有少量的事故仅仅由人的不安全行为或物的不安全状态引起，绝大多数的事故是与二者同时相关的。例如：日本劳动省通过对 50 万起工伤事故调查发现，只有约 4%的事故与人的不安全行为无关，而只有约 9%的事故与物的不安全状态无关。

在人和物两大系列的运动中，二者往往是相互关联，互为因果，相互转化的。有时人的不安全行为促进了物的不安全状态的发展，或导致新的不安全状态的出现；而物的不安全状态可以诱发人的不安全行为。因此，事故的发生可能并不是如图 2-7 所示的那样简单地按照人、物两条轨迹独立地运行，而是呈现较为复杂的因果关系。

人的不安全行为和物的不安全状态是造成事故的表面的直接原因，如果对它们进行更进一步的考虑，则可以挖掘出二者背后深层次的原因。这些深层次原因的示例见表 2-3。

表 2-3　事故发生的原因

基础原因(社会原因)	间接原因(管理缺陷)	直接原因
遗传、经济、文化、教育培训、民族习惯、社会历史、法律	生理和心理状态、知识技能情况、工作态度、规章制度、人际关系、领导水平	人的不安全状态
设计、制造缺陷、标准缺乏	维护保养不当、保管不良、故障、使用错误	物的不安全状态

轨迹交叉理论作为一种事故致因理论，强调人的因素和物的因素在事故致因中占有同样重要的地位。按照该理论，可以通过避免人与物两种因素运动轨迹交叉，来预防事故的发生。同时，该理论对于调查事故发生的原因，也是一种较好的工具。

第三节　事故预防和控制

事故由发生、扩展以至造成各种恶果，经历了一系列发展阶段和发展状态。有效地控制事故不但需要预防事故致因，而且要分析和控制在事故发展过程中起到助推作用的各种因素，控制措施应贯穿事故的全部发展进程。

一、变化是事故发展的关键因素

尽管人们对事故致因的认识不同，尽管在生产技术发展的不同阶段出现了不同的事故致因理论，但都认为事故是在一系列变化中发生、发展的，各种变化对事故具有重要作用。在以人为主的事故致因理论中，强调了事故因果间的连锁变化；在人物合一的事故致因理论中，强调了各种能量间的相互转化；在以物为主的事故致因理论中，强调了两类危险源的相互作用和演化(图 2-8)。

著名安全专家库尔曼认为预防事故的主要任务就是对以下变化做出正确的回答：

——哪些变化应被看作是重大的?

——哪些变化有可能通过对系统结构的适当改变加以避免?

——哪些变化不能完全排除，其预期频率是多少?

——这些变化对临近及远临人员和财产的影响程度及类型如何？必须采取何种措施?

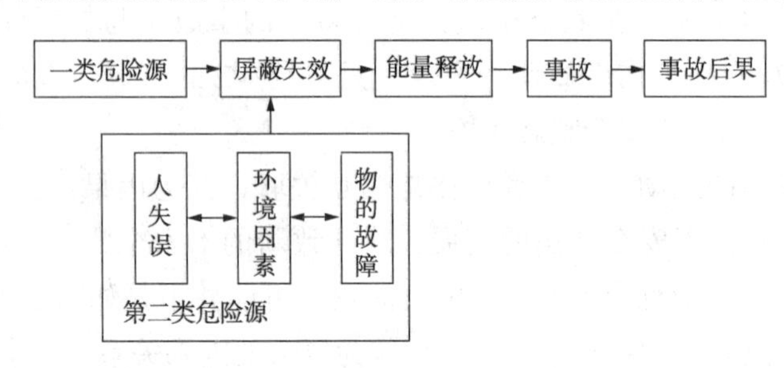

图 2-8　两类危险源对事故的致因作用

约翰逊(Johnson)认为事故是由于管理者的计划错误或操作者的行为失误，没有适应生产过程中物的因素的变化，从而导致不安全行为或不安全状态，破坏了对能量的屏蔽或控制。陈宝智教授具体地列举了诱发事故的 9 种变化(包括：企业外的变化和企业内的变化、宏观的变化和微观的变化、计划内的变化和计划外的变化、实际的变化和潜在的或可能的变化、时间的变化、技术的变化、人员的变化、劳动组织的变化、操作规程的变化等)，认为事故发生往往包含着一系列的变化-失误连锁。

本尼尔(Bener)认为，事故过是由于行为者不能适应的“系统外界影响的变化”(扰动)，使系统动态平衡过程受到破坏而造成的。即把事故看成由相继事件过程中的扰动开始，以伤害或损坏为结束的过程。本尼尔的这种对事故的解释被称为 P 理论。

佐藤吉信从系统安全的观点出发，提出了一种称为作用——变化和作用连锁的模型(Action-Change and Action Chain Model)。他认为，系统元素在其他元素或环境因素的作用下发生变化，这种变化主要表现为元素的功能发生变化——性能降低。作为系统元素的人或物的变化可能是人失误或物的故障。该元素的变化又以某种形态作用于相邻元素，引起相邻元素的变化。系统元素间的这种连锁作用可能造成系统中人失误和物的故障的传播，最终导致系统故障或事故。佐藤吉信在提出变化连锁模型的同时，还开发了一套完整表达事故过程的方法，阐述了解离和控制事故连锁的规则。

二、描述事故发展过程的作用连锁模型

1. 事故发展过程的描述

佐藤吉信以事故作用连锁理论为基础，认为事故发展的进程涉及 6 种作用连锁和 4 种控制连锁，如图 2-9 所示。

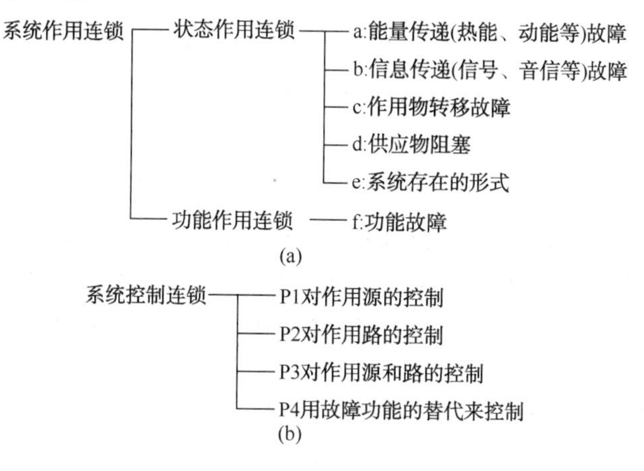

图 2-9　系统状态连锁故障

这些作用和控制连锁可用如下符号表达：

$Xu_i \underset{m}{\rightarrow} W$　作用 u_i 从元素 X 传递到 $W(i \in 1, 2, \cdots, 6;\ u_1=a,\ u_2=b,\ \cdots,\ u_6=f)$；

$Yu'_j \underset{-n}{\rightarrow} X$　解离作用 u'_j 从元素 Y 传递到 $X(j \in 1, 2, \cdots 6;\ u'_1=a',\ \cdots,\ u'_6=f')$；

$Yg' \underset{-n}{\rightarrow} Yg'' \underset{-n+1}{\rightarrow} W$　解离作用 g'' 或 g'' 从元素 Y 传递到 W；

$Y_1 u''_k \underset{-q}{\rightarrow} Y_2$　控制作用 u''_k 从元素 Y_1 传递到 $Y_2(k \in 1, 2, \cdots, 6;\ u''_1=a'',\ \cdots u''_6=f'')$；

$Y_1\ \overline{u_l} \underset{q}{\rightarrow} Y_2$　反转作用 $\overline{u_l}$ 从元素 Y_1 传递到 $Y_2(k \in 1, 2, \cdots, 6;\ u_1=a,\ \cdots,\ u_6=f)$；

$Xu_i \underset{m}{\mapsto_{P_\xi}} W$　作用链通过解离规则 P_ξ 被解离 $(\xi \in 1, 2, \cdots 4)$；

$Xu_i \underset{0}{\rightarrow} W(\cdot)$　元素 W 上的损害 $(\cdot)$ 由直接原因作用 $u_i(i \in 1, 2, \cdots)$ 引起；

$m,\ n,\ q$　从直接原因作用链开始的连锁顺序链 $(m,\ n,\ q=1,\ 12,\ 3,\ \cdots)$。

2. 危险控制系统作用的描述

为了防止事故的发生，可以构造一个危险控制系统（Hazard Control System，HCS），使其在作用链中起到解离（将作用链切断）和控制（限制作用链的前后关联）的作用，在作用连锁式中分别以带单撇和双撇的作用符表示。如：能量 a 的解离作用表示为 a'，控制作用表示为 a''。有时，危险控制系统会发生失效，称其为反转作用。以带非的作用符表示，如：功能 f 的反转作用表示为 $\bar{f}$。

危险控制系统的作用可以描述为：

① $a,\ b,\ c,\ d,\ e$ 型的作用链可按 P_1，P_2，P_3 三种方式解离；f 型的作用链可按 P_4 方式解离。

② 解离方式 P_1，P_2，P_3 通过 a'，b'，c'，d'，e' 或/和 f' 型的解离作用实现；解离方式

P_4通过g'，g''的解离作用实现。(g'表示功能解离；g''表示功能替代)。

③ 若a'，b'，c'，d'，e'，g'，g''型的解离作用，或者a''，b''，c''，d''，e''型的控制作用发生反转，产生不实行机能型$\overline{(f)}$的反转；若耐$f'(f'')$型的解离(控制)作用反转，至少产生$\bar{a}$，$\bar{b}$，$\bar{c}$，$\bar{d}$，$\bar{e}$中的一种反转作用。

④ 如果构成控制连锁的任意要素发生引发性变化，则在其他要素不发生引发性变化的条件下，由于该要素的控制作用锁反转而产生反转连锁，不能解离。

⑤ $\bar{a}$，$\bar{b}$，$\bar{c}$，$\bar{d}$，$\bar{e}$型的反转作用锁按P_1，P_2，P_3控制方式解离；$\bar{f}$型的反转作用锁只能按P_4控制方式解离。

⑥ 若④中发生的反转连锁中的某反转作用锁被解离，在其余要素不发生引发性变化和不产生反转作用锁的条件下，自该处控制连锁部分的复活，能够使作用连锁重新解离。

⑦ 单方向的控制作用锁可以由任意的解离或控制作用锁构成，但是复方向的控制作用锁(同时对两个或以上的作用锁起控制作用)不能由$f'(f'')$型的解离(控制)作用锁构成。

三、化工事故的控制

化工生产具有生产工艺复杂多变，原(辅)材料及产品(中间体)易燃易爆、有毒有害和腐蚀性，在生产过程中存在多种潜在的危险因素。这些潜在的危险因素就是危险源。危险源是可能导致事故的潜在的不安全因素。任何系统都不可避免地存在某些危险源，而这些危险源只有在触发事件的触发下才会产生事故。因此防止事故的发生就是要辨识危险源、分析危险源和控制危险源。不同类别的危险源所产生的危险与危害也不相同，在进行化工生产的主要危害分析与控制时要有明确的指导思想。

化工生产的主要危害分析与控制过程可用图2-10表示。

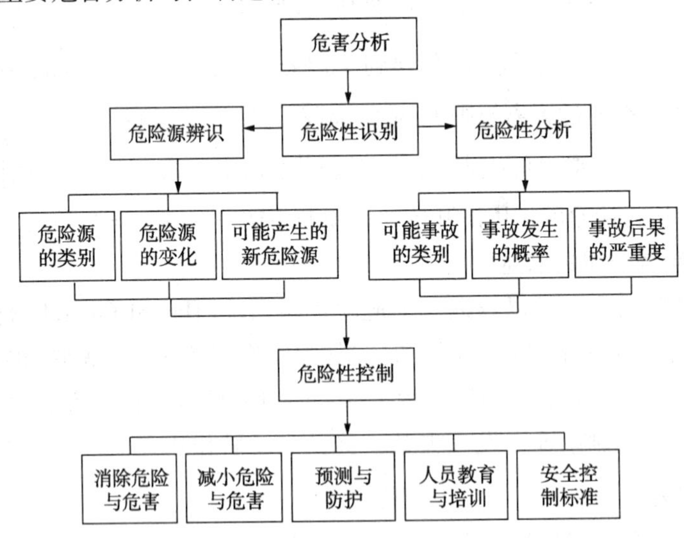

图2-10　化工生产的主要危害分析与控制过程

任何化工事故的背后，都有管理失误和技术偏差的作用。因此，化工事故的控制，主要是对这两个因素的控制。

1. 管理致因的化工事故控制

任何化工事故都可归结为对两类危险源及其相互作用认识不够或控制不当，其中管理原因是事故连锁中的重要因素。根据灾害防止的四 E 原则，对危险的认识和控制涉及技术(Engineering)、法规(Enforcement)、教育(Education)和评价(Evaluation)4 项管理因素。

在图 2-11 中，两类危险源为起始事件，C 点的紧后事件有 3 个，A、D、K 的紧后事件有 2 个，这些事件对事故的形成和发展起到较重要的作用，应为危险控制的重点。因此事故控制要点应如表 2-4 所示。

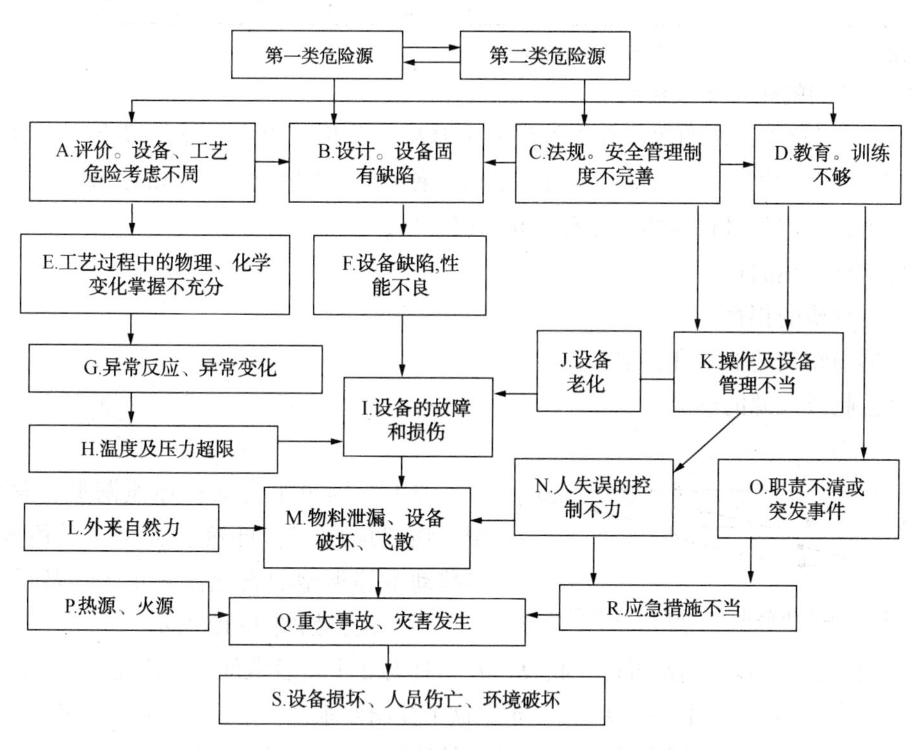

图 2-11　事故管理致因的作用连锁图

表 2-4　管理致因事故的作用连锁模型及控制要点

事故类型	作用连锁模型及说明	典型的解离和控制连锁	危险辩识要点
评价不周	$Ac\underset{3}{\rightarrow}Ec\underset{2}{\rightarrow}Ga\underset{1}{\rightarrow}Ha\underset{0}{\rightarrow}Ie(\cdot)$ 反应机理认识不充分，运行中发生异常，温度和压力超限	$Ga''\underset{-4}{\rightarrow}Tf''\underset{-3}{\rightarrow}Uf''\underset{-2}{\rightarrow}Vf''\underset{-1}{\rightarrow}Ha\overset{P_1}{\underset{0}{\mapsto}}I$ 完善检测系统*	检测系统的安全度和可靠度
设计缺陷	$Bb\underset{1}{\rightarrow}Ff\underset{0}{\rightarrow}Ie(\cdot)$ 设计缺陷，性能不良造成设备运行中的损坏	$Ff''\underset{-1}{\rightarrow}Rf'\overset{P_4}{\underset{0}{\mapsto}}I$ 采取弥补措施，提高设备性能	检查设备缺陷的部位和工艺环节
法规不完善	$\begin{array}{l}Df\underset{2}{\rightarrow}\\ \quad Kb\underset{1}{\rightarrow}Je\underset{0}{\rightarrow}Ie(\cdot)\\ Cb\underset{2}{\rightarrow}\end{array}$ 管理制度缺欠，导致操作失误	$\begin{array}{l}Cb''\underset{-2}{\rightarrow}\\ \quad Kb\overset{P_4}{\underset{0}{\mapsto}}J\\ Df''\underset{-2}{\rightarrow}\end{array}$ 健全制度	分析操作工艺及管理制度

事故类型	作用连锁模型及说明	典型的解离和控制连锁	危险辩识要点
法规不完善，教育不够	$\left.\begin{array}{l}Cb\underset{1}{\rightarrow}\\Ob\underset{1}{\rightarrow}\end{array}\right.Re\underset{0}{\rightarrow}Qf(\cdot)$ 法规和教育不力，致使应急不当	$\left.\begin{array}{l}Cb''\underset{-1}{\rightarrow}\\Ob''\underset{-1}{\rightarrow}\end{array}\right.Re\overset{P_1}{\underset{0}{\mapsto}}Q$ 健全救灾机制，加强应急训练	检查应急措施和教育
法规不完善，教育不够	$Kb\underset{1}{\rightarrow}Ne\underset{0}{\rightarrow}MQe(\cdot)$ 法规和教育不力，造成人失误	$Kf\underset{-1}{\rightarrow}Ne\overset{P_4}{\underset{0}{\mapsto}}M$ 提高工艺过程中的本质安全程度	进行工艺分析和本质安全研究

＊T—控制系统的传感器；U—处理器；V—执行器。

2. 技术致因的化工事故控制

北川彻三以化工系统的数千起事故资料为基础，分析了火灾、爆炸等重大事故发生的原因及过程并予以抽象，认为这些事故都是由 6 种基本的技术致因引起的，即：

① 容器、管道等材料损坏、变形，阀的误开启；

② 化学反应热的积存；

③ 危险物质的积存；

④ 容器内物质的泄漏和扩散；

⑤ 高温物或火源的形成；

⑥ 人失误。

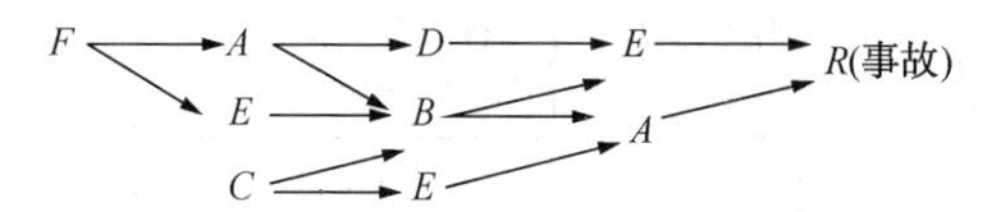

图 2-12　化工事故的基本作用连锁模式

以上致因可组合成损坏泄漏型、着火损坏型、强烈反应型、自然着火型、平衡破坏型、热移动型等类型的石化流程重大事故的基本作用连锁模式，如图 2-12 所示。

图 2-12 中，F、C 是起始事件，A、B、E 都具有 2 个紧后事件，因此控制直接致因事故的逻辑顺序应是：F—C—A—E—B—D。根据这个控制要求，对单纯着火型、自然发火型、蒸气爆炸型事故的 6 种主要表现模式设计了解离和控制连锁，并提出了危险辩识的要点(表 2-5)。

表 2-5　化工事故基本作用连锁模型

事故类型	主要原因和发生过程	作用连锁模型	解离和控制连锁	危险辩识要点
单纯着火型	F-A-D-E(损坏泄漏型)	$Fb\underset{2}{\rightarrow}Ae\underset{1}{\rightarrow}Dc\underset{0}{\rightarrow}R(\cdot)$ $Ca\underset{0}{\rightarrow}$	$\overline{Ff}\underset{-2}{\rightarrow}Ae\overset{P_1}{\underset{-1}{\mapsto}}Dc\underset{0}{\rightarrow}R$ 或 $Cd''\overset{P_1}{\underset{0}{\mapsto}}R$	人失误的识别、潜在火源的控制
	C-E-A(着火损坏型)	$Ce\underset{1}{\rightarrow}Ea\underset{0}{\rightarrow}A(\cdot)$	$Cd''\underset{-1}{\rightarrow}Ea\overset{P_1}{\underset{0}{\mapsto}}A$	
自然发火型	C-B-A(强烈反应型)	$Ce\underset{2}{\rightarrow}Be\underset{1}{\rightarrow}Ae\underset{0}{\rightarrow}R(\cdot)$	$Cd''\underset{-2}{\rightarrow}Be\overset{P_1}{\underset{0}{\mapsto}}A$	热反应异常现象识别
	C-B-E(自然着火型)	$Ce\underset{2}{\rightarrow}Be\underset{1}{\rightarrow}Ea\underset{0}{\rightarrow}R(\cdot)$	$\overline{Ce}\underset{-2}{\rightarrow}\overline{Be}\overset{P_1}{\underset{-1}{\mapsto}}Ea$	
蒸气爆炸型	F-A-B-A(平衡破坏型)	$\overline{Ff}\underset{3}{\rightarrow}Ae\underset{2}{\rightarrow}Be\underset{1}{\rightarrow}Ae\underset{0}{\rightarrow}R(\cdot)$	$Be''\underset{-1}{\rightarrow}Ae\overset{P_2}{\underset{0}{\mapsto}}R$	过压保护系统安全可靠性辩识，潜在火源的控制
	F-E-B-A(热移动型)	$\overline{Ff}\underset{3}{\rightarrow}Ea\underset{2}{\rightarrow}Be\underset{1}{\rightarrow}Ae\underset{0}{\rightarrow}R(\cdot)$	$Ea''\underset{-2}{\rightarrow}Be\overset{P_1}{\underset{0}{\mapsto}}R$	

3. 控制化工事故的思路

根据上述化工事故作用连锁模型、管理事故和技术事故作用连锁模型和控制分析。可以确定基于作用连锁模型进行化工事故控制的基本思路：

① 确定危险辩识的客体并进行系统事故过程分析，建立作用连锁模型，确认系统固有危险模式；

② 针对固有危险模式，选择恰当的位置和方式在作用连锁模型中设置解离或控制事故的作用连锁；

③ 对具有解离或控制连锁的模型进行再分析，若可能发生反转作用，则可确认系统的二次危险模式；

④ 设置解离或控制的冗余作用连锁或其他的解离或控制作用连锁抑制二次危险模式；

⑤ 继续实施③、④措施，直至实现系统的本质安全，达到允许的安全限度。

四、“4M”事故预防和控制措施

1. 人—机—环境系统

人类社会发展的历史就是一部人、机(包括工具、机器、计算机、系统及技术)、环境三大要素相互关联、相互制约、相互促进的历史。因此，人、机、环境便构成了一个复杂系统(详见第一章第二节“四、系统安全工程的空间维度”)。

人—机—环境系统工程是运用系统科学思想和系统工程方法，正确处理人、机、环境三大要素的关系，探讨人—机—环境系统最优组合的一门科学。人—机—环境系统工程的研究对象为人—机—环境系统，系统最优组合的基本目标是安全、高效、经济。所谓“安全”是指不出现人体的生理危害或伤害，并且避免各种事故的发生；所谓“高效”是指全系统具有最好的工作性能或最高的工作效率；所谓“经济”是指在满足系统技术要求的前提下，系统所需要的投资最少，也就是说保证了系统的经济性。

2. “4M”事故预防和控制措施

管理的欠缺是事故发生的间接要素，但对人、机、环境都会产生重要的作用和影响。无论从社会的局部还是整体来看，人类的安全生产与生存需要多种因素的协调与组织才能实现，事故的产生都和几个因素有关，这几个因素相互作用和影响即构成事故系统如图 2-13 所示。

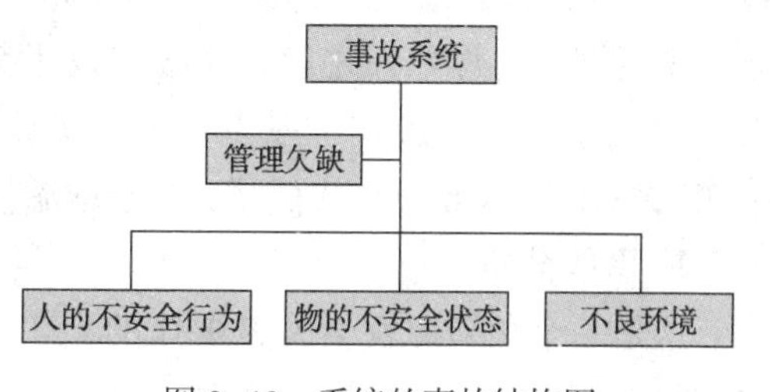

图 2-13　系统的事故结构图

事故系统涉及四个要素，通常称“4M”要素，即：

人(Man)——人的不安全行为是事故的最直接的因素；

机(Machine)——机的不安全状态也是事故的最直接因素；

环境(Medium)——生产环境能对人的行为和机械设备产生不良影响，因此是构成事故的重要因素；

管理(Management)——因为管理对人、机、环境都会产生作用和影响，所以管理的欠缺是事故发生的间接的，但重要的因素。

认识事故系统因素，使管理者对防范事故有了基本的目标和对象。要提高事故的防范水平，建立安全系统才是最有意义的。安全系统的要素是：人的安全素质(心理与生理素质、安全能力素质、文化素质)；设备与环境的安全可靠性(设计安全性、制造安全性、使用安全性)；生产过程能的安全作用(能的有效控制)；充分可靠的安全信息流(管理效能的充分发挥)是安全的基础保障。

“4M”要素在事故的发生、发展中具有不同的作用和关联关系：

人的不安全行为是事故的最直接的要素，人的不安全行为对化工安全的影响见第三章化工作业和行为安全；

机的不安全状态也是事故的最直接要素，机的不安全状态对化工安全的影响见第四章化工工艺和设备安全；

环境的不良影响人的行为和对机械设备产生不良的作用，是构成事故的重要要素，环境对化工安全的影响见第五章化工条件和环境安全；

管理的欠缺是事故发生的间接要素，但对人、机、境都会产生重要的作用和影响，化工生产中的安全管理见第六章化工安全管理。

第四节　事故防范案例

一、火灾爆炸化工生产事故

1. 事故经过

2010年1月7日17时24分，某石化公司罐区发生一起火灾爆炸事故。17时16分左右，合成橡胶厂316罐区操作工在巡检中发现裂解碳四球罐(R202)出口管路弯头处泄漏，立即报告当班班长。17时18分，当班班长打电话向合成橡胶厂生产调度室报告现场发生泄漏，并要求派消防队现场监护。17时20分，位于泄漏点北面约50m的丙烯腈装置焚烧炉操作工向石油化工厂生产调度室报告R202所在罐区产生白雾，接着又报告白雾迅速扩大。17时21分，合成橡胶厂316罐区当班班长再次向生产调度室报告现场泄漏严重。17时24分，现场即发生爆炸。之后，又接连发生数次爆炸，爆炸导致316号罐区四个区域引发大火。大火直到9日19时才基本扑灭。事故造成企业员工6人当场死亡、6人受伤(其中1人重伤)，316罐区8个立式储罐、2个球罐损毁，内部管廊系统损坏严重。

2. 事故分析

这是一个危险源发生火灾爆炸的化工生产事故。在石油化工生产、加工、输送、储运中常常伴随着易燃、易爆、高温、高压、深冷、有毒有害和腐蚀等危险因素，石油化工的生产工艺日益向高深发展，火灾的风险也随之加大。

经初步分析，此次事故原因是：裂解碳四球罐(R202)内物料从出口管线弯头处发生泄漏并迅速扩大，泄漏的裂解碳四达到爆炸极限，遇点火源后发生空间爆炸，进而引起周边储罐泄漏、着火和爆炸。

这起事故造成现场作业人员伤亡严重，火灾持续时间长，社会影响重大，教训极为深刻。事故暴露出作为危险化学品重大危险源的316罐区安全设防等级低，早期投用的储罐本质安全水平、自动化水平不高和应急管理薄弱等问题。

3. 事故预防

① 认真做好冬季化工企业安全生产工作。冬季是化工企业、特别是北方化工企业事故高发季节，化工企业要针对冬季安全生产的特点，进一步加强安全生产管理工作。

加强基层领导干部、技术人员和操作工人对生产现场的巡回检查，加强对危险化学品重大危险源和生产装置关键要害部位的安全监控，发现隐患和异常现象及时处理，把事故消灭在萌芽状态。

切实加强生产装置防冻防凝工作。对防冻防凝的重点部位要落实责任，加大检查频率，确保保温伴热措施发挥应有功效，防止因冻裂、冻凝而引发泄漏、火灾爆炸事故。

严格切水操作，对需要切水的设备，要严格切水频次、切水流程和切水后的流程确认，防止因切水不及时发生冻凝和不按要求操作造成跑料、串料。

② 进一步落实《国务院安委会办公室关于进一步加强危险化学品安全生产工作的指导意见》(安委办〔2008〕26号)要求，加快化工装置本质安全化改造。化工企业要加大投入，采用先进科学手段，加快本质安全化改造，全面提升危险化学品储罐区等重大危险源的安全监控水平。对在役的老装置、老罐区开展一次彻底排查，超过设计年限的压力容器、压力管道，不能满足安全生产需要的，要坚决报废；能够继续使用的，要开展改造升级，使安全设施满足现行安全标准、规范的要求，特别是液态烃、液氯、液氨及剧毒化学品等重点储罐，应按照或参照GB 50160—2008《石油化工企业设计防火规范》的要求设置紧急切断阀、装备安全联锁装置。

③ 进一步加强化工企业的应急管理工作，提高全员应急处置能力。化工企业和其他危险化学品从业单位，要全面开展事故预想，通过定期演练不断完善各类事故应急预案，提高全员对事故的分析判断和应急处置能力。各地安全监管部门要加强对属地化工企业应急管理工作的监督和指导，督促企业进一步完善事故应急预案，做好企业预案与政府预案的衔接，加强应急演练，储备必要的应急器材和物资，确保遇到险情和突发事故能够及时科学果断处置，减少损失，避免事故扩大。

④ 继续深入开展"安全生产年"活动，进一步深化、拓展安全生产"三项行动"，特别是要认真做好隐患排查治理工作。各级安全监管部门要督促企业全面落实安全生产主体责任，建立健全隐患排查治理的长效机制。

二、因果连锁爆炸事故

1. 事故经过

2008年8月2日，贵州某化工公司甲醇储罐发生爆炸燃烧事故，事故造成现场的施工人员3人死亡，2人受伤(其中1人严重烧伤)，6个储罐被摧毁。上午10时2分，该公司甲醇储罐区一精甲醇储罐发生爆炸燃烧，引发该罐区内其他5个储罐相继发生爆炸燃烧。该储罐区共有8个储罐，其中粗甲醇储罐2个(各为1000m^3)、精甲醇储罐5个(3个为1000m^3、2个为250m^3)、杂醇油储罐1个250m^3，事故造成5个精甲醇储罐和杂醇油储罐爆炸燃烧(爆炸燃烧的精甲醇约240t、杂醇油约30t)。2个粗甲醇储罐未发生爆炸、泄漏。

2. 事故分析

这是一个因果连锁爆炸事故。导致伤亡事故的各种因素之间，以及这些因素与伤害之间不是一个孤立的事件，而是一系列原因事件相继发生的结果，即伤害与各原因相互之间具有连锁关系。

该公司因进行甲醇罐惰性气体保护设施建设，委托某锅炉设备安装公司进行储罐的二氧化碳管道安装工作（据调查该施工单位施工资质已过期）。2008 年 7 月 30 日，该安装公司在处于生产状况下的甲醇罐区违规将精甲醇 c 罐顶部备用短接打开，与二氧化碳管道进行连接配管，管道另一端则延伸至罐外下部，造成罐体内部通过管道与大气直接连通，致使空气进入罐内，与甲醇蒸气形成爆炸性混合气体。8 月 2 日上午，因气温较高，罐内爆炸性混合气体通过配管外泄，使罐内、管道及管口区域充斥爆炸性混合气体，由于精甲醇 c 罐旁边又在违规进行电焊等动火作业（据初步调查，动火作业未办理动火证），引起管口区域爆炸性混合气体燃烧，并通过连通管道引发罐内爆炸性混合气体爆炸，罐底部被冲开，大量甲醇外泄、燃烧，使附近地势较底处储罐先后被烈火加热，罐内甲醇剧烈汽化，又使 5 个储罐（4 个精甲醇储罐，1 个杂醇油储罐）相继发生爆炸燃烧。

3. 事故预防

此次事故是一起因严重违规违章施工作业引发的生产事故，教训十分深刻，暴露出危险化学品生产企业安全管理和安全监管上存在的一些突出问题。

① 施工单位缺乏化工安全的基本知识，施工中严重违规违章作业。施工人员在未对储罐进行必要的安全处置的情况下，违规将精甲醇 c 罐顶部备用短接打开与二氧化碳管道进行连接配管，造成罐体内部通过管道与大气直接连通。同时又严重违规违章在罐旁进行电焊等动火作业，最终引发事故。

② 企业安全生产主体责任不落实。对施工作业管理不到位，在施工单位资质已过期的情况下，企业仍委托其进行施工作业；对外来施工单位的管理、监督不到位，现场管理混乱，生产、施工交叉作业没有统一的指挥、协调，危险区域内的施工作业现场无任何安全措施，管理人员和操作人员对施工单位的违规违章行为熟视无睹，未及时制止、纠正；对外来施工单位的培训教育不到位，施工人员不清楚作业场所危害的基本安全知识。

③ 地方安全生产监管部门的监管工作有待加强。虽然经过百日安全督查，安全生产监管部门对企业存在的管理混乱、严重违规违章等行为未能及时发现、处理。

为避免类似事故发生，须采取以下安全监督管理措施：

① 各级安监机构切实加强对危险化学品生产、储存场所施工作业的安全监管，对施工单位资质不符合要求、作业现场安全措施不到位、作业人员不清楚作业现场危害以及存在严重违规违章行为的施工作业要立即责令立即停工整顿并进行处罚。

② 各级安监部门要切实加强对危险化学品企业的监管，确保安全生产隐患排查治理专项行动和百日督查。

③ 企业加强对外来施工单位的管理，确保企业对外来施工单位的教育培训到位；危险区域施工现场的管理、监督到位；交叉作业的统一管理到位；动火、入罐、进入受限空间作业等危险作业的票证管理制度落实到位；危险区域施工作业的各项安全措施落实到位。对管理措施不到位的企业，各级安监机构要责令停止建设，并给予处罚。

④ 企业认真吸取事故教训，组织开展全面的自查自纠，对自查自纠工作不落实、走过场的企业，各级安监机构要加大处罚力度，切实消除安全隐患。

三、防控管理不当导致中毒事故

2005 年 12 月 25 日，在浙江一家生产车间苯二胺的公司内施工的某工程安装有限公司发生一起 26 名职工集体中毒的人身事故，其中 4 人为中度中毒，22 人为轻度中毒，所幸抢救及时，才未造成大的伤害。

1. 事故经过

12 月 25 日 11 时过后，该工程安装有限公司的 26 名职工，先后下班回到搭设在公司生产区旁的工地食堂就餐，饭后 11 时 40 分左右，部分就餐的职工分别在脸上、嘴唇、手部等处出现皮肤发紫的症状，开始还以为是施工时沾染上去的料渍，可是不管怎么洗也洗不掉，工人们寻思会不会是食物中毒？于是，工人们即刻打电话向工程队领导汇报，工程队负责人迅速赶到工地食堂了解情况，根据现场情况分析判断，认为食物中毒的可能性很大，于是，迅速将中毒人员送往所在公司的医务室进行治疗，后转送市人民医院救治。

2. 事故分析

这是一个预防和控制管理不当导致的中毒事故。人的安全素质、设备与环境的安全可靠性、生产过程能的安全作用、充分可靠的安全信息流是安全的基础保障，各个环节失误均可能引发事故。中毒事故中人、物、管理主要表现在：

（1）人的不安全行为是发生本次事故的直接原因

通过对本次事故的调查分析，不难发现，导致本次事故的直接原因是当班操作工张某、辅助工潘某工作责任心不强，违反岗位操作规程作业，按要求在往结晶釜内放工艺(残液)水时(开启残液水泵前)，应先关闭自来水管阀门，可操作工偏在这一关键性操作上出现失误。且在操作过程中，两人没有及时对通入结晶釜的阀门开启和关闭状态进行认真的核查与确认，致使大量的有毒残液水进入自来水管道。事后，又没有及时通知有关人员和领导，也未采取有效的消除办法和补救措施，任其自然，最终酿成了共用同一水源的工程安装有限公司职工中毒。

（2）物的不安全状态是导致本次事故的主要原因

该生产装置在工艺设计和设备制作安装时存在隐患，工艺残液水管道和自来水管道相通共用，不符合安全规范和要求。生产用的工艺残液水是有毒物料，而自来水除生产用水外则又是生活用水，生产用水和生活用水按规定理应单独放置，不能共用一根管线，即使是为了节省管道放置费用，也应考虑到工艺残液水管的压力比自来水管的压力高，应有避免操作失误(管道阀门未关或未关紧而发生泄漏等情况)的安全措施，如在进水阀前安装止回阀等安全装置，以防止有毒的工艺残液水倒灌入自来水管内。由于此工艺设计和设备制作安装先天不足，留下了明显的缺陷和错误，给本次事故的发生埋下了致命的祸根。

（3）管理上有缺陷是发生本次事故的重要原因

① 设计制作不规范

在工艺设计和设备安装时，没有按照“生产用水和生活用水管道应单独放置，不得共用”的安全规范办事，一管双用，留下事故隐患。

② 安全法规贯彻不力

《中华人民共和国安全生产法》第三十四条和国务院第352号令《使用有毒物品作业场所劳动保护条例》第二章第十二条分别都有明确规定，“生产、储存、使用危险化学品的车间应当与宿舍保持安全距离”，“作业场所与生活场所分开，作业场所不得住人”。在生产苯二胺的作业区内，除有许多含苯类有毒物质外，还有许多含氢类易燃易爆的危险品，在这样的生产区内住人，明显违反了上述安全规定，也同时违反了消防安全条例，不但易发生类似的中毒事故，还容易发生火灾爆炸事故。

③ 培训教育欠缺

据查，当班的操作工和辅助工，都没经过系统的安全知识教育，更没接受过安全技术监督部门组织的危化品知识培训。由于缺乏教育，结果造成了操作工安全意识淡薄，责任心不强，违反规程作业，事后又不汇报也未采取有效的补救措施，致使事态扩大，促成了本次事故的发生。

④ 检查监督不到位

本次事故的发生，不仅当班操作工在生产过程中，未进行及时的安全检查，以消除可能存在的事故隐患，连负有检查监督责任的班长和车间相关的安全检查管理人员，也未严格地履行自己的检查监督职能，得过且过，致使存在的事故隐患未能及时发现和消除。

⑤ 相关人员的安全责任未落实

本次事故如果从设计、制作、安装、验收到操作、检查、管理等各个环节的相关人员，安全责任到位，道道工序把关，严格按照国家法律、法规和安全规范办事，把事故隐患和问题及时消灭，可想而知，本次事故是可以避免的。

3. 事故预防

（1）提高人的安全意识

设备设计、制作、安装、验收、操作、检查、管理等工作，都要靠人去完成，只有具备良好的安全意识，才能事事、处处都关注安全，各项工作才能保证安全。而要提高人的安全意识，关键还是靠培训教育，平时在加强对员工的安全意识教育和技术素质培训的同时，要特别对危险化学品岗位操作工和安全管理人员（包括公司领导）进行培训，使他们经过安全监督技术部门组织的危险化学品资格培训并经考试合格后，才能上岗作业和管理。

（2）提高设备的本质安全

设备安全是安全生产的前提条件，前提条件不具备，后天的安全生产也就无从谈起。要严把工艺设备的设计、制作、安装、验收关，请有资格的部门设计、制作、安装和验收，避免违法设计、制作和生产，把设备隐患消灭在生产运行前，确保设备的本质安全。

（3）提高管理者的责任意识

要提高人的安全意识和设备的本质安全，关键是企业管理者。管理者重视了，在安全上肯动脑筋舍得投入，事情就好办。如培训教育，工艺设计、设备制作、验收把关、检查监督、管理考核、费用投入等，都一一按国家规定和行业标准完成。存在的事故隐患自然就能消除，但要是管理者只顾经济效益，不顾安全生产，能省则省，把法律规定置于脑后，隐患问题不积极消除，事故也就在所难免。

第三章　化工作业和行为安全

不安全行为是指能造成事故的人为错误。人的行为受个性心理、社会心理和环境因素等的影响，化工生产中引起人的不安全行为、造成的人为失误等的原因是复杂的，包括了心理因素和生理因素。对人施加和强化安全教育与培训，从根本上解决人的行为和意识问题，是实现安全生产的保证。因此，分析人的不安全行为和导致不安全行为的心理因素，针对需求进行安全教育培训是实现化工作业安全、确保化工产业健康稳定发展的基础。

本章涉及的是“4M”事故系统中的“人的不安全行为”要素，介绍安全生产中人的心理和行为特点，重点说明基于安全教育和培训的特点进行需求分析、计划制定及内容和实施的方法，阐述化工作业生产危险及相应的安全措施。

第一节　安全心理和行为

一、安全心理

1. 心理的实质

对于心理，唯物主义与唯心主义历来有不同的解释。唯物主义心理学的观点认为，人的心理是同物质相联系的，是起源于物质的，是物质活动的结果。唯物主义心理学是辩证唯物主义哲学特别是它的认识论的主要科学基础之一。

心理学是研究心理规律的科学。心理规律是指人的认识、情感、意志等心理过程和能力、性格等心理特征的规律。

心理是人脑的机能，是客观现实的反映。换句话说，人的心理是人脑对于客观现实的反映。

无条件反射和条件反射是动物脑和人脑所共同具有的机能。但是，人具有两种信号系统，对于正常人来说，不仅是食物的气味、颜色、形状等能引起唾液分泌，而且关于美味食品的言语描述也能引起唾液分泌。语言、词汇成了条件刺激物的信号，成了信号的信号即第二信号。语言是在社会劳动中形成的，是人所特有的。

人所特有的语言、词汇给人的全部心理带来了重大变化，人的心理的丰富性、深刻性都是同人特有的语言分不开的。

两种信号系统协同活动。第二信号系统永远是以第一信号系统为基础，人的第一信号系统活动也永远是与第二信号系统相联系着。因此，人脑里神经活动过程的系统，总是两种信号系统的交织体，其中第二信号系统起着主导作用。

总之，结构极其复杂的人脑是产生人的心理的器官，人的心理是人脑的产物。

人的各种心理现象都是对客观外界的“复写、摄影和反映”。首先在于人的一切心理活动产生的客观现实引起来的，客观现实是心理产生的原因。没有外界刺激就没有人的心理。其次在于人的一切心理活动按其内容都近似于客观现实。人的心理反映常有主观性的个性特征。所以，对同一客观事物，不同的人反映是可能大不相同的。

综上所述，人的心理按其生理机制来说，是在脑的活动中产生的，是脑的机能；按其内容来说，是对客观现实的反映。实践活动是人的心理发生、发展的重要条件。人的心理作为对现实的反映既是客观的又是主观的，是主观与客观的统一。

2. 事故与心理因素的关系

在生产实践中，我们常常在分析事故时说某责任者“注意力不集中”“脑袋发热”“瞎胡闹”等，其实这正是分析事故原因中的心理因素。任何事故都是由人、机、环境三个方面的原因组成的，其中人的因素中即包括了心理因素和生理因素。前面我们说过胆汁质类型的人易激动、暴躁、爱任性。这种人极易在受到强刺激时，产生激情，任性而做出冒险盲干的不安全动作来，此时，他的头脑中已经不存在什么“安全第一”“规章制度”等，造成事故后，就会后悔，甚至失声痛哭。

人的气质与性格又是紧密相联的，胆汁质类型的气质与鲁莽，抑郁质类型的气质与怯懦，多血质类型的气质与嬉戏，黏液质类型的气质与懒惰都是不可分的。因此，许多事故不仅要分析物质方面的原因，还要分析人的不安全行为和导致不安全行为的心理因素，才能找出预防人为原因重复发生的关键。

二、不安全行为

1. 人的不安全行为

在分析事故原因中的心理因素时，我们有必要掌握不安全行为的种类，从而进一步分析心理活动的过程，找出发生事故的原因。

不安全行为是指能造成事故的人为错误。不安全行为的分类见表 3-1。

2. 心理因素与不安全行为的对应分析

表 3-1 中所列的不安全行为是 GB 6441—1986《企业职工伤亡率的分类》中所列的，基本包括了职工在生产劳动过程中的不安全行为。仔细分析这些不安全行为，我们可以看出，它与人的心理因素如能力、情感、性格、气质等较为密切的联系。

① 激情、冲动、喜冒险。具有这种心理的人大多属于胆汁质类型的气质。这种人好奇心强，只要有人在语言上、情感上挑逗，就易产生冲动，置规章制度于不顾，在自己不懂、不会、不熟练的情况下，冒险开动他人的设备，或做出其他冒险的事。

② 训练、教育不够，无上进心。这类人在性格上较懒惰，不愿学习，属抑郁质型气质。他们和其他工人一齐进厂、培训，但学习上不求进取，动作不熟练，头脑与手脚配合不灵，遇事易慌张，本来可以避免的事故会导致发生、发展、造成严重后果。

表 3-1 人的不安全行为分类表

分类号	不安全行为	分类号	不安全行为
01	**操作错误、忽视安全、忽视警告**	**06**	**冒险进入危险场所**
01-1	未经许可开动、关停、移动机器	06-1	冒险进入涵洞
01-2	开动、关停机器时未给信号	06-2	接近漏料处(不安全设施)
01-3	开关未锁紧，造成意外转动、通电或泄漏等	06-3	采伐、集材、运材、装车时未离危险区
01-4	忘记关闭设备	06-4	未经安全监察人员允许进入油罐或井中
01-5	忽视警告标志、警告信号	06-5	未“敲帮问顶”开始作业
01-6	操作错误(指按钮、阀门、扳手、把柄等的操作)	06-6	冒进信号
01-7	奔跑作业	06-7	调车场超速上下车
01-8	供料或送料速度过快	06-8	易燃易爆场合明火
01-9	机器超速运转	06-9	私自搭乘矿车
01-10	违章驾驶机动车	06-10	在绞车道行走
01-11	酒后作业	06-11	未及时瞭望
01-12	客货混装	**07**	**攀、坐不安全装置(如平台护栏、汽车挡板、吊车吊钩)**
01-13	重压机作业时，手伸进冲压模	**08**	**在起吊物下作业、停留**
01-14	工件紧固不牢	**09**	**机器运转时加油、修理、检查、调整、焊接、清扫等工作**
01-15	用压缩空气吹铁屑	**10**	**由分散注意的行为**
01-16	其他	**11**	**在必须使用个人防护用品用具的作业或场合中，忽视其使用**
02	**造成安全装置失效**	11-1	未戴护目镜或面罩
02-1	拆除了安全装置	11-2	未戴防护手套
02-2	安全装置堵塞、失掉了作用	11-3	未穿安全鞋
02-3	调整的错误造成了安全装置失效	11-4	未戴安全帽
02-4	其他	11-5	未佩戴呼吸护具
03	**使用不安全设备**	11-6	未佩戴安全带
03-1	临时使用不牢固的设施	11-7	未戴工作帽
03-2	使用不安全装置的设备	11-8	其他
03-3	其他	**12**	**不安全装束**
04	**手代替工具操作**	12-1	在有旋转零部件的设备旁作业，穿过肥大的服装
04-1	用手代替手动工具	12-2	操纵常有旋转零部件的设备时带手套
04-2	用手清除铁屑	12-3	其他
04-3	不用夹具固定，用手持工具进行机加工	**13**	**对易燃易爆等危险物品处理错误**
05	**物体存放不当(指成品、半成品、材料、工具、切屑和生产用品等存放不当)**		

③ 智能低、无耐心、缺乏自卫心、无安全感。这种人对外界事物的反应慢，动作迟缓，大多数黏液质类型。他们在工作中接受新事物慢，墨守成规，极易习惯性违章作业。

④ 涉及家庭原因，心境不好。人是生活在社会生活中的，因而，一些抑郁质类型的人受到家庭、朋友之间交往方面的影响和打击，不轻易向他人吐露情感，闷在心里，造成心境不佳，而在工作中顾虑这些琐事，造成忽视安全，忽视警告信号的不安全行为，导致事故发生。

⑤ 恐惧、顽固、报复或身心有缺陷。造成这种心理状态或情感上的畸形，不仅与人的性格有关，也与社会因素有关。有的人长期生活在家庭生活不正常的气氛中，或政治上、社会关系上受到歧视，会产生心理畸变，在工作中以假设敌为对象发泄自己的愤慨，这种人可能会有意无意造成设备损坏或人身伤害。

⑥ 工作单调，或业余生活单调。具有多血质类型的人喜爱新奇的事物，追求刺激，这类人不易在长期、无休止的单调作业中生活。但现在的大生产往往分工较细，简单的工作、单调的作业环境会使这类人感到苦闷，他们要求有新的、未知的东西刺激神经，激发新的热情，否则，就会做出与工作程序不相干的不安全行为来。

综上所述，各类不安全行为与人的心理因素总是有着相对应的关系，作为一个生产管理者，则应该不断分析本班组职工的心理状态、性格和个人心里特征，以便在工作中巧妙地进行疏导和利用，在保证安全的前提下，安排好生产。

三、安全心理与行为的协调

人是社会生活中的人，人有七情六欲，从全局看，人在社会生活中的政治、经济、家庭地位对其安全心理与行为有着极其重要的影响；从局部来看，他所处的工作环境中温度、湿度、照明、噪声、色调等小因素，又直接干扰了他的工作效率和安全程度，因此，作为生产管理者就要注意创造好的环境条件，使工人能在良好的环境中工作，产生注意力集中、情绪正常、热情饱满的心理状态，以保证工人遵章作业，提高效率，安全生产。

1. 熟悉、掌握班组工人的思想和心理状态

(1) 了解工人的思想和心理是正确引导思想和心理活动的关键。俗话说：一把钥匙开一把锁，要想引导工人有正确的心理活动，就必须对其家庭、本人文化或受教育情况、个人性格特征、兴趣和爱好、社会接触面等情况有所了解，这种了解是通过接触、交谈、共同劳动得到的。每一个管理者都应有一本记录或思想记忆稿。现实中有的班组长对本班组的工人的家庭情况了如指掌，能说出家庭成员的姓名、年龄、工作或学习情况，这就有利于及时掌握其心理状况，便于安排工作。

(2) 适当安排各类人员的工作或生产任务。利用各种性格的人员的个性特征，适当安排其工作，是一门艺术。有的班组长在安排生产任务时，把不需要细致作业或责任性不强的工作交给性格粗鲁、急躁的人去干，把需精雕细琢的工作交给内向性格的人去做，都产生了较好效果。把一粗一细两种性格的人搭配在一起结合成联保对子，可以避免粗枝大叶的人发生事故；把年轻人和年龄大的人安排在一起工作，也可以时时提醒他们注意安全；在许多男青年中安插几个女青工也会改变沉闷的气氛；有利于工作，有利于安全，提高工人的工作情绪。总之，适当的劳动组合产生在对工人的心理或思想状况的了解的基础之后。

2. 善于找出产生不安全行为的心理因素

找出生产不安全行为的心理因素，一是需要分析工人操作中的不安全行为，多问几个为什么。再联系他们的各方面的社会因素，如果没有社会生活中的诸因素影响，则再分析工人的工作环境中，有什么因素干扰了他的生理或心理状况，如环境中的温度是否过高或过低、操作面的照明够不够、色调是否令人厌恶、噪声对其有无影响等，因为造成工人注意不集中的原因是复杂的，也可能是一种或几种因素促成了不安全行为的发生。

3. 为工人创造良好的工作环境

前面我们着重谈了工作环境包括温度、湿度、照明、色调和噪声等方面，那么作为生产管理者则应在这些方面创造条件。对笔者所在的江南地区而言，春夏两季气候较为适宜，夏季较炎热，平均温度超过了35℃，班组或岗位上应配备电风扇、排气扇或空调，局部降低气温，形成适宜的小气候；冬季则应有取暖措施或保暖措施。对于色调和照明，应尽量按前面所讲的原则去安排，企业里有的班组休息室或岗位上，墙壁肮脏不堪、被烟熏得黑乎乎的，有的刷上了深色的油漆，使人有一种沉闷和压力感；还有的岗位上照明的亮度不足，工人也感到不舒服。条件的创造是企业管理者的事，是对安全生产条件的态度问题。过去，在创造文明班组的活动中，往往只注意把休息室布置的富丽堂皇，而忽视了岗位的文明，这是片面的。工人每天在岗位上的时间最长，如果我们在明亮、色调柔和、温湿度适宜、噪声低的环境中工作，不仅会令人心情舒畅，干劲倍增，还会使他们热爱自己的岗位和工作，乐意遵章守纪，减少不安全行为，避免事故的发生。

当然，对于事故的发生，人的因素在人—机—环境整个系统中占有一定的比例，但也不能忽视“机”——机器设备的重要因素，也就是“机”的本质安全。即使工人有了不安全行为，设备本身的安全保护系统都能避免事故的发生。但并不是与人的心理状态没有直接关系，特别是在当前市场经济中，我国的物质文明建设尚未达到高科技的水平时，强调人的心理因素与不安全行为之间的必然联系，仍然是至关重要的，是不可忽视的。

第二节　安全教育与培训

一、安全教育培训的特点

安全教育培训是生产经营单位为了提高职工安全技术水平和防范事故能力而进行的工作，是生产经营单位安全管理的一项重要内容。人是万物之灵，是实现安全生产的关键，对安全生产起决定性的作用。对人施加和强化安全教育与培训，从根本上解决人的行为和意识问题，是实现安全生产的保证。

1. 安全教育培训的作用

安全教育培训是一项经常性的基础工作，在生产经营单位安全管理中占有重要的地位，对于搞好安全生产发挥重要的作用。

(1) 提高各类人员的安全意识

所谓安全意识就是安全生产重要性在人们头脑中反映的程度，人的行为是由他的思想意识支配的。实践表明，往往越是安全的地方越容易发生事故，其原因正是因为安全系数大，导致了人们思想麻痹、安全意识减弱。许多事故发生的原因分析和调查结果表明，员工对安全生产的认识和态度与事故发生率之间存在着密切的关系，员工对安全重视的单位事故发生的概率就低，反之，事故发生的概率就高。

有些生产经营单位存在着"生产有计划，安全一句话"的现象。在布置、检查、总结工作时，有些生产经营单位领导只能应付几句"要注意安全"之类的无关痛痒的话，至于到底什么地方安全，什么地方不安全，应该采取什么措施，则避而不谈。其原因不外乎不重视安全生产，或者缺乏安全知识，提不出具体要求。要克服上述现象，最好的办法是加强安全意识的宣传教育，引导他们摆正安全与生产的辨证关系，牢固树立"安全第一"的思想。这样才能把安全管理工作做到实处。

(2) 帮助从业人员掌握安全知识和技术

良好的安全意识对于安全生产固然重要，但如果缺乏必要的安全知识和安全操作技能也难免会发生事故。由于不懂安全知识，没有熟练的安全操作技术而发生的事故也为数不少。因为生产经营单位员工是不断变动更新的，使用的材料、设备、工艺也会发生更新，不进行安全知识和技术的更新教育，就很难避免发生事故。

(3) 促进实现全员安全管理

安全管理的效果如何，在某种意义上讲，取决于广大从业人员对安全的认识水平、事业心和责任感。只有人人都确实感到，搞好安全生产是他们的切身利益所在，是与自己本身和家庭幸福息息相关的大事，是他们自己义不容辞的责任，他们才会积极行动起来，自觉地参与安全管理。为此，必需通过广泛的宣传教育，才能使安全生产的思想深入人心，才能唤起广大从业人员强烈的安全意识，安全管理才有坚实的群众基础。

(4) 加强生产经营单位的两个文明建设

国家在抓两个文明建设，生产经营单位也同样需要搞好两个文明建设。社会化大生产的实践说明，设备技术越先进，对从业人员的实际操作技术和安全知识水平的要求就越高，安全教育的任务就越重。加强安全教育，提高从业人员自我保护意识和自我保护能力，减少或避免伤亡事故的发生，是生产经营单位两个文明建设不可缺少的一个重要方面。

总之，安全教育培训是生产经营单位安全管理的核心，是做好劳动保护工作的主要支柱，是实现安全生产的重要环节。

2. 安全教育的特点

(1) 长期性和艰巨性

生产条件的不断变化和发展，员工的不断更替，员工心理和生理的不断变化，决定了安全教育的长期性和艰巨性，安全宣传教育必需贯彻于生产经营单位生产的全过程。

(2) 广泛性和实践性

生产经营单位中，无论干部、技术人员、管理人员、从业人员，人人都需要接受安全教育，都要把安全放在第一位，因为生产经营单位中任何一个人都有发生事故的可能性，因此进行安全教育必需是全员的，一个都不能漏。安全教育的效果要通过生产实际来检验，要理论联系实际，根据实际生产操作特点采取相应的培训方案。

（3）专业性和科学性

安全教育培训是一门专业性很强的科学，它有自己基本的理论，独特的内容和区别于其他教育的方式方法。安全教育涉及到自然科学、社会科学、管理科学等科学，其科学性也很突出。

（4）时间性和有效性

在安全教育的时间性上，什么时候教育效果最好，也有其内在的规律性。实践证明，在下述时机进行教育，将会收到事半功倍的效果：新从业人员进厂的时候；员工调岗的时候；时令季节变换的时候；逢年过节的时候；员工休假回厂的时候；员工受伤复工的时候；生产任务下达的时候；重大政策、法规出台的时候；运用新原料、新设备、新工艺、新技术、新产品的时候；作业现场发生险情的时候；员工碰到重大困难的时候；安全检查发现问题的时候；发生工伤事故的时候；进行工作总结评比的时候等。

3. 安全教育培训的任务

进行安全教育培训的最终目的在于提高生产经营单位各类人员的安全生产素质，确保安全生产。其主要任务是：

① 贯彻落实国家和生产经营单位的安全生产方针、政策、法律、法规、制度，有针对性的做好安全思想工作，克服各种不利于安全生产的错误思想，使各类人员牢固树立“安全第一”的观点，具有强烈的安全生产责任心，做到人人关心安全、时时注意安全、事事想到安全。

② 把安全生产知识，安全操作技能，通过各种宣传教育培训活动传授给广大从业人员，使他们学会消除工伤事故和预防职业病的本领，熟练稳妥地解决生产过程中发生的各种不安全因素。

③ 经常地向生产经营单位管理人员，尤其是安全管理人员传授安全管理知识和现代管理方法，不断提高他们的素质，增强安全管理的能力。

④ 对安全管理的经验和教训进行广泛的宣传和传播，使新经验、新方法、新技术能得到迅速推广，不断扩大其成果，使错误和教训能得到及时的克服和纠正。

作为生产经营单位的主要负责人，必须认识到，安全教育培训是生产经营单位工作的先行官，是实现生产经营单位安全的根本保证。

4. 安全教育培训的作业流程

生产经营单位开展安全教育培训，可按如图 3-1 所示的流程进行。

第一阶段是需求分析，主要分析哪些人员需要培训，以及什么时候需要进行培训的问题。

第二阶段是安全教育培训计划的制订，对所要进行的安全教育培训方案做全面的设计，并形成计划文件，报主管领导审批。

第三阶段是安全教育培训内容、教学方法、组织方式的选定，这是教育培训的重要环节，应根据不同的培训对象和培训目标合理设定培训的内容和所采用的组织方式与教学方法。

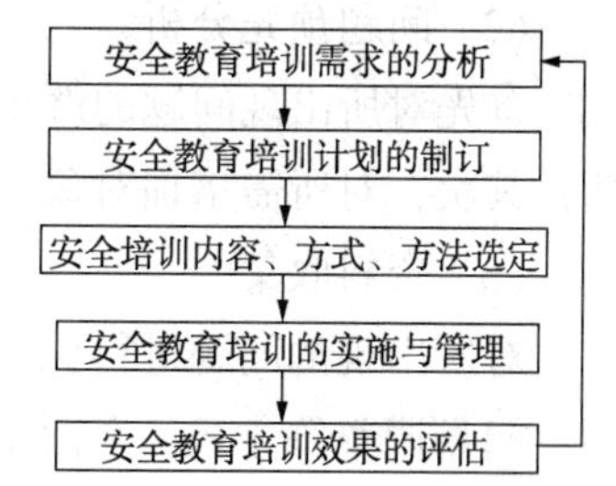

图 3-1　生产经营单位开展安全教育培训的作业流程

第四阶段是安全教育培训的实施与管理，这一环节就是落实所制订的教育培训计划方案的过程，也是员工正式接受教育培训的活动过程。

第五阶段是安全教育培训效果的评估，对培训的效果、教学质量、受训员工收获等情况进行全面的总结，为后续其他教育培训活动提供经验。

二、安全教育培训的需求分析

生产经营单位安全教育培训不能为培训而培训，在实施培训工作之前，应首先了解生产经营单位人员的安全意识、行为、技能等状况，然后确定哪些人员最需要接受安全教育培训，以及各类人员应接受什么内容的培训。这个过程就是安全教育培训的需求分析过程。

1. 安全教育培训需求分析的程序

如图 3-2 所示，安全教育培训需求分析可按发现问题、预先分析、资料收集、需求分析的程序进行。

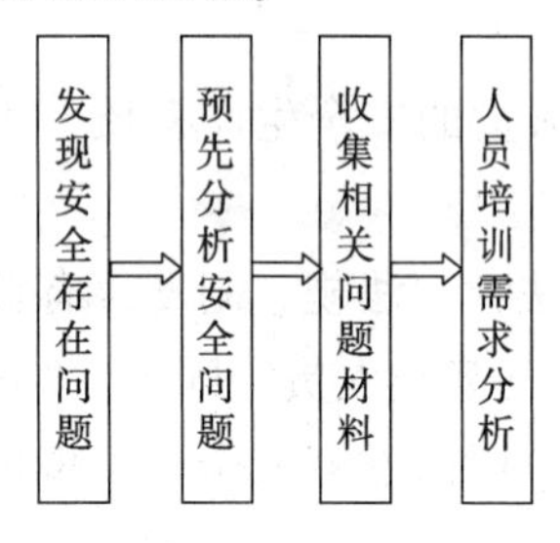

图 3-2　安全教育培训需求分析

（1）发现问题

安全管理人员应及时发现本生产经营单位员工中存在的安全生产问题，这些问题可归纳为个人层面的问题和组织层面的问题。

个人层面的问题主要包括：

① 工作效率与质量低下，达不到标准的要求；

② 员工情绪出现敌意、懈怠、气馁、低落、散漫、注意力不集中等；

③ 出现违章操作、违反纪律、操作失误增大、安全意识淡薄等；

④ 出现技能方面的问题，如对复杂情况难以适应，对危险隐患或突发事件不能正确处理或处理不了，生产工艺、设备或生产任务有新的变化而胜任不了等。

出现这些问题的员工应及时接受安全教育培训。

组织层面的问题包括：

① 生产任务变化或任务增大而需要新的安全技能；

② 新技术、新标准、新工艺设备、新材料导致需要新的安全技能；

③ 人员调整、调换工作，导致需要新的安全技能；

④ 安全组织与制度不健全、安全活动不正常开展等。

（2）问题预先分析

首先对所出现问题的严重性或进行相应安全教育培训的必要性做出初步的、直观的判断；其次，对所需培训对象、内容等做初步的需求分析。

（3）资料收集

对所出现的问题进行深入调查分析，收集有关资料。必要时，可采取座谈、访问、谈话、问卷调查等方式，全面了解情况，以便于正确地进行需求分析。

（4）需求分析

首先分析所存在的问题是不是生产经营单位内普遍存在的问题？问题的严重性如何？

其次，分析消除这些问题的途径，采用安全教育培训方法能在多大程度上解决这些问题？最后，确定哪些人员可通过安全教育培训方法解决所存在的问题，并确定需要接受安全教育培训的人员层次及相应的人数等。

2. 员工安全教育培训需求分析的内容

员工培训的需求分析是整个安全教育培训需求分析的重点，其内容包括员工岗位知识和技能的分析、员工工作状况分类、确定培训对象。

(1) 员工岗位安全知识和技能分析

不同岗位所从事的工作不同，所需要的安全知识和技能也不相同。一般，危险性较大、操作较复杂的岗位，需要较多的安全知识和较高的安全技能，从事这些岗位的从业人员应首先获得安全教育培训。对于生产条件或生产任务发生了变化，所需安全知识和技能也需要进行调整的岗位的员工，也应安排安全教育培训。因此，员工岗位安全知识和技能的分析是员工安全教育培训需求分析的重要环节。一般可通过以下途径获取员工岗位安全知识和技能的信息：

① 根据岗位分析的资料所确定的该岗位的职责和任职资格来获取，但为了避免因生产经营单位组织结构发生变化而导致信息失真，应与该岗位的直接管理部门取得联系，交流信息；

② 直接从该岗位的岗位人员了解相关的安全知识和技能，以及所需安全知识和技能的变化情况；

③ 从相关领导或管理者(如经理)处获取，可要求岗位的直接经理列出他所认为该岗位重要的岗位安全知识和技能，要求所列岗位安全知识和技能应该是与本岗位工作有直接关系，且应具体，不能泛泛而谈。

(2) 员工工作状况分类

为了使安全教育培训有的放矢，使安全教育培训对员工真正发挥作用，有必要对员工进行分类。根据员工安全知识、技能状况，可将员工分为岗位安全知识和技能符合要求和不符合要求两类；根据员工工作的安全态度情况，也可将员工分为安全态度好和不好两类。如果综合安全知识、技能和安全态度进行分类，则可分为四类(图 3-3)。

第一类：安全态度好，岗位安全知识和技能符合要求。第一类员工通常是生产经营单位的业务骨干，不仅生产、工作搞得好，安全生产方面也是表率。对这类员工，应以安全激励为主，同时，生产经营单位应该积极考虑他们的职业发展问题，使他们对生产经营单位有良好的归属感。

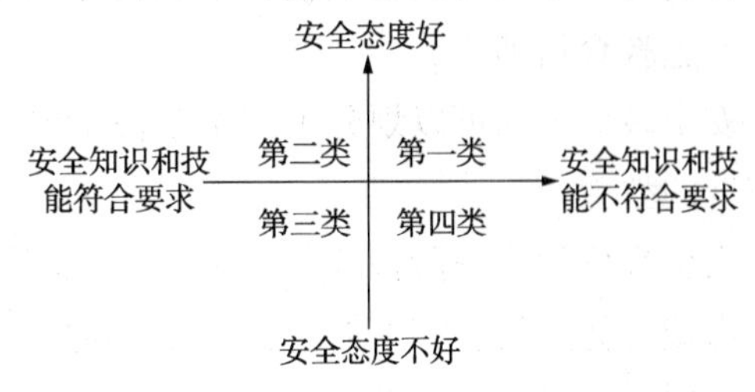

图 3-3　员工岗位安全知识、技能、态度的分类

第二类：安全态度好，岗位安全知识和技能不符合要求。第二类通常属于技术尚不成熟但表现好的员工，应该是生产经营单位安全教育培训的重点对象。由于他们有良好的安全态度，对他们的培训重点应是安全知识和安全技能方面的内容。其中基础素质高的员工，通过安全教育培训，以后可成为第一类员工。

第三类：安全态度不好，岗位安全知识和技能不符合要求。生产经营单位一般很难容忍这类员工继续在岗位上工作下去。对他们首先应进行思想工作，可采用个别谈话，全面地了解实情后再考虑是通过培训来转化他们，还是采取其他处理措施，如调换工作、转岗或辞退处理等。

第四类：安全态度不好，岗位安全知识和技能符合要求。对于第四类员工，他们的岗位安全知识和技能已经符合要求，所以要解决的是安全态度问题。可首先进行摸底分析，了解安全态度不好的原因，如是否对安全重要性认识不足？是否片面追求眼前的经济效益？是否对生产经营单位的组织文化、管理理念和管理方式不认同，或没有归属感。然后针对安全态度不好的原因制订培训计划。对第四类员工的安全教育培训应侧重于安全态度的转变。

根据上述需求分析后，就可以更有针对性地、分层次、分类对员工开展安全教育培训。

三、安全教育培训的计划制订

安全教育培训应根据生产经营单位生产特点和职工状况，有计划、有层次、有步骤地推进，做到有计划、有落实、有总结分析。安全教育培训计划的制订，就是把要开展的安全教育培训活动的教育培训对象、内容、方法、组织实施办法、采取的管理措施、经费预算等内容，设计和确定下来，报批通过后，作为开展安全教育培训活动的依据文件。计划的制订是教育培训活动的开始，也是安全教育培训规范化的体现。

1. 安全教育培训计划制订的原则

在制订安全教育培训计划时，应遵循如下原则：

(1) 针对性原则

首先应以本单位安全教育培训的需求和可掌控的资源为依据，结合本单位的工作计划情况来制订；其次，安全教育培训的内容、方法、组织方式等，应根据教育培训的对象不同而定。所制订的计划只有针对性强，才能更好地组织实施，才会取得应有的效果。

(2) 阶段性原则

在制订从业人员的安全教育培训计划时，应注意到安全教育培训的阶段性，根据不同阶段实施教育培训。

安全教育培训可以划分为三个阶段的教育，即安全知识的教育、安全技能的教育和安全态度的教育。

安全教育的第一阶段应该进行安全知识教育，使人员掌握有关事故预防的基础知识。对于潜藏有凭人的感官不能直接感知其危险性的不安全因素，对操作者进行安全知识教育尤为重要。通过安全知识教育，使操作者了解生产操作过程中潜在的危险因素及防范措施等。

安全教育的第二阶段应该进行所谓“会”的安全技能教育。安全教育不只是传授安全知识，虽然传授安全知识是安全教育的一部分，但它不是安全教育的全部。经过安全知识教育培训，尽管操作者已完全掌握了安全知识，但若不把这些知识付诸实践，仅仅停留在“知”的阶段，则不会收到实际的效果。安全技能只有通过受教育者亲身实践才能掌握，即只有通过反复的实际操作、不断地摸索而熟能生巧，才能逐渐掌握安全技能。

安全态度教育是安全教育的最后阶段，也是安全教育最重要的阶段，经过前两个阶段的安全教育，操作人员掌握了安全知识和安全技能，但是在生产操作中是否实行安全技能，则完全由个人的思想意识所支配。安全态度教育的目的，就是使操作者尽可能自觉地实行安全技能，搞好安全生产。

安全知识教育、安全技能教育和安全态度教育三者之间是密不可分的，如果安全技能和安全态度教育不好，安全知识教育也会落空。成功的安全教育不仅使职工懂得安全知识，而且能正确地、认真地进行安全行为。

（3）完整性原则

所制订的安全教育培训计划的内容要完整，计划中应全面回答如下问题：

① 培训谁？

② 谁最需要得到培训？接受培训的先后顺序？

③ 培训什么(内容)？

④ 培训日期和期限？

⑤ 由谁来实施培训？

⑥ 谁为培训承担费用？

⑦ 培训在哪里进行？

⑧ 应达到的培训目标、效果？

2. 安全教育培训计划的制订程序

制订安全教育培训计划的程序如图 3-4 所示。首先，对安全教育培训进行需求分析，确定所要培训的对象，设定培训应达到的效果目标；其次，确定安全教育培训的内容、方法、组织实施方案、所需培训经费、培训的管理措施；在此基础上，编制出安全教育培训的计划书，并报主管领导审批。关于安全教育培训需求分析、教育培训内容、方法、组织实施方案和管理措施的确定等内容，将在有关章节中论述，这里不作具体分析。

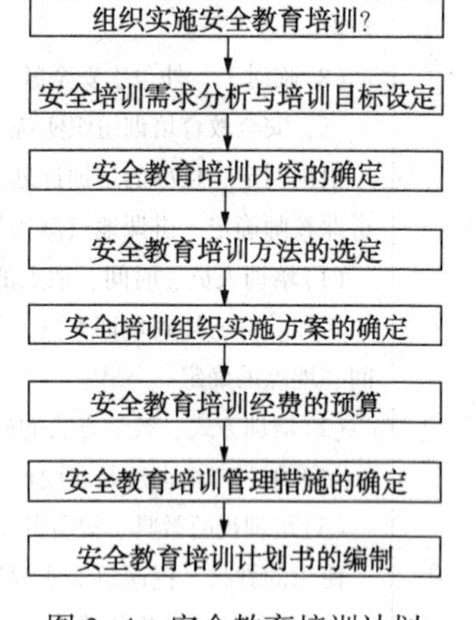

图 3-4　安全教育培训计划的制订程序

3. 安全教育培训计划书的编制

安全教育培训计划方案确定后，应着手编制计划书。计划书通常分为综合计划书和单项计划书两种类型，年度安全教育培训计划或中、长期安全教育培训计划都属于综合性计划，而就某次或某主题的教育培训计划则为单项性计划。

两种类型安全教育培训计划书的具体内容虽然不完全相同，但一般都应包括：安全教育培训的目的、培训的目标、培训的对象及人数、培训内容、培训组织、培训方法、培训时间、实施方案、实施地点、费用等内容的说明。如果是单项培训计划，还应写明培训的主题。计划书的具体内容可参考表 3-2 所示的计划书示例(某厂 2000 年年度的安全教育培训计划书)的说明。

表 3-2　安全教育培训计划书(示例)

<table>
<tr><td>负责组织部门</td><td>安全环保科</td><td>协办部门</td><td>厂办、团委、各车间</td><td>负责人</td><td></td></tr>
<tr><td>安全培训计划</td><td colspan="5">一、安全教育培训的目的与目标
本部分应说明以下问题：
(1)为什么要开展计划所定的安全教育培训活动或培训班？
(2)通过培训需求分析，说明培训的对象及培训的顺序？
(3)说明通过培训应达到的效果目标：如提高员工的安全技能？提高领导层及管理层的安全意识？
二、安全教育培训活动或培训班
本部分说明所要开展的具体安全教育培训活动或举办的培训班、教育培训的内容、方法等。如某厂的年度教育培训计划为：
(1)特种工种安全技术复训班：
电工约 100 人，计划办班 4 期
焊割工约 260 人，计划办班 9 期
起重工约 170 人，计划办班 6 期
行车工约 45 人，计划办班 2 期
完成时间：2000 年第一季度。
培训内容：按特殊工种培训内容要求培训
培训方法：授课、实操、考试
(2)2000 年 5 月份，举办工厂二级领导干部安全工程讲座，拟办 1 期。
(3)2000 年 5 月份，举办一线青年操作工人和班组长安全知识竞赛。采用两种方式：卷面答题，用于个人参加竞赛，评个人优胜奖；面试答题，用于团体竞赛，评团体优胜奖。
(4)2000 年内举办工厂三级领导干部(包括新上岗的二、三级领导干部)安全管理培训班，拟办班 1 期。
(5)2000 年 9~12 月份，举办特种作业人员复训班(延续至 2001 年第一季度完成)。
(6)根据工厂生产经营实际情况，举办各分厂、事业部、处室生产、经营等管理人员安全培训班，约 170 余人，计划办班四期，完成时间为 2000 年 5~12 月份。
(7)举办工厂新任二、三级领导干部和专兼职安全员的安全学习班，计划办班 1 期，完成时间 2000 年 6~9 月份。
(8)临时工、外包工安全教育培训班，计划班约 6 期，完成时间 2000 年 5~12 月份。
三、安全教育培训组织实施与管理
根据制定、批准的培训计划，还应制定出具体的实施方案，包括具体培训人员姓名、单位、培训教材确定、讲课教师确定、讲课地点落实等。本部分应就具体组织实施方案及所拟采取的管理措施做详细说明，例如：
(1)培训人员、时间、地点的具体确定
培训前应通知到培训人员，使其能合理安排工作与培训时间，然后反馈到安技科，进行最终培训人员、时间、地点的确定。
(2)培训方式、教学方法的确定
如采用脱产培训还是非脱产培训？采用授课方式还是示范教学方式？主讲老师是外聘还是本单位中选？
(3)培训视听教具、设备的确定
使用的教材、授课教室或教学现场、教学投影设备、示范教学模型等。
(4)具体培训过程的管理
培训班开班后，要加强管理，确保教育培训的质量。管理责任人及具体职责，具体承办部门及协办部门，承办者或协办者的职责分工等。
考核、存档管理：为考察培训效果，必须对培训对象进行考核，考核可采取面试、笔试、实际操作等形式。特种作业人员必需通过指定部门的考试，合格者可取得上岗证。
存档内容包括培训人员信息、培训时间、地点、考核结果等，应按安全档案的建档要求进行归档。</td></tr>
<tr><td colspan="2">经费预算及来源</td><td colspan="4">3 万~4 万元(实际应按项目具体预算)</td></tr>
</table>

四、安全教育培训内容

安全教育培训的核心是“教什么”和“怎么教”，前者就是教育培训的内容，内容应随教育培训对象不同而异；后者是教育培训的组织方式、方法和具体实施。因此，针对不同的培训对象，确定合理的培训内容与方法，才能取得良好的培训效果。

1. 安全教育培训内容、方法与方式的确定原则

为了使安全教育培训取得良好的效果，在选定安全教育培训内容、教学方法、组织方式的过程中，应遵循以下原则：

（1）科学性与系统完整性原则

每一项安全法规都是经过反复讨论、研究修改之后才正式通过和颁布实施的，其概念和体系都具有较高的科学性和系统完整性。在安全教育培训中，必须贯彻科学性和系统完整性的原则。

（2）教育性原则

安全法规本身富有教育意义，在进行安全法规教育培训工作时，应充分发挥法规本身所具有的教育作用，为更好地贯彻教育性原则。

（3）普及性原则

安全规章制度要调整人们在生产过程以及社会关系中的规范和行动，安全教育培训工作就必须遵循普及性的原则，力求达到最大限度的普及。

（4）通俗性原则

安全教育培训工作重在普及，为了便于广大职工接受，通俗性原则就显得更为重要。

（5）直观性原则

安全法规既然是人们的行为规范，就可以体现在人们的具体行为中，这就为安全教育培训的直观性原则提供了基础。直观性的教育培训，生动形象，易懂易记，便于广大职工接受。

（6）理论联系实际原则

理论联系实际的原则包括：

① 安全宣传教育工作本身负有预防违章肇事行为的使命，而只有理论联系实际才能收到更大的效果。这就需要针对人们存在的实际问题(其中包括对安全法规的怀疑、不信任或漠不关心等)，开展安全宣传教育工作。

② 联系现实生活中的具体事故案例，可以使接受宣传教育的人获得真切的认识和感受。在生产过程中，人是最积极最活跃的因素，强化安全宣传教育，就可使人们掌握客观规律，就可能去限制它的不利一面，利用它的有利一面，充分发挥人的主观能动性，把各类事故消灭在萌芽状态。

（7）按需施教原则

由于生产经营单位各类人员所从事的工作不同，所要求的安全知识、技能也不相同。因此，员工安全教育培训应充分考虑他们各自的特点，做到因材施教。同时，应针对员工的不同文化水平、不同的工种岗位、不同要求以及其他差异，区别对待。

（8）培训方式和方法多样性原则

培训内容主要按员工培训需求来确定，而培训内容不同，培训方式和培训方法也应有所不同。例如一线作业人员的安全操作技能的培训采用模拟训练法或示范教学法比较合适；领导和管理人员的安全知识培训主要用案例分析研究法、课堂讲授法效果较好。

2. 安全教育培训内容的一般组成

不同生产经营单位、不同生产系统、不同培训对象，教育培训的内容与要求也不同。在制定生产经营单位教育培训计划，确定培训内容时，应充分考虑本生产经营单位生产和人员特点，使培训内容更加有针对性和实用性。教育培训的内容包括安全生产知识、安全生产技能、安全生产态度、行为规范等。

虽然教育培训内容随生产、人员不同变化较大，但概括起来主要是三方面的内容：安全知识技术，安全技能，安全态度及行为准则。

（1）安全知识技术教育培训

安全知识技术是生产技术知识的组成部分，是人们在征服自然的斗争中所总结积累起来的知识、技能和经验，是从事生产人员应知应会的内容之一，是预防事故发生的必备知识。安全技术知识的教育有利于丰富职工的安全知识，提高职工的安全素质，增强岗位作业的安全可靠性，为安全生产创造前提条件。

① 生产技术知识教育培训

安全技术知识寓于生产技术知识之中，要掌握安全知识，必须首先掌握生产技术知识。具体内容有：生产经营单位的基本生产概况、生产特点、生产过程、作业方法、工艺流程；各种机具的性能；生产操作技能和经验；产品的构造、性能质量和规格等；材料的性能和规格等。

② 基本安全技术知识教育培训

这是生产经营单位中每个职工都必须具备的起码的安全生产基本知识。主要内容包括：生产经营单位内危险区域和设备的基本知识及注意事项；生产中使用的有毒有害的原材料或可能散发有毒物质的安全防护知识；电气安全知识；起重机械安全知识；高处作业安全知识；厂内运输安全知识；防火防爆安全知识；个人防火用品的构造、性能和正确使用方法；发生事故时的紧急救护和自救技术措施、方法等。

③ 专业安全技术知识教育培训

按照不同的专业工种，进行专门、深入的专业安全技术教育，这是安全技术教育的重点。专业安全技术知识是该工种的职工必须具备的安全生产技能和知识。在没有取得操作合格证之前，不允许单独上岗作业。

④ 职业病防治知识教育培训

职业病防治技术是防止由环境中的生产性有毒有害因素引起劳动者的机体病变，导致职业病而采取的技术措施。职业病防治技术知识，是从事有害健康的从业人员应知应会的内容。职业病防治技术知识教育的目的，是使广大从业人员熟知生产劳动过程和生产环境中对人体健康有害的因素，并积极采取防治措施，保护从业人员的身体健康。其主要内容有工业防毒技术、工业防尘技术、噪声控制技术、振动控制技术、射频控制技术、高温作业技术、激光保护技术等。

⑤ 安全管理知识教育

安全管理知识教育是生产经营单位各级管理干部应知应会的内容，尤其是专职安全干部更应该精通现代安全管理知识。安全管理知识教育的目的是使生产经营单位各级管理人员熟知、掌握并运用安全管理理论、手段、方法，不断提高安全管理的及时性、准确性和有效性。

⑥ 安全生产经验教训教育

安全生产中的经验和教训是从业人员身边活生生的教育材料，对提高从业人员的安全知识水平，增强安全意识有着十分重要的意义。安全生产教育是广大从业人员从实践中摸索和总结出的安全生产成果，是防止事故发生的措施，是安全技术、安全管理方法、安全管理理论的基础。及时总结、推广先进经验，既可以使被宣传的单位和个人受到鼓舞，激励他们再接再励，又可以使其他单位和个人受到教育和启发。

与经验对应的是教训。教训往往付出了沉重的代价，因而它的教育意义也就十分深刻。宣传教育是从反面指导从业人员应该如何避免重复事故，消除不安全因素，促进安全生产。

(2) 安全技能训练

安全技能是人为了安全地完成操作任务，经过训练而获得的完善的、自动化的行为方式。由于安全技能是经过训练获得的，所以通常把安全技能叫做安全技能训练。

(3) 安全态度教育

安全态度教育是为了端正生产经营单位职工的工作态度和对安全生产的认识，以便自觉地执行安全生产各项规章制度，正确地进行操作，实现安全生产。安全态度教育通过安全思想教育、法规教育和安全生产方针政策教育来实现。

3. 安全教育培训常用的方法

安全教育的方法主要有讲授、演示、参观、讨论等。

① 讲授。讲授者用语言向被教育者口头传授教材内容，即叙述、描绘事实，解释论证概念和规律。

② 计算机辅助教学。利用计算机辅助教学(CAI)的方法，能够掌握各学员的学习进程，因为这种方法可以和各种视听教材相结合使用，所以能适用于高度复杂的内容学习。

③ 演示。演示包括陈示各种实物或其他直观教材，如板报、录像、电视等；进行示范实验，使受教育者获得关于事故或现象的感性认识。

④ 参观。根据实际要求，组织和指导学员到一定的场所直接观察事故及现象，以获得感性认识。

⑤ 讨论。学员根据指导者提出的问题，交流意见，加强对知识的体会。

⑥ 宣传。采用宣传画、警告牌、板报、广播、刊物等形式进行广泛宣传教育。

4. 安全教育培训常用的组织方式

根据工厂生产经营单位的特点和职工文化技术程度的不同，结合培训内容可采取脱产或不脱产培训方式。一般可采用如下组织方式：

① 基本安全培训班。

② 从业人员培训中心。

③ 实践中培训。实践中培训的主要形式是：师带徒教学、巡回教学和岗位练兵、传授技艺、推广先进工作方法等。

④ 安全技术教育室。安全技术教育室是单位从业人员学习的基地，是群众性生产技术研究的场所，主要是为从业人员进行安全教育和教学服务的。应设立实习场、安全技术表演场、教室等教学设施，结合生产需要，组织安全生产技术研究、先进经验交流，开展安全技术讲座和技术学习等活动。

五、安全教育培训的实施与管理

安全教育培训计划通过审批后，就应按照计划的要求着手实施培训活动，具体内容主要包括实施准备工作、培训过程的管理和培训评估。

1. 培训实施准备

培训实施准备阶段的工作包括培训教学活动和生活及其他相关事项的准备，这里仅分析教学活动方面的准备工作内容，主要包括培训教师的确定、培训教材及资料的选定、培训教学条件的选定等。

（1）培训教师的选定

培训教师在培训过程中具体承担培训任务，向受训者传授知识与技能。培训教师的素质、能力、经验、教学方法等都关系到培训效果的好坏与质量的高低。为了使培训取得良好的效果，在选定培训教师时，应考核其如下条件：

① 专业条件

要求培训教师应在培训主题领域有丰富的知识与阅历，掌握该主题最新的技术动态。如果培训对象是生产经营单位的领导者或管理者，还应要求培训教师在专业领域有一定的威望，为该领域的专家，以提高受训者对培训教师的信任度和接受程度。如果培训对象是一线员工，则要求培训教师有丰富的实践经验，以便通过培训能够使受训者获得更直接的安全知识和技能。

② 有丰富的培训教学经验

要求培训教师能根据培训对象选择合理的培训内容与方法，并能有效地组织培训教学过程，主要表现在：设置有一定难度，而又能达到的目标；向学员指出培训内容的重要性；鼓励学员应用他们的才能完成任务；鼓励学员共同分享相关的知识与阅历；能够有效地使用各种培训的辅助设备与设施；为有效地学习提供恰当的内容；通过测验等方法，发现学员的优缺点；有一定亲和力，能与学员融洽相处；能够充分调动学员的积极性；将培训的内容与学员的工作有效地联系起来；鼓励课堂讨论，有效地组织课程。

③ 有高的敬业精神

要求培训教师有较高的敬业精神和职业道德，起表率作用，以此感染学员，激发学员的学习积极性。

培训教师人选确定后，应尽快就培训内容、方法、组织方式、使用教材与资料、培训设备条件等方面的要求交换意见，以便培训教师提前做好备课，培训管理者根据培训教师的有关要求做好各项准备工作，以确保培训活动的正常开展。

（2）培训教材及资料的选定

培训教材及有关参考资料是培训内容的知识信息载体，是培训教师讲授和学员学习的重要依据。选择时最好征求培训教师的意见或有关专家的意见，以便使所选教材内容符合培训目标的要求。教材选定通常有三种情况：购买现成的教材、改编教材和自编教材。市面上的各类学习的资料很多，内容也非常丰富，只要符合培训要求，就可以直接选用。如果现成的教材有些内容不适合培训要求，可进行改编，但必须注意版权问题。如果培训人员数量大，又没有合适的现成教材可以使用，或者希望自编高质量的教材，可以自己编写。

（3）培训教学条件的选定

培训教学活动所需的各种硬件条件包括教室、教学场所、教学设备（投影机、投影屏幕、电脑、演示仪器设备、录像播放设备及电视机、文具）等，都应确定妥当。

2. 培训的评估

培训评估是培训过程的最后阶段，它主要就培训是否达到预期目标和培训计划是否具有成效作出系统的分析评价。评估结果应反馈给相关部门，作为下一步培训计划与培训需求分析的依据之一。

培训评估的内容主要有以下四个方面：

（1）培训效果反应评价：主要通过学员的情绪、注意力、赞成或不满等对培训效果做出评价。效果反应的评估主要通过收集学员对培训内容、培训教师、教学方法、材料、设施、培训管理等的反应情况，进行综合评价。收集学员反应的主要方法有问卷、面谈、座谈等。

（2）学习效果评价：主要检查通过培训学员学到了什么知识，掌握知识的程度，培训内容方法是否合适、有效，培训是否达到了目标要求等。通常以学员的考核成绩作为主要的评价指标。常用的评价方法有：考试、演示、讲演、讨论、角色扮演等。

（3）行为影响效果评价：主要是衡量培训是否给受训者的行为带来了新的改变。安全教育培训的目的是使受训者树立安全意识，改变不安全行为，提高安全技能。因此，评价培训的效果应看受训者在接受培训后其工作行为上发生了哪些良性的、可观察到的变化，这种变化越大，说明培训效果越好。由于行为影响具有后效性，需要一定时间的转变过程，因此通常在接受培训后 3 个月才开始进行行为影响效果评价。评价的方法主要有观察法、主管评价法、同事评价法等。

（4）绩效影响效果评价：工作行为的改变将带来工作绩效的变化，例如，受训者安全意识和安全技能提高后，以及不安全行为改变后，相应的工作绩效体现就是违章减少，安全事故降低，事故损失减少等。此外，受训者接受了新的知识后，工作能力提高，工作效率也将提高。因此，通过绩效影响效果分析，可评价培训的效果。主要的方法是进行工作成绩测量、分析和判断。

安全教育培训的实施与管理是培训的关键环节，也是能否保证培训效果和质量的重要环节，培训机构和培训管理人员应加强对培训实施过程的管理，以确保培训达到预期效果。

第三节　化工作业安全

化工生产过程就是通过有控的化工反应或物理加工改变物质的化学物理性质的过程。典型的化工生产过程可以分为原料预处理、化学反应、产物分离三个部分(图 3-5)。一方面，化工生产过程本身存在着危险性；另一方面，化工生产过程生成的新物质又出现了新的危险性。因此，确定化工生产的危险等级、认识各种化工生产过程中化工反应和单元操作的危险性质，才能有针对性地采取安全对策措施。

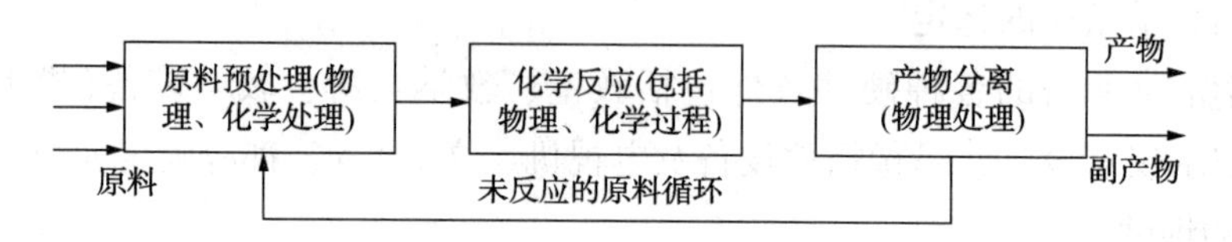

图 3-5　典型的化工生产过程

一、化工生产危险等级

1. 生产场所危险等级

GB 50016—2014《建筑设计防火规范》根据生产中使用或产生的物质性质及其数量等因素，将生产场所分为甲、乙、丙、丁、戊 5 类(表 3-3)。

表 3-3　生产的火灾危险性分类

生产的火灾危险性类别	使用或产生下列物质生产的火灾危险性特征
甲	1. 闪点小于 28℃的液体； 2. 爆炸下限小于 10%的气体； 3. 常温下能自行分解或在空气中氧化能导致迅速自燃或爆炸的物质； 4. 常温下受到水或空气中水蒸气的作用，能产生可燃气体并引起燃烧或爆炸的物质； 5. 遇酸、受热、撞击、摩擦、催化以及遇有机物或硫磺等易燃的无机物，极易引起燃烧或爆炸的强氧化剂； 6. 受撞击、摩擦或与氧化剂、有机物接触时能引起燃烧或爆炸的物质； 7. 在密闭设备内操作温度不小于物质本身自燃点的生产
乙	1. 闪点不小于 28℃但小于 60℃的液体； 2. 爆炸下限不小于 10%的气体； 3. 不属于甲类的氧化剂； 4. 不属于甲类的易燃固体； 5. 助燃气体； 6. 能与空气形成爆炸性混合物的浮游状态的粉尘、纤维、闪点不小于 60℃的液体雾滴
丙	1. 闪点不小于 60℃的液体； 2. 可燃固体

续表

生产的火灾危险性类别	使用或产生下列物质生产的火灾危险性特征
丁	1. 对不燃烧物质进行加工，并在高温或熔化状态下经常产生强辐射热、火花或火焰的生产； 2. 利用气体、液体、固体作为燃料或将气体、液体进行燃烧作其他用的各种生产； 3. 常温下使用或加工难燃烧物质的生产
戊	常温下使用或加工不燃烧物质的生产

2. 储存场所危险等级

GB 50016—2014《建筑设计防火规范》根据储存物品的性质和储存物品中的可燃物数量等因素，将储存物品分为甲、乙、丙、丁、戊5类(表3-4)。

表3-4 储存物品的火灾危险性分类

储存物品的火灾危险性类别	储存物品的火灾危险性特征
甲	1. 闪点小于28℃的液体； 2. 爆炸下限小于10%的气体，受到水或空气中水蒸气的作用能产生爆炸下限小于10%气体的固体物质； 3. 常温下能自行分解空气中氧化能导致迅速自燃或爆炸的物质； 4. 常温下受到水或空气中水蒸气的作用，能产生可燃气体并引起燃烧或爆炸的物质； 5. 遇酸、受热、撞击、摩擦以及遇有机物或硫磺等易燃的无机物，极易引起燃烧或爆炸的强氧化剂； 6. 受撞击、摩擦或与氧化剂、有机物接触时能引起燃烧或爆炸的物质
乙	1. 闪点不小于28℃但小于60℃的液体； 2. 爆炸下限不小于10%的气体； 3. 不属于甲类的氧化剂； 4. 不属于甲类的易燃固体； 5. 助燃气体； 6. 常温下与空气接触能缓慢氧化，积热不散引起自燃的物品
丙	1. 闪点不小于60℃的液体； 2. 可燃固体
丁	难燃烧物品
戊	不燃烧物品

3. 爆炸和火灾危险场所的等级

GB 50058—2014《爆炸危险环境电力装置设计规范》根据爆炸性气体混合物出现的频率程度和持续时间将爆炸性气体环境分为0区、1区、2区：

0区应为连续出现或长期出现爆炸性气体混合物的环境；

1区应为在正常运行时可能出现爆炸性气体混合物的环境；

2区应为在正常运行时不太可能出现爆炸性气体混合物的环境，或即使出现也仅是短时存在的爆炸性气体混合物的环境。

GB 50058—2014《爆炸危险环境电力装置设计规范》根据爆炸性粉尘环境出现的频率程度和持续时间将爆炸危险区域分为20区、21区、22区：

20区应为空气中的可燃性粉尘云持续地或长期地或频繁地出现于爆炸性环境中的区域；

21区应为在正常运行时，空气中的可燃粉尘云很可能偶尔出现于爆炸性环境中的区域；

22区应为在正常运行时，空气中的可燃粉尘云一般不可能出现于爆炸性粉尘环境中的区域，即使出现，持续时间也是短暂的。

二、化工反应危险及其安全措施

1. 化工反应类别

不同的化工反应，具有不同的原料、产品、工艺流程、控制参数，其危险性也呈现不同的水平。危险反应过程的识别，不仅应考虑主反应还需考虑可能发生的副反应、杂质或杂质积累所引起的反应，以及对构造材料腐蚀产生的腐蚀产物引起的反应等。在化工生产过程中，比较危险的化工反应主要有：燃烧、氧化、加氢、还原、聚合、卤化、硝化、烷基化、胺化、芳化、缩合、重氮化、电解、催化、裂化、氯化、磺化、酯化、中和、闭环、酰化、酸化、盐析、脱溶、水解、偶合等。

化工反应的危险性一般表现为如下几种情况：

① 有本质上不稳定物质存在的化工反应，这些不稳定物质可能是原料、中间产物、成品、副产品、添加物或杂质；

② 放热的化工反应；

③ 含有易燃物料且在高温、高压下运行的化工反应；

④ 含有易燃物料且在冷冻状况下运行的化工反应；

⑤ 在爆炸极限内或接近爆炸极限反应的化工反应；

⑥ 有可能形成尘雾爆炸性混合物的化工反应；

⑦ 有高毒物料存在的化工反应；

⑧ 储有压力能量较大的化工反应。

因此，化工反应过程需考虑的安全问题包括：反应的热力学和动力学特点；反应物及主、副产物的性质；反应器的选型、结构和材料；适宜的反应条件及其保持方法；加料和出料的流动状态等。

化工反应按其热反应的危险程度增加的次序可分为四类：

（1）第一类化工过程包括：

① 加氢，将氢原子加到双键或三键的两侧；

② 水解，化合物和水反应，如从硫或磷的氧化物生产硫酸或磷酸；

③ 异构化，在一个有机物分子中原子的重新排列，如直链分子变为支链分子；

④ 磺化，通过与硫酸反应将—SO_3H 根导入有机物分子；

⑤ 中和，酸与碱反应生成盐和水。

（2）第二类化工过程包括：

① 烷基化(烃化)，将一个烷基原子团加到一个化合物上形成种种有机化合物；

② 酯化，酸与醇或不饱和烃反应，当酸是强活性物料时，危险性增加；

③ 氧化，某些物质与氧化合，反应控制在不生成 CO_2 及 H_2O 的阶段，采用强氧化剂如氯酸盐、酸、次氯酸及其盐时，危险性较大；

④ 聚合，分子连接在一起形成链或其他连接方式；

⑤ 缩聚，连接两种或更多的有机物分子，析出水、HCl 或其他化合物。

（3）第三类化工过程是卤化等，将卤族原子（氟、氯、溴或碘）引入有机分子。

（4）第四类化工过程是硝化等，用硝基取代有机化合物中的氢原子。

2. 典型化工反应的安全措施

（1）氧化反应

氧化反应的主要危险性：

① 氧化反应需要加热，同时绝大多数反应又是放热反应，因此，反应热如不及时移去，将会造成反应失控，甚至发生爆炸。

② 氧化反应中被氧化的物质大部分是易燃、易爆物质，如乙烯氧化制取环氧乙烷、甲醇氧化制取甲醛、甲苯氧化制取苯甲酸中，乙烯是可燃气体，甲苯和甲醇是易燃液体。

③ 氧化反应中的有些氧化剂本身是强氧化剂，如高锰酸钾、氯酸钾、过氧化氢、过氧化苯甲酰等，具有很大的危险性，如受高温、撞击、摩擦或与有机物、酸类接触，易引起燃烧或爆炸。

④ 许多氧化反应是易燃、易爆物质与空气或氧气反应，反应投料比接近爆炸极限，如果物料配比或反应温度控制不当，极易发生燃烧爆炸。

⑤ 氧化反应的产品也具有火灾、爆炸危险性。如环氧乙烷、36.7%的甲醛水溶液等。

⑥ 某些氧化反应能生成过氧化物副产物，它们的稳定性差，遇高温或受撞击、摩擦易分解，造成燃烧或爆炸。如乙醛氧化制取醋酸过程中生成过醋酸。

氧化过程的安全措施：

① 在氧化反应中，一定要严格控制氧化剂的投料比，当以空气或氧气为氧化剂时，反应投料比应严格控制在爆炸范围以外。

② 氧化剂的加料速度不宜过快，防止多加、错加。反应过程应有良好的搅拌和冷却装置，严格控制反应温度、流量，防止超温、超压。

③ 防止因设备、物料含有杂质为氧化剂提供催化剂，例如有些氧化剂遇金属杂质会引起分解。空气进入反应器前一定要净化，除掉灰尘、水分、油污以及可使催化剂活性降低或中毒的杂质，减少着火和爆炸的危险。

④ 反应器和管道上应安装阻火器，以阻止火焰蔓延，防止回火。接触器应有泄压装置，并尽可能采用自动控制、报警联锁装置。

（2）还原反应

还原反应的主要危险性：

① 许多还原反应都是在氢气存在条件下，并在高温、高压下进行，如果因操作失误或设备缺陷发生氢气泄漏，极易发生爆炸。

② 还原反应中使用的催化剂，如雷尼镍、钯碳等，在空气中吸湿后有自燃危险，在没有点火源存在的条件下，也能使氢气和空气的混合物引燃。

③ 还原反应中使用的固体还原剂，如保险粉，氢化铝锂、硼氢化钾等，都是遇湿易燃危险品。

④ 还原反应的中间体，特别是硝基化合物还原反应的中间体，也有一定的火灾危险，例如，邻硝基苯甲醚还原为邻氨基苯甲醚过程中，产生 150℃下可自燃的氧化偶氮苯甲醚。苯胺在生产过程中如果反应条件控制不好，可生成爆炸危险性很大的环已胺。

⑤ 高温、高压下的氢对金属有渗碳作用，易造成氢腐蚀。

还原反应过程的安全措施：

① 操作过程中一定要严格控制温度、压力、流量等各种反应参数和反应条件。

② 注意催化剂的正确使用和处置。雷尼镍、钯碳等催化剂平时不能暴露在空气中，要浸在酒精中。反应前必须用氮气置换反应器内的全部空气，经测定确认氧含量符合要求后，方可通入氢气。反应结束后，应先用氮气把氢气置换掉，才可出料，以免空气与反应器内的氢气混合，在催化剂自燃的情况下发生爆炸。

③ 注意还原剂的正确使用和处置。例如，氢化铝锂应浸没在煤油中储存。使用时应先用氮气置换干净，在氮气保护下投料和反应。

④ 对设备和管道的选材要符合要求，并定期检测，以防止因氢腐蚀造成事故。

⑤ 车间内的电气设备必须符合防爆要求，厂房通风要好，且应采用轻质屋顶，设置天窗或风帽，使氢气易于逸出，尾气排放管要高出屋脊 2m 以上并设阻火器。

（3）硝化反应

有机化合物分子中引入硝基取代氢原子而生成硝基化合物的反应，称为硝化。用硝酸根取代有机化合物中的羟基的化学反应，则是另一种类型的硝化反应，产物称为硝酸酯。硝化反应是生产染料、药物及某些炸药的重要反应。

硝化过程常用的硝化剂是浓硝酸或浓硝酸和浓硫酸配制的混合酸。此外，硝酸盐和氧化氮也可做硝化剂。一般的硝化反应是先把硝酸和硫酸配制成混酸，然后在严格控制温度的条件下将混酸滴入反应器，进行硝化反应。

硝化反应的主要危险性：

① 硝化反应是放热反应，温度越高，硝化反应的速度越快，放出的热量越多，越极易造成温度失控而爆炸。

② 被硝化的物质大多为易燃物质，有的兼具毒性，如苯、甲苯、脱脂棉等，使用或储存不当时，易造成火灾。

③ 混酸具有强烈的氧化性和腐蚀性，与有机物特别是不饱和有机物接触即能引起燃烧。硝化反应的腐蚀性很强，会导致设备的强烈腐蚀。混酸在制备时，若温度过高或落入少量水，会促使硝酸的大量分解，引起突沸冲料或爆炸。

④ 硝化产品大都具有火灾、爆炸危险性，尤其是多硝基化合物和硝酸酯，受热、摩擦、撞击或接触点火源，极易爆炸或着火。

硝化反应过程的安全措施：

① 制备混酸时，应严格控制温度和酸的配比，并保证充分的搅拌和冷却条件，严防因温度猛升而造成的冲料或爆炸。不能把未经稀释的浓硫酸与硝酸混合。稀释浓硫酸时，不可将水注入酸中。

② 必须严格防止混酸与纸、棉、布、稻草等有机物接触，避免因强烈氧化而发生燃烧爆炸。

③ 应仔细配制反应混合物并除去其中易氧化的组分，不得有油类、酐类、甘油、醇类等有机物杂质，含水也不能过高；否则，此类杂质与酸作用易引发爆炸事故。

④ 硝化过程应严格控制加料速度，控制硝化反应温度。硝化反应器应有良好的搅拌和冷却装置，不得中途停水断电及搅拌系统发生故障。硝化器应安装严格的温度自动调节、报警及自动连锁装置，当超温或搅拌故障时，能自动报警并停止加料。硝化器应设有泄爆管和紧急排放系统，一旦温度失控，紧急排放到安全地点。

⑤ 处理硝化产物时，应格外小心，避免摩擦、撞击、高温、日晒，不能接触明火、酸、碱等。管道堵塞时，应用蒸汽加温疏通，不得用金属棒敲打或明火加热。

⑥ 要注意设备和管道的防腐，确保严密不漏。

(4) 聚合反应

由低分子单体合成聚合物的反应称为聚合反应。聚合反应的类型很多，按聚合物单体元素组成和结构的不同，分为加成聚合和缩合聚合两大类。聚合过程在工业上的应用十分广泛，如聚氯乙烯、聚乙烯、聚丙烯等塑料，聚丁二烯、顺丁、丁腈等橡胶以及尼龙纤维等，都是通过小分子单体聚合的方法得到的。

聚合反应的主要危险性：

① 聚合反应中的使用单体、溶剂、引发剂、催化剂等大多是易燃、易爆物质，使用或储存不当时，易造成火灾、爆炸。如聚乙烯的单体乙烯是可燃气体，顺丁橡胶生产中的溶剂苯是易燃液体，引发剂金属钠是遇湿易燃危险品。

② 许多聚合反应在高压条件下进行，单体在压缩过程中或在高压系统中易泄漏，发生火灾、爆炸。例如，乙烯在130~300MPa的压力下聚合合成聚乙烯。

③ 聚合反应中加入的引发剂都是化学活性很强的过氧化物，一旦配料比控制不当，容易引起爆聚，反应器压力骤增易引起爆炸。

④ 聚合物分子量高，黏度大，聚合反应热不易导出，一旦遇到停水、停电、搅拌故障时，容易挂壁和堵塞，造成局部过热或反应釜飞温，发生爆炸。

聚合反应过程的安全措施：

① 应设置可燃气体检测报警器，一旦发现设备、管道有可燃气体泄漏，将自动停车。

② 反应釜的搅拌和温度应有检测和连锁装置，发现异常能自动停止进料。

③ 高压分离系统应设置爆破片、导爆管，并有良好的静电接地系统，一旦出现异常，及时泄压。

④ 对催化剂、引发剂等要加强储存、运输、调配、注入等工序的严格管理。

⑤ 注意防止爆聚现象的发生。

⑥ 注意防止黏壁和堵塞现象的发生。

(5) 裂化反应

裂化有时又称为裂解，是指有机化合物在高温下分子发生分解的反应过程。而石油产品的裂化主要是以重油为原料，在加热、加压或催化剂作用下，分子量较高的烃类发生分解反应生成分子量较小的烃类，在经分馏而得到裂化气、汽油、煤油和残油等产品。裂化可分为热裂化、催化裂化、加氢裂化 3 种类型。

① 热裂化

热裂化在加热和加压下进行，根据所用压力的不同分为高压热裂化和低压热裂化。产品有裂化气体、汽油、煤油、残油和石油焦。热裂化装置的主要设备有管式加热炉、分馏塔、反应塔等。

热裂化的主要危险性：

热裂化在高温、高压下进行，装置内的油品温度一般超过其自燃点，漏出会立即着火。热裂化过程产生大量的裂化气，如泄漏会形成爆炸性气体混合物，遇加热炉等明火，会发生爆炸。

热裂化反应过程的安全措施：

a. 要严格遵守操作规程，严格控制温度和压力。

b. 由于热裂化的管式炉经常在高温下运转，要采用高镍铬合金钢制造。

裂解炉炉体应设有防爆门，备有蒸汽吹扫管线和其他灭火管线，以防炉体爆炸和用于应急灭火。设置紧急放空管和放空罐，以防止因阀门不严或设备漏气造成事故。

c. 设备系统应有完善的消除静电和避雷措施。高压容器、分离塔等设备均应安装安全阀和事故放空装置。低压系统和高压系统之间应有止逆阀。配备固定的氮气装置、蒸汽灭火装置。

d. 应备有双路电源和水源，保证高温裂解气直接喷水急冷时的用水用电，防止烧坏设备。发现停水或气压大于水压时，要紧急放空。

e. 应注意检查、维修、除焦，避免炉管结焦，使加热炉效率下降，出现局部过热，甚至烧穿。

② 催化裂化

催化裂化在高温和催化剂的作用下进行，用于由重油生产轻油的工艺。催化裂解装置主要由反应再生系统、分馏系统、吸收稳定系统组成。

催化裂化的主要危险性：

催化裂化在 160~520℃的高温和 0.1~0.2MPa 的压力下进行，火灾、爆炸的危险性也较大。操作不当时，再生器内的空气和火焰可进入反应器引起恶性爆炸事故。U 形管上的小设备和阀门较多，易漏油着火。裂化过程中，会产生易燃的裂化气。活化催化剂不正常时，可能出现可燃的一氧化碳气体。

催化裂化过程的安全措施：

a. 保持反应器与再生器压差的稳定，是催化裂化反应中最重要的安全问题。

b. 分馏系统要保持塔底油浆经常循环，防止催化剂从油气管线进入分馏塔，造成塔盘堵塞。要防止回流过多或太少造成的憋压和冲塔现象。

c. 再生器应防止稀相层发生二次燃烧，损坏设备。

d. 应备有单独的供水系统。降温循环水应充足，同时应注意防止冷却水量突然增大，因急冷损坏设备。

e. 关键设备应备有两路以上的供电。

③ 加氢裂化

加氢裂化是在催化剂及氢存在条件下，使重质油发生催化裂化反应，同时伴有烃类加氢、异构化等反应，从而转化为质量较好的汽油、煤油和柴油等轻质油的过程。加氢裂化是20世纪60年代发展起来的新工艺。

加氢裂化装置类型很多，按反应器中催化剂放置方式的不同，可分为固定床、沸腾床等。

加氢裂化的主要危险性：加氢裂化在高温、高压下进行，且需要大量氢气，一旦油品和氢气泄漏，极易发生火灾或爆炸。加氢是强烈的放热反应。氢气在高压下与钢接触，钢材内的碳分子易被氢气夺走，强度降低，产生氢脆。

加氢裂化过程的危险控制：

a. 要加强对设备的检查，定期更换管道、设备，防止氢脆造成事故。

b. 加热炉要平稳操作，防止局部过热，防止炉管烧穿。

c. 反应器必须通冷氢以控制温度。

三、单元操作危险及其安全措施

化工单元操作是在化工生产中具有共同的物理变化特点的基本操作，是由各种化工生产操作概括得来的。基本化工单元操作有：流体流动过程，包括流体输送、过滤、固体流态化等；传热过程，包括热传导、蒸发、冷凝等；传质过程，即物质的传递，包括气体吸收、蒸馏、萃取、吸附、干燥等；热力过程，即温度和压力变化的过程，包括液化、冷冻等；机械过程，包括固体输送、粉碎、筛分等。化工单元操作涉及泵、换热器、反应器、搅拌器、蒸发器以及存储容器等一系列设备。

1. 常见的化工单元操作的危险性

化工单元操作的危险性主要是由所处理物料的危险性所决定的。其中，处理易燃物料或含有不稳定物质物料的单元操作的危险性最大。在进行危险单元操作过程，除了要根据物料理化性质，采取必要的安全对策外，还要特别注意以下情况的产生：

（1）防止易燃气体物料形成爆炸性混合体系。处理易燃气体物料时要防止与空气或其他氧化剂形成爆炸性混合体系。特别是负压状态下的操作，要防止空气进入系统而形成系统内爆炸性混合体系。同时也要注意在正压状态下操作易燃气体物料的泄漏，与环境空气混合，形成系统外爆炸性混合体系。

（2）防止易燃固体或可燃固体物料形成爆炸性粉尘混合体系。在处理易燃固体或可燃固体物料时，要防止形成爆炸性粉尘混合体系。

（3）防止不稳定物质的积聚或浓缩。处理含有不稳定物质的物料时，要防止不稳定物质的积聚或浓缩。在蒸馏、过滤、蒸发、过筛、萃取、结晶、再循环、旋转、回流、凝结、搅拌、升温等单元操作过程中，有可能使不稳定物质发生积聚或浓缩的，进而产生危险。

① 不稳定物质减压蒸馏时，若温度超过某一极限值，有可能发生分解爆炸。

② 粉末过筛时容易产生静电，而干燥的不稳定物质过筛时，微细粉末飞扬，可能在某些地区积聚而发生危险。

③ 反应物料循环使用时，可能造成不稳定物质的积聚而使危险性增大。

④ 反应液静置中，以不稳定物质为主的相，可能分离而形成分层积聚。不分层时，所含不稳定的物质也有可能在局部地点相对集中。在搅拌含有有机过氧化物等不稳定物质的反应混合物时，如果搅拌停止而处于静置状态，那么，所含不稳定物质的溶液就附在壁上，若溶剂蒸发了，不稳定物质被浓缩，往往成为自燃的火源。

⑤ 在大型设备里进行反应，如果含有回流操作时，危险物在回流操作中有可能被浓缩。

⑥ 在不稳定物质的合成反应中，搅拌是个重要因素。在采用间歇式的反应操作过程中，化学反应速度很快。大多数情况下，加料速度与设备的冷却能力是相适应的，这时反应是扩散控制，应使加入的物料马上反应掉，如果搅拌能力差，反应速度慢，加进的原料过剩，末反应的部分积蓄在反应系统中，若再强力搅拌，所积存的物料一起反应，使体系的温度上升，往往造成反应无法控制。一般的原则是搅拌停止的时候应停止加料。

⑦ 在对含不稳定物质的物料升温时，控制不当有可能引起突发性反应或热爆炸。如果在低温下将两种能发生放热反应的液体混合，然后再升温引起反应将是特别危险的。在生产过程中，一般将一种液体保持在能起反应的温度下，边搅拌边加入另一种物料反应。

2. 典型单元操作的安全措施

(1) 非均相分离

化工生产中的原料、半成品、排放的废物等大多为混合物，为了进行加工得到纯度较高的产品以及环保的需要等，常常要对混合物进行分离。混合物可分为均相(混合)物系和非均相(混合)物系。非均相物系中，有一相处于分散状态，称为分散相，如雾中的小水滴、烟尘中的尘粒、悬浮液中的固体颗粒、乳浊液中分散成小液滴的液相；另一相处于连续状态，称为连续相(或分散介质)，如雾和烟尘中的气相、悬浮液中的液相、乳浊液中处于连续状态的液相。从有毒有害物质处理的角度，非均相分离过程就是这些物质的净化过程、吸收过程或浓缩分离过程。工业生产中多采用机械方法对两相进行分离，常见的有沉降分离、过滤分离、静电分离和湿洗分离等，此外，还有音波除尘和热除尘等方法。

过滤过程安全措施是：

① 若加压过滤时能散发易燃、易爆、有害气体，则应采用密闭过滤机。并应用压缩空气或惰性气体保持压力；取滤渣时，应先释放压力。

② 在存在火灾、爆炸危险的工艺中，不宜采用离心过滤机，宜采用转鼓式或带式等真空过滤机。如必须采用离心过滤机时，应严格控制电机安装质量，安装限速装置。注意不要选择临界速度操作。

③ 离心过滤机应注意选材和焊接质量，转鼓、外壳、盖子及底座等应用韧性金属制造。

(2) 加热

热量传递有热传导、热对流和热辐射三种基本方式。加热在化工生产过程中的应用主要有创造并维持化学反应需要的温度条件、创造并维持单元操作过程需要的温度条件、热能综合和回收、隔热与限热。

加热过程危险性较大。装置加热方法一般为蒸汽或热水加热、载热体加热以及电加热等。

加热过程安全措施是：

① 采用水蒸气或热水加热时，应定期检查蒸汽夹套和管道的耐压强度，并应装设压力计和安全阀。与水会发生反应的物料，不宜采用水蒸气或热水加热。

② 采用充油夹套加热时，需将加热炉门与反应设备用砖墙隔绝，或将加热炉设于车间外面。油循环系统应严格密闭，不准热油泄漏。

③ 为了提高电感加热设备的安全可靠程度，可采用较大截面的导线，以防过负荷；采用防潮、防腐蚀、耐高温的绝缘，增加绝缘层厚度。添加绝缘保护层等措施。电感应线圈应密封起来，防止与可燃物接触。

④ 电加热器的电炉丝与被加热设备的器壁之间应有良好的绝缘，以防短路引起电火花，将器壁击穿，使设备内的易燃物质或漏出的气体和蒸气发生燃烧或爆炸。在加热或烘干易燃物质，以及受热能挥发可燃气体或蒸气的物质，应采用封闭式电加热器。电加热器不能安放在易燃物质附近。导线的负荷能力应能满足加热器的要求，应采用插头向插座上连接方式，工业上用的电加热器，在任何情况下都要设置单独的电路，并要安装适合的熔断器。

⑤ 在采用直接用火加热工艺过程时，加热炉门与加热设备间应用砖墙完全隔离，不使厂房内存在明火。加热锅内残渣应经常清除以免局部过热引起锅底破裂。以煤粉为燃料时，料斗应保持一定存量，不许倒空，避免空气进入，防止煤粉爆炸；制粉系统应安装爆破片。以气体、液体为燃料时，点火前应吹扫炉膛，排除积存的爆炸性混合气体，防止点火时发生爆炸。当加热温度接近或超过物料的自燃点时，应采用惰性气体保护。

(3)蒸馏

化工生产中常常要将混合物进行分离，以实现产品的提纯和回收或原料的精制。对于均相液体混合物，最常用的分离方法是蒸馏。实现混合液的高纯度分离的蒸馏操作，又称精馏。

蒸馏过程的危险性及安全措施是：在常压蒸馏中应注意易燃液体的蒸馏热源不能采用明火，而采用水蒸气或过热水蒸气加热较安全。蒸馏腐蚀性液体，应防止塔壁、塔盘腐蚀，造成易燃液体或蒸气逸出，遇明火或灼热的炉壁而产生燃烧。蒸馏自燃点很低的液体，应注意蒸馏系统的密闭，防止因高温泄漏遇空气自燃。对于高温的蒸馏系统，应防止冷却水突然漏入塔内，这将会使水迅速汽化，塔内压力突然增高而将物料冲出或发生爆炸。启动前应将塔内和蒸汽管道内的冷凝水放空，然后使用。在常压蒸馏过程中，还应注意防止管道、阀门被凝固点较高的物质凝结堵塞，导致塔内压力升高而引起爆炸。在用直接火加热燕馏高沸点物料时(如苯二甲酸酐)，应防止产生自燃点很低的树脂油状物遇空气而自燃。同时，应防止蒸干，使残渣焦化结垢，引起局部过热而着火爆炸。油焦和残渣应经常清除。冷凝系统的冷却水或冷冻盐水不能中断，否则未冷凝的易燃蒸气逸出使局部吸收系统温度增高，或窜出遇明火而引燃。

真空蒸馏(减压蒸馏)是一种比较安全的蒸馏方法。对于沸点较高、在高温下蒸馏时能引起分解、爆炸和聚合的物质，采用真空蒸馏较为合适。如硝基甲苯在高温下分解爆炸、苯乙烯在高温下易聚合，类似这类物质的蒸馏必须采用真空蒸馏的方法以降低流体的沸点。借以降低蒸馏的温度，确保其安全。

（4）气体吸收与解吸

气体吸收按溶质与溶剂是否发生显著的化学反应可分为物理吸收和化学吸收；按被吸收组分的不同，可分为单组分吸收和多组分吸收；按吸收体系（主要是液相）的温度是否显著变化，可分为等温吸收和非等温吸收。工业生产中使用的吸收塔的主要类型有板式塔、填料塔、湍球塔、喷洒塔和喷射式吸收器等。

解吸又称脱吸，是脱除吸收剂中已被吸收的溶质，而使溶质从液相逸出到气相的过程。在生产中解吸过程用来获得所需较纯的气体溶质，使溶剂得以再生，返回吸收塔循环使用。工业上常采用的解吸方法有加热解吸、减压解吸、在惰性气体中解吸、精馏方法。

气体吸收与解吸时，应根据吸收剂的溶解度、选择性、挥发度、黏度，恰当选择吸收剂，保证吸收与解吸的效果，防止设备堵塞、腐蚀以及有害气体的泄漏。

（5）干燥

干燥按其热量供给湿物料的方式，可分为传导干燥、对流干燥、辐射干燥和介电加热干燥。干燥按操作压强可分为常压干燥和减压干燥；按操作方式可分为间歇式干燥与连续式干燥。常用的干燥设备有厢式干燥器，转筒干燥器、气流干燥器、沸腾床干燥器、喷雾干燥器。

为防止火灾、爆炸、中毒事故的发生，干燥过程要采取以下安全措施：

① 当干燥物料中含有自燃点很低或含有其他有害杂质时必须在烘干前彻底清除掉，干燥室内也不得放置容易自燃的物质。

② 干燥室与生产车间应用防火墙隔绝，并安装良好的通风设备，电气设备应防爆或将开关安装在室外。在干燥室或干燥箱内操作时，应防止可燃的干燥物直接接触热源，以免引起燃烧。

③ 干燥易燃易爆物质，应采用蒸汽加热的真空干燥箱，当烘干结束后，去除真空时，一定要等到温度降低后才能放进空气；对易燃易爆物质采用流速较大的热空气干燥时，排气用的设备和电动机应采用防爆的；在用电烘箱烘烤能够蒸发易燃蒸气的物质时，电炉丝应完全封闭，箱上应加防爆门；利用烟道气直接加热可燃物时，在滚筒或干燥器上应安装防爆片，以防烟道气混入一氧化碳而引起爆炸。

④ 间歇式干燥，物料大部分靠人力输送，热源采用热空气自然循环或鼓风机强制循环，温度较难控制，易造成局部过热，引起物料分解造成火灾或爆炸。因此，在干燥过程中，应严格控制温度。

⑤ 在采用洞道式、滚筒式干燥器干燥时，主要是防止机械伤害。在气流于燥，喷雾干燥、沸腾床干燥以及滚筒式干燥中，多以烟道气、热空气为干燥热源。

⑥ 干燥过程中所产生的易燃气体和粉尘同空气混合易达到爆炸极限。在气流干燥中，物料由于迅速运动相互激烈碰撞、摩擦易产生静电；滚筒干燥过程中，刮刀有时和滚筒壁摩擦产生火花，因此，应该严格控制干燥气流风速，并将设备接地；对于滚筒干燥，应适当调整刮刀与筒壁间隙，并将刮刀牢牢固定，或采用有色金属材料制造刮刀，以防产生火花。用烟道气加热的滚筒式干燥器，应注意加热均匀，不可断料，滚筒不可中途停止运转。斗口有断料或停转应切断烟道气并通氮。干燥设备上应安装爆破片。

（6）蒸发

蒸发按其采用的压力可以为常压蒸发、加压蒸发和减压燕发（真空蒸发）。按其蒸发所需热量的利用次数可分为单效蒸发和多效蒸发。蒸发过程要注意如下问题：

① 蒸发器的选择应考虑蒸发溶液的性质，如溶液的黏度、发泡性、腐蚀性、热敏性，以及是否容易结垢、结晶等情况。

② 在蒸发操作中，管内壁出现结垢现象是不可避免的，尤其当处理易结晶和腐蚀性物料时，使传热量下降。在这些蒸发操作中，一方面应定期停车清洗、除垢；另一方面改进蒸发器的结构，如把蒸发器的加热管加工光滑些，使污垢不易生成，即使生成也易清洗，提高溶液循环的速度，从而可降低污垢生成的速度。

（7）结晶

结晶是固体物质以晶体状态从蒸气、溶液或熔融物中析出的过程。结晶是一个重要的化工单元操作，主要用于制备产品与中间产品、获得高纯度的纯净固体物料。

结晶过程常采用搅拌装置。搅动液体使之发生某种方式的循环流动，从而使物料混合均匀或促使物理、化学过程加速操作。

结晶过程的搅拌器要注意如下安全问题：

① 当结晶设备内存在易燃液体蒸气和空气的爆炸性混合物时，要防止产生静电，避免火灾和爆炸事故的发生。

② 避免搅拌轴的填料函漏油，因为填料函中的油漏入反应器会发生危险。例如硝化反应时，反应器内有浓硝酸，如有润滑油漏入，则油在浓硝酸的作用下氧化发热，使反应物料温度升高，可能发生冲料和燃烧爆炸。当反应器内有强氧化剂存在时，也有类似危险。

③ 对于危险易燃物料不得中途停止搅拌。因为搅拌停止时，物料不能充分混匀，反应不良，且大量积聚；而当搅拌恢复时，则大量未反应的物料迅速混合，反应剧烈，往往造成冲料，有燃烧、爆炸危险。如因故障而导致搅拌停止时，应立即停止加料，迅速冷却；恢复搅拌时，必须待温度平稳、反应正常后方可续加料，恢复正常操作。

④ 搅拌器应定期维修，严防搅拌器断落造成物料混合不匀，最后突然反应而发生猛烈冲料，甚至爆炸起火，搅拌器应灵活，防止卡死引起电动机温升过高而起火。搅拌器应有足够的机械强度，以防止因变形而与反应器器壁摩擦造成事故。

（8）萃取

萃取是利用物质在两种不互溶（或微溶）溶剂中溶解度或分配比的不同来达到分离、提取或纯化目的的单元操作。萃取的设备有填料萃取塔、筛板萃取塔、转盘萃取塔、往复振动筛板塔和脉冲萃取塔。萃取设备的主要功能是能为两液相提供充分混合与充分分离的条件，使两液相之间具有很大的接触面积。

萃取剂的选择性、物理性质（密度、界面张力、黏度）、化学性质（稳定性、热稳定性和抗氧化稳定性）、萃取剂回收的难易既决定了萃取效果，也直接影响萃取过程的危险性。萃取剂的毒性、易燃性、易爆性是选择萃取操作时需要特别考虑的问题。

（9）制冷

冷却与冷凝的主要区别在于被冷却的物料是否发生相的改变，若发生相变则成为冷凝，否则，如无相变只是温度降低则为冷却。冷却、冷凝操作在化工生产中十分重要，它不仅涉及到生产，而且也严重影响防火安全，反应设备和物料由于未能及时得到应有的冷却或冷凝，常是导致火灾、爆炸的原因。在工业生产过程中，蒸气、气体的液化，某些组分的低温分离，以及某些物品的输送、储藏等，常需将物料降到比水或周围空气更低的温度，这种操作称为冷冻或制冷。

冷冻操作的实质是利用冷冻剂自身通过压缩-冷却-蒸发(或节流、膨胀)的循环过程，不断地由被冷冻物体取出热量(一般通过冷载体盐水溶液传递热量)，并传给高温物质(水或空气)，以使被冷冻物体温度降低。一般说来，冷冻程度与冷冻操作技术有关，凡冷冻范围在-100℃以内的称冷冻；而在-200~-100℃或更低的，则称为深度冷冻或简称深冷。

冷却(凝)及冷凝过程安全措施：

① 应根据被冷却物料的温度、压力、理化性质以及所要求冷却的工艺条件，正确选用冷却设备和冷却剂。忌水物料的冷却不宜采用水做冷却剂，必需时应采取特别措施。

② 应严格注意冷却设备的密闭性，防止物料进入冷却剂中或冷却剂进入物料中。

③ 冷却操作过程中，冷却介质不能中断，否则会造成积热，使反应异常，系统温度、压力升高，引起火灾或爆炸。因此，冷却介质温度控制最好采用自动调节装置。

④ 开车前，首先应清除冷凝器中的积液；开车时，应先通入冷却介质，然后通入高温物料；停车时，应先停物料，后停冷却系统。

⑤ 为保证不凝可燃气体安全排空，可充氮进行保护。

⑥ 高凝固点物料，冷却后易变得黏稠或凝固，在冷却时要注意控制温度，防止物料卡住搅拌器或堵塞设备及管道。

冷冻过程的安全措施：

① 对于制冷系统的压缩机、冷凝器、蒸发器以及管路系统，应注意耐压等级和气密性，防止设备、管路产生裂纹、泄漏。此外，应加强压力表、安全阀等的检查和维护。

② 对于低温部分，应注意其低温材质的选择，防止低温脆裂发生。

③ 当制冷系统发生事故或紧急停车时，应注意被冷冻物料的排空处置。

④ 对于氨压缩机，应采用不发火花的电气设备；压缩机应选用低温下不冻结且不与制冷剂发生化学反应的润滑油，且油分离器应设于室外。

⑤ 注意冷载体盐水系统的防腐蚀。

(10) 筛分及过滤

① 筛分

在工业生产中，为满足生产工艺的要求，常常需将固体原料、产品进行筛选，以选取符合工艺要求的粒度，这一操作过程称为筛分。筛分分为人工筛分和机械筛分。筛分所用的设备称为筛子，通过筛网孔眼控制物料的粒度。按筛网的形状可分为转动式和平板式两类。

在筛分可燃物时，应采取防碰撞打火和消除静电措施，防止因碰撞和静电引起粉尘爆炸和火灾事故。

② 过滤

过滤是使悬浮液在重力、真空、加压及离心的作用下，通过细孔物体，将固体悬浮微粒截留进行分离的操作。按操作方法，过滤分为间歇过滤和连续过滤两种；按推动力分为重力过滤、加压过滤、真空过滤和离心过滤。过滤采用的设备为过滤机。

过滤操作时，应特别注意对设备电气部分和转动部分的屏蔽和保护，防止人身伤亡事故的发生。

(11) 物料输送

在工业生产过程中，经常需要将各种原材料、中间体、产品以及副产品和废弃物从一个地方输送到另一个地方，这些输送过程就是物料输送。在现代化工业企业中，物料输送是借助于各种输送机械设备实现的。由于所输进的物料形态不同(块状、粉态、液态、气态等)，所采取的输送设备也各异。

① 液态物料输送

液态物料可借其位能沿管道向低处输送。而将其由低处输往高处或由一地输往另一地(水平输送)，或由低压处输往高压处，以及为保证一定流量克服阻力所需要的压头，则需要依靠泵来完成。泵的种类较多，通常有往复泵、离心泵、旋转泵、流体作用泵等四类。

液态物料输送危险控制要点如下：

a. 输送易燃液体宜采用蒸气往复泵。如采用离心泵，则泵的叶轮应脯色金属制造，以防撞击产生火花。设备和管道均应有良好的接地，以防静电引起火灾。由于采用虹吸和自流的输送方法较为安全，故应优先选择。

b. 对于易燃液体，不可采用压缩空气压送，因为空气与易燃液体蒸气混合，可形成爆炸性混合物，且有产生静电的可能。对于闪点很低的可燃液体，应用氮气或二氧化碳等惰性气体压送。闪点较高及沸点在130℃以上的可燃液体，如有良好的接地装置，可用空气压送。

c. 临时输送可燃液体的泵和管道(胶管)连接处必须紧密、牢固，以免输送过程中管道受压脱落漏料而引起火灾。

d. 用各种泵类输送可燃液体时，其管道内流速不应超过安全速度，且管道应有可靠的接地措施，以防静电聚集。同时要避免吸入口产生负压，以防空气进入系统导致爆炸或抽瘪设备。

② 气态物料输送

气体物料的输送采用压缩机。按气体的运动方式，压缩机可分为往复压缩机和旋转压缩机两类。

气态物料输送危险控制要点如下：

a. 输送液化可燃气体宜采用液环泵，因液环泵比较安全。但在抽送或压送可燃气体时，进气入口应该保持一定余压，以免造成负压吸入空气形成爆炸性混合物。

b. 为避免压缩机气缸、储气罐以及输送管路因压力增高而引起爆炸，要求这些部分要有足够的强度。此外，要安装经核验准确可靠的压力表和安全阀(或爆破片)。安全阀泄压应将危险气体导至安全的地点。还可安装压力超高报警器、自动调节装置或压力超高自动停车装置。

c. 压缩机在运行中不能中断润滑油和冷却水，并注意冷却水不能进入气缸，以防发生水锤。

d. 气体抽送、压缩设备上的垫圈易损坏漏气，应注意经常检查及时换修。

e. 压送特殊气体的压缩机，应根据所压送气体物料的化学性质，采取相应的防火措施。如乙炔压缩机同乙炔接触的部件不允许用铜来制造，以防产生具有爆炸危险的乙炔铜。

f. 可燃气体的管道应经常保持正压，并根据实际需要安装逆止阀、水封和阻火器等安全装置，管内流速不应过高。管道应有良好的接地装置，以防静电聚集放电引起火灾。

g. 可燃气体和易燃蒸气的抽送、压缩设备的电机部分，应为符合防爆等级要求的电气设备，否则，应穿墙隔离设置。

h. 当输送可燃气体的管道着火时，应及时采取灭火措施。管径在150mm以下的管道，一般可直接关闭闸阀熄火；管径在150mm以上的管道着火时，不可直接关闭闸阀熄火，应采取逐渐降低气压，通入大量水蒸气或氮气灭火的措施。但气体压力不得低于50~100Pa。严禁突然关闭闸阀或水封，以防回火爆炸。当着火管道被烧红时，不得用水骤然冷却。

第四节　化工违章事故案例

一、心理和行为不当导致中毒事故

1. 事故经过

2000年12月12日，某石化公司净化工段变压吸附岗位，计控处一名仪表工在维修球阀时，发生CO中毒，经抢救无效死亡。凌晨0时30分，公司净化工段变压吸附岗位5A气动蜗杆式切断球阀出现故障，净化工段当班副操作工腾某打开旁路，切断变压吸附系统。班长电话通知计控处值班人员。1时10分左右，计控处仪表工赵某来变压吸附岗位询问情况后，独自一人到现场去查找故障，腾某在操作室操作开关配合，过了一会，腾某到外面看，没有看到人，以为仪表工回去了，便没有在意。凌晨5时左右，当班另一名仪表工许某发现赵某不在，就往净化工段打电话询问，听说赵某在净化工段干完活早已回去时，许某立即赶到现场寻找，发现赵某躺在变压吸附平台上，许某马上叫人抢救，并立即送往医院，经诊断，赵某确认已经死亡。

2. 事故分析

这是一个由于人的心理和行为不当导致的中毒事故。生产劳动过程中的不安全行为与人的心理因素如能力、情感、性格、气质等较为密切的联系。中毒事故中人的安全意识、心理和不安全行为主要表现在：

（1）仪表工赵某安全防范意识较差，按规定进行此类作业现场应有2人以上，赵某却独自一人到有毒有害岗位作业，且没有监护人，没有任何防范措施，属违章作业；计控处安全规定明确要求，“到有毒有害区域作业，必须同时有2人以上，或必须由监护人，必须佩戴必要的防护器材，采取一定的安全措施”。

（2）公司当班值班长在得知净化工段出现问题时，没有引起高度重视。未及时到现场进行处理。净化工段班长、变压吸附岗位当班副操作工腾某没有很好地配合仪表工工作，巡回检查不力，也是造成此次事故的一个重要原因。

（3）气动蜗杆式切断球阀阀杆密封垫片不严，虽然系统已经紧急切断，但系统内仍有1.6MPa的压力，造成高浓度的CO泄漏，致使正在现场拆卸气源的仪表工赵某中毒。

3. 事故预防

（1）操作人员必须严格执行安全生产操作规定：“到有毒有害区域作业，必须同时有2人以上，或必须由监护人，必须佩戴必要的防护器材，采取一定的安全措施。”

（2）公司的各危险部位，应定为禁区，配备齐全安全防护器材，凡进入禁区作业必须佩戴防护器材，必须严格执行安全规定。

（3）加强安全、设备、工艺管理，杜绝跑、冒、滴、漏。

（4）公司几个重要生产岗位，安装监视器，使调度中心能够随时掌握各岗位的状况。强化中夜班调度工作。

（5）加大安全、工艺、技术等全方位的教育培训力度，提高员工的整体素质。

二、安全培训和教育不力导致爆炸事故

1. 事故经过

1991年12月6日14时15分，某制药厂一分厂干燥器内烘干的过氧化苯甲酰发生化学分解强力爆炸，死亡4人，重伤1人，轻伤2人，直接经济损失15万元。下午14时，在停抽真空后15分针左右，干燥器内的干燥物过氧化苯甲酰发生化学爆炸，共炸毁车间上下两层5间、粉碎机1台、干燥器1台，干燥器内蒸气排管在屋内向南移动约3m，外壳撞倒北墙飞出8.5m左右，楼房倒塌，造成重大人员伤亡事故。

2. 事故分析

这是一个由于对员工培训和教育不力违规操作导致的爆炸事故。生产经营单位为了提高职工安全技术水平和防范事故能力必须实施安全培训和教育，对人施加和强化安全教育与培训，从根本上解决人的行为和意识问题，是实现安全生产的保证。由于培训和教育不力员工违规操作导致爆炸事故主要表现在：

① 对职工的安全技能、安全知识的培训不够。干燥工马某、苗某没有按照《干燥器安全操作法》要求“在停机抽真空之前，应提前一个小时关闭蒸气”的规定执行，导致事故发生。

② 该厂用的干燥器不适用干燥化学危险物品过氧化苯甲酰，物料存在不安全状态。

③ 该厂应在试生产前对其工业设计、生产设备按化学危险物品规定报经安全管理部门鉴定验收。

3. 事故预防

（1）企业要加强安全教育和技术培训，提高干部、职工业务技术素质和安全意识。特种作业工人必须经过培训、持证上岗。

（2）投产前要请有关部门对现有厂房、设备、工艺规程等进行论证、鉴定，验收同意后再投产。

（3）严格按照国家对化学危险物品安全管理条例的要求来设计、生产、储存。

三、化工作业爆炸安全事故

1. 事故经过

2000年4月11日13时30分，位于广州市电镀技术公司车间在生产电镀添加剂的过程

中，100L 不锈钢反应釜发生爆炸，此化工作业事故造成 2 人死亡，4 人受伤，直接经济损失 21.9 万元。

发生爆炸的电镀技术公司生产车间是一栋四层楼厂房的 4 楼，所在的楼房共 4 层，单层面积 435 m^2，钢筋混凝土框架结构。

2. 事故原因

这是一个化工作业爆炸的安全事故。化工生产过程本身存在着危险性，化工生产过程生成的新物质又出现了新的危险性，各种化工生产过程中化工反应和单元操作的危险源均可导致事故。生产电镀添加剂过程导致反应釜发生爆炸事故主要表现在：

爆炸事故发生后，广州市公安消防局火灾原因调查科会同广州市公安局十处重大事故调查科联合调查取证，并邀请了广州化工集团有限公司的高级工程师，对“4·11”爆炸事故原因进行调查。

经过反复的调查询问、现场勘查和综合分析，认定该电镀技术公司“4·11”爆炸事故的原因是：环氧乙烷进料速度过快，环氧乙烷来不及与丙炔醇反应而在釜内积聚，以致釜内压力迅速上升，高压气体喷出，与空气磨擦产生静电，引起爆炸的。

3. 事故预防

（1）该电镀技术公司生产甲类危险物品，没有向公安消防机构申报，就擅自投入生产，违反了《中华人民共和国消防法》及有关消防技术规定，以致留下了"先天性" 的火灾隐患。

（2）该电镀技术公司生产的是甲类危险物品，其生产车间所在建筑物的防爆泄压设施、泄压面积和厂房的总体布局、平面布置不符合有爆炸危险的甲类厂房的设置要求，以致发生爆炸后，人员无法逃生，造成人员伤亡和财产损失。

（3）生产装置流程设施安全措施不足：

① 反应釜上无安全阀，不能在压力过高时自动排出物料；

② 排出物料的管道应设安全水封，现场无此装置；

③ 排出物料管道上应设阻火器，现场无此装置；

④ 环氧乙烷进料控制是关键，不应用人手工操作滴加控制，应用计量泵按指定速度送料入反应釜，手工操作不安全，这次爆炸事故发生就因手工操作难以控制而发生；

⑤ 车间内电器设备没有按防爆设计和施工，仅用普通电器供电，无接地和接零，以及防静电跨接，违反甲乙类生产装置的消防规定。

（4）安全生产存在的问题是研制和生产的技术负责人仅熟悉配方和应用，在工程化方面和使用生产这些危险品方面缺乏应有知识。

（5）具体操作人员缺乏特殊行业应有的岗位知识，没有经过消防培训和其他上岗前的各种岗位培训。

第四章 化工工艺和设施安全

化工工艺即化工技术或化学生产技术，指将原料物主要经过化学反应转变为产品的方法和过程，包括实现这一转变的全部措施；化工设备指为化学反应提供反应空间和反应条件的装置。只有全面了解和掌握化工生产物质的基本特性，正确地分析和认识化工生产工艺的危险因素，重视和加强设备管理、维护和检修人员的技术水平，努力降低设备事故和故障发生的可能性，才能在生产过程中有针对性地采取措施，有效预防和控制各类事故，实现化工生产的安全。

本章涉及的是“4M”事故系统中的“物的不安全状态”要素，简述危险化学物质的特点和储运状态的基础上，主要介绍常见化学工艺安全、化工设备设施安全方面的知识，专门介绍安全保护设备、设施的种类以及其功能和运行要求。

第一节 化工储运安全

一、危险化学物质的分类

根据 GB 13690—2009《化学品分类和危险性公示 通则》常用危险化学品按照物理、健康或环境危险的性质共分 3 大类：

1. 理化危险

（1）爆炸物

爆炸物分类、警示标签和警示性说明参见 GB 20576。

爆炸物质(或混合物)是这样一种固态或液态物质(或物质的混合物)，其本身能够通过化学反应产生气体，而产生气体的温度、压力和速度能对周围环境造成破坏。其中也包括发火物质，即便它们不放出气体。

发火物质(或发火混合物)是这样一种物质或物质的混合物，它旨在通过非爆炸自持放热化学反应产生的热、光、声、气体、烟或所有这些的组合来产生效应。

爆炸性物品是含有一种或多种爆炸性物质或混合物的物品。

烟火物品是包含一种或多种发火物质或混合物的物品。

（2）易燃气体

易燃气体分类、警示标签和警示性说明参见 GB 20577。易燃气体是在 20℃ 和 101.3kPa 标准压力下，与空气有易燃范围的气体。

（3）易燃气溶胶

易燃气溶胶分类、警示标签和警示性说明参见 GB 20578。

气溶胶是指气溶胶喷雾罐，系任何不可重新灌装的容器，该容器由金属、玻璃或塑料制成，内装强制压缩、液化或溶解的气体，包含或不包含液体、膏剂或粉末，配有释放装置，可使所装物质喷射出来，形成在气体中悬浮的固态或液态微粒或形成泡沫、膏剂或粉末或处于液态或气态。

（4）氧化性气体

氧化性气体分类、警示标签和警示性说明参见 GB 20579。

氧化性气体是一般通过提供氧气，比空气更能导致或促使其他物质燃烧的任何气体。

（5）压力下气体

压力下气体分类、警示标签和警示性说明参见 GB 20580。

压力下气体是指高压气体在压力等于或大于 200kPa（表压）下装入储器的气体，或是液化气体或冷冻液化气体。

压力下气体包括压缩气体、液化气体、溶解液体、冷冻液化气体。

（6）易燃液体

易燃液体分类、警示标签和警示性说明参见 GB 20581。易燃液体是指闪点不高于 93℃的液体。

（7）易燃固体

易燃固体分类、警示标签和警示性说明参见 GB 20582。易燃固体是容易燃烧或通过摩擦可能引燃或助燃的固体。

易于燃烧的固体为粉状、颗粒状或糊状物质，它们在与燃烧着的火柴等火源短暂接触即可点燃和火焰迅速蔓延的情况下，都非常危险。

（8）自反应物质或混合物

自反应物质分类、警示标签和警示性说明参见 GB 20583。自反应物质或混合物是即便没有氧（空气）也容易发生激烈放热分解的热不稳定液态或固态物质或者混合物。本定义不包括根据统一分类制度分类为爆炸物、有机过氧化物或氧化物质的物质和混合物。

自反应物质或混合物如果在实验室试验中其组分容易起爆、迅速爆燃或在封闭条件下加热时显示剧烈效应，应视为具有爆炸性质。

（9）自燃液体

自燃液体分类、警示标签和警示性说明参见 GB 20585。自燃液体是即使数量小也能在与空气接触后 5min 之内引燃的液体。

（10）自燃固体

自燃固体分类、警示标签和警示性说明参见 GB 20586。自燃固体是即使数量小也能在与空气接触后 5min 之内引燃的固体。

（11）自热物质和混合物

自热物质分类、警示标签和警示性说明参见 GB 20584。自热物质是发火液体或固体以外，与空气反应不需要能源供应就能够自己发热的固体或液体物质或混合物；这类物质或混合物与发火液体或固体不同，因为这类物质只有数量很大（公斤级）并经过长时间（几小时或几天）才会燃烧。

注：物质或混合物的自热导致自发燃烧是由于物质或混合物与氧气（空气中的氧气）发生反应并且所产生的热没有足够迅速地传导到外界而引起的。当热产生的速度超过热损耗的速度而达到自燃温度时，自燃便会发生。

（12）遇水放出易燃气体的物质或混合物

遇水放出易燃气体的物质分类、警示标签和警示性说明参见 GB 20587。遇水放出易燃气体的物质或混合物是通过与水作用，容易具有自燃性或放出危险数量的易燃气体的固态或液态物质或混合物。

（13）氧化性液体

氧化性液体分类、警示标签和警示性说明参见 GB 20589。气体性液体是本身未必燃烧，但通常因放出氧气可能引起或促使其他物质燃烧的液体。

（14）氧化性固体

氧化性固体分类、警示标签和警示性说明参见 GB 20590。氧化性固体是本身未必燃烧，但通常因放出氧气可能引起或促使其他物质燃烧的固体。

（15）有机过氧化物

有机过氧化物分类、警示标签和警示性说明参见 GB 20591。有机过氧化物是含有二价—O—O—结构的液态或固态有机物质，可以看作是一个或两个氢原子被有机基替代的过氧化氢衍生物。

（16）金属腐蚀剂

金属腐蚀物分类、警示标签和警示性说明参见 GB 20588。腐蚀金属的物质或混合物是通过化学作用显著损坏或毁坏金属的物质或混合物。

2. 健康危险

（1）急性毒性

急性毒性分类、警示标签和警示性说明参见 GB 20592。急性毒性是指在单剂量或在 24h 内多剂量口服或皮肤接触一种物质，或吸入接触 4h 之后出现的有害效应。

（2）皮肤腐蚀/刺激

皮肤腐蚀/刺激分类、警示标签和警示性说明参见 GB 20593。皮肤腐蚀是对皮肤造成不可逆损伤；即施用试验物质达到 4h 后，可观察到表皮和真皮坏死。

腐蚀反应的特征是溃疡、出血、有血的结痂，而且在观察期 14 天结束时，皮肤、完全脱发区域和结痂处由于漂白而褪色。应考虑通过组织病理学来评估可疑的病变。

皮肤刺激是施用试验物质达到 4h 后对皮肤造成可逆损伤。

（3）严重眼损伤/眼刺激

严重眼损伤/眼刺激性分类、警示标签和警示性说明参见 GB 20594。严重眼损伤是在眼前部表面施加试验物质之后，对眼部造成在施用 21 天内并不完全可逆的组织损伤，或严重的视觉物质衰退。

眼刺激是在眼前部表面施加试验物质之后，在眼部产生在施用 21 天内完全可逆的变化。

（4）呼吸或皮肤过敏

吸或皮肤过敏分类、警示标签和警示性说明参见 GB 20595。呼吸过敏物是吸入后会导致气管超过敏反应的物质。皮肤过敏物是皮肤接触后会导致过敏反应的物质。

(5) 生殖细胞致突变性

生殖细胞突变性分类、警示标签和警示性说明参见 GB 20596。本危险类别涉及的主要是可能导致人类生殖细胞发生可传播给后代的突变的化学品。但是，在本危险类别内对物质和混合物进行分类时，也要考虑活体外致突变性/生殖毒性试验和哺乳动物活体内体细胞中的致突变性/生毒性试验。

(6) 致癌性

致癌性分类、警示标签和警示性说明参见 GB 20597。致癌物一词是指可导致癌症或增加癌症发生率的化学物质或化学物质混合物。在实施良好的动物实验性研究中诱发良性和恶性肿瘤的物质也被认为是假定的或可疑的人类致癌物，除非有确凿证据显示该肿瘤形成机制与人类无关。

(7) 生殖毒性

生殖毒性分类、警示标签和警示性说明参见 GB 20598。生殖毒性包括对成年雄性和雌性性功能和生育能力的有害影响，以及在后在中的发育毒性。

(8) 特异性靶器官系统毒性——一次接触

异性靶器官系统毒性一次接触分类、警示标签和警示性说明参见 GB 20599。

(9) 特异性靶器官系统毒性——反复接触

特异性靶器官系统毒性反复接触分类、警示标签和警示性说明参见 GB 20601。

(10) 吸入危险

注：本危险性我国还未转化成为国家标准。

该条款的目的是对可能对人类造成吸入毒性危险的物质或混合物进行分类。

“吸入”指液态或固态化学品通过口腔或鼻腔直接进入或者因呕吐间接进入气管和下呼吸系统。

吸入毒性包括化学性肺炎、不同程度的肺损伤或吸入后死亡等严重急性效应。

3. 环境危险

对水环境的危害分类、警示标签和警示性说明参见 GB 20602。

急性水生毒性是指物质对短期接触它的生物体造成伤害的固有性质。

基本要素：急性水生毒性、潜在或实际的生物积累、有机化学品的讲解(生物或非生物)和慢性水生毒性。

二、储运过程

在化工生产企业中，大至货场料堆、大型罐区、气柜、大型料仓、仓库，小至车间中转罐、料斗、小型料池等，物料储存的场所、形式多种多样，这正是由物料种类、环境条件及使用需求的多样性所决定的。

(1) 许多储存场所中的易燃易爆物料数量巨大，存放集中，一旦着火爆炸，火势猛烈，极易蔓延扩大。特别是周边及内部防火间距不足、消防设施器材配置不当时，可能造成重大损失。

（2）多种性质相抵触的物品若不按禁忌规定混存，例如可燃物与强氧化剂、酸与碱等混放或间距不足，便可能发生激烈反应而起火爆炸。

（3）不少物品在存放时，因露天曝晒、库房漏雨、地面积水、通风不良等，未能满足一定的温度、压力、湿度等必要的储存条件，就可能出现受潮、变质、发热、自燃等危险。

（4）储存危险化学品的容器破坏、包装不合要求，就可能发生泄漏，引发火灾或爆炸事故。故可燃危化品应设置专门的储罐区，并设置防火堤、消防灭火系统等安全设施。

（5）周边烟囱飞火、机动车辆排气管火星、明火作业，储存场所电气系统不合要求、静电、雷击等，都可能形成火源。这些火源与可燃危化品罐（库）区应保持符合相关技术标准规定的防火间距。

（6）在储存场所装卸、搬运过程中，违规使用铁器工具、开密封容器时撞击摩擦、违规堆垛、野蛮装卸、可燃粉尘飞扬等，都可能引发火灾或爆炸。

（7）易燃液体储罐应采用浮顶式储罐，必要时可充装惰性气体以保证安全。

（8）危险化学品仓库周边应设置环形消防通道。易燃液体、有毒物质的储罐区和仓库中应设置可燃（或有毒）气体报警装置。

三、储运设备

1. 储罐

（1）储罐的类型及结构

储罐（储罐或储槽）是指石油化工生产中用于储存盛放气体、液体、液化气体等各种介质，维持稳定压力，起到缓冲、持续进行生产和运输物料作用的容器（或设备）。储罐的种类很多，按容积大小可分为小型储罐和大型储罐。小型储罐按占地面积、安装费用和外观情况可分为立式和卧式；大型储罐按其形状可分为锥顶罐、拱顶罐、浮顶罐、球形罐等。石油炼制装置多采用大型储罐，小型储罐在化肥、化工、炼油生产中也得到了广泛应用。按储存介质种类的不同，有液氨储槽、丙烷、丁烷、液化石油气罐，液氧、液氮、液态二氧化碳容器以及压缩空气储气罐和缓冲罐等。

储罐的结构一般有以下三种。

① 中小型储罐

由圆筒体和两个封头焊接而成，通常器内为低压，其结构比较简单，如图 4-1 所示。

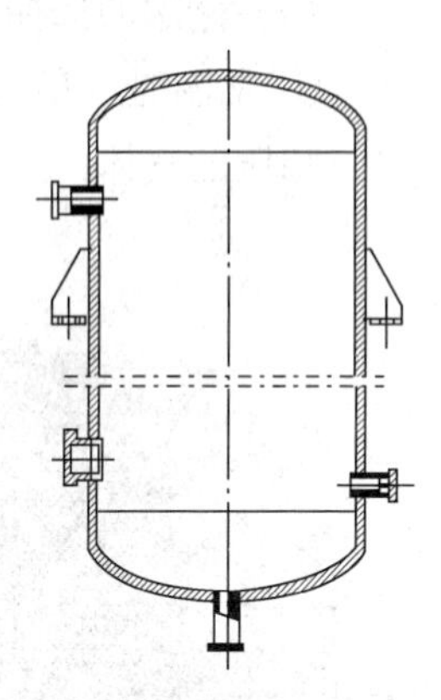

图 4-1　圆筒形容器

圆筒体一般采用无缝钢管或钢板卷焊而成。封头形状可分为四类，即蝶形、椭圆形、半球形和半锥形。随罐内所需压力的增加，可依次选用蝶形、椭圆形、半球形封头的结构型式。当容器内含有颗粒状、粉末状的物料或是粘稠液体时，它的底部常用锥形封头，以利于汇集和卸下这些物料。有时为了使气体在器内均匀分布或改变气体速度，也可采用锥形封头。

② 大型储罐

主要用于储存不带压力、腐蚀性较小的液体和煤气。其罐顶形式有三种，即锥顶、拱顶和浮顶等，如图 4-2 所示。锥顶罐采用 1/5 ~ 1/16 锥度，圆锥顶承受的内外压力很低，只能承受 -500 ~ 500Pa（-50 ~ 50mmH_2O）的压力。拱顶罐耐压为 0.01 ~ 0.02MPa（0.10 ~ 0.20kgf/cm^2），罐顶为拱形，管壁上设有加强圈。

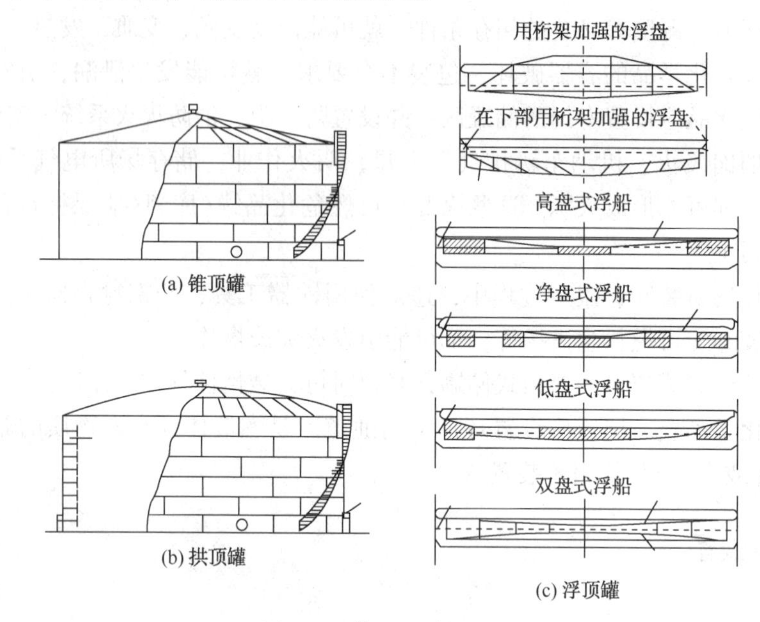

图 4-2　罐顶的结构型式

③ 球形罐

其结构如图 4-3 所示。它也属于大型储罐，在相同容积下表面积最小。在相同压力下，球形罐比圆筒形罐的壁厚要薄，其壳体应力为圆筒形罐壳体应力的 1/2，但制造加工复杂，造价较高。它主要用于大型液化气体储罐，例如丙烷、丁烷、石油液化气以液态储存时一般采用球形储罐。从日本、法国引进的 30×10^4t/a 合成氨装置的液氨储罐和液化石油气等易挥发性液体的储罐都采用球形储罐。

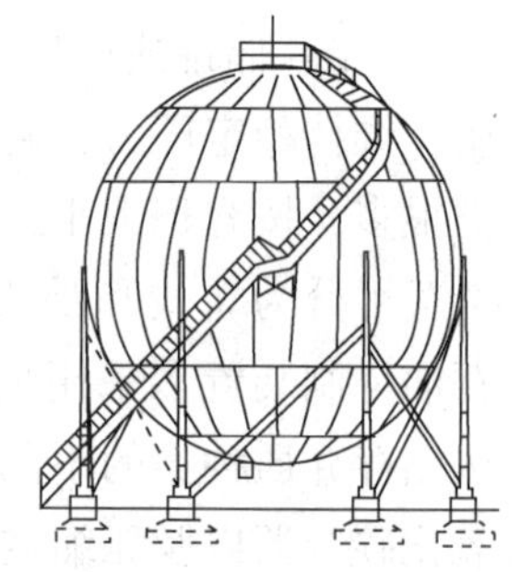

图 4-3　球形罐

（2）储罐的选择

① 常温时，存储接近常压气体的储罐采用气柜（图 4-4）；存储经过加压的气体，通常采用卧式储罐（图 4-5）、球形储罐（图 4-6）和高压气瓶。

图 4-4　气柜

图 4-5　卧式储罐

② 常温、常压的条件下，储存液体(如石油、汽油、煤油、柴油等石油液体产品)，一般用立式圆筒形储罐(图 4-7)；当在容量不大于 $100m^3$ 条件下，也经常用卧罐。

③ 常温、压力储存的液化气体(如液化石油气体)当在容量不大于 $100m^3$ 条件下，常用卧罐；容量大于 $100m^3$ 时，通常用球形储罐。

④ 负压条件下，存储液化石油气，通常用立式圆筒形储罐。

图 4-6 球形储罐

(3) 安全存量的确定

原料的存量要保证生产正常进行，主要根据原料市场供应情况和供应周期而定，一般以 1~3 个月的生产用量为宜；当货源充足，运输周期又短，则存量可以更少些，以减少容器容积，节约投资。中间产品的存量主要考虑在生产过程中因某一前道工段临时停产仍能维持后续工段的正常生产，所以，一般要比原料的存量少得多；对于连续化生产，视情况存储几小时至几天的用量，而对于间歇生产过程，至少要存储一个班的生产用量。对于成品的存储主要考虑工短期停产后仍能保证满足市场需求为主。

图 4-7 立式储罐

(4) 容器适宜容积的确定

主要依据总存量和容器的适宜容积确定容器的台数。这里容器的适宜容积要根据容器形式、存储物料的特性、容器的占地面积，以及加工能力等因素进行综合考虑确定。

一般存放气体的容器的装料系数为 1，而存放液体的容器装料系数一般为 0.8，液化气体的储料按照液化气体的装料系数确定。

经过上述考虑后便可以具体计算存储容器的主要尺寸，如直径、高度及壁厚等。

2. 管道

管道(又称配管)是用来输送流体物质的一种设备，广泛用于化工、石油等行业。据资料统计，用于化工厂管道的建设投资约占化工厂全部投资的30%以上。化肥、化工、炼油采用的管道主要用于输送、分离、混合、排放、计量和控制或制止流体的流动。

由于化工生产的连续性，生产过程除常温常压外，许多是在高温高压、低温高真空条件下进行的，而且许多工作介质还具有易燃易爆、有腐蚀、有毒性的特点，因此对管道安全运行带来一定的威胁，加之石油化工厂的管道与其他工业相比，数量多，尺寸、形式多种多样，而且错综复杂，这就加剧了发生事故的可能性和危险性。

发生管道破裂与爆炸主要原因有以下几个方面。

(1) 管道设计不合理

① 管道挠性不足　由于管道的结构、管件与阀门的连接形式不合理或螺纹制式不一致等原因，会使管道挠性不够。当然这和管道的加工质量密切相关。如果发现管道挠性不足，又未采取适宜的固定方法，很容易因设备与机器的振动、气流脉动而引起管道振动，从而致使焊缝出现裂纹、疲劳和支点变形，最后导致管道破裂。

② 管道工艺设计缺陷　这是一个管道工艺设计问题，如氮气与氧气的管道连接在一起，操作中误关闭充氮阀门，致使氧气进入合成水洗系统，形成爆炸性混合物，会导致整个系统(包括管网)爆炸。还有，在管道设计中没有考虑管道受热膨胀而隆起的问题，致使管道支架下沉或温度变化时因没有自由伸长的可能而破裂。

预防措施如下：

a. 管道应尽量直线敷设，平行管的连接应考虑热膨胀问题。

b. 置换或工艺用惰性气体与可燃性气体管道应装设两个阀门，中间应加装放空阀，将漏入的氧气放空，防止氧气窜入到氮气管道。喷嘴氧气进口管道的氮气置换，可采用中压蒸汽置换吹扫，以免氧气与氮气管道相连通。

(2) 材料缺陷、误用代材和制造质量低劣

① 材料缺陷　由于材料本身缺陷，如管壁有砂眼，弯管加工时所采用的方法与管道材料不匹配或不适宜的加工条件，使管道的壁厚太薄、薄厚不均(如 $\phi56\times7$ 的精炼气总管壁厚相差 0.5~1.5 mm；管道冷加工时，内外壁有划伤，使壁厚变薄，在腐蚀介质作用下，易产生应力腐蚀，加速伤痕发展以至发生断裂)和椭圆度超过允许范围。

② 误用代材　选用代材不符合要求(如用有缝钢管代替无缝钢管，用15CrMo材质取代1Crl8Ni9Ti的无缝钢管)或误用。材料的误用在设计、材料分类和加工等各个环节都有可能发生。如误用碳钢管代替原设计的合金钢管，将使整个管道或局部管材的机械强度和冲击韧度大大降低，从而导致管道运行中发生断裂爆炸事故，这在国内外都有深刻的教训。

③ 焊接质量低劣　管道的焊接缺陷主要是指焊缝裂纹、错位、烧穿、未焊透、焊瘤和咬边等。

预防措施如下：

a. 严格进行材料缺陷的非破坏性检查，特别是铸件、锻件和高压管道，发现有缺陷材料不得投入使用。安装后，进行水压试验，试验压力应为工作压力的1.5倍。

b. 按管道的工艺条件正确选择钢管形式、材质，切不可随意代替或误用。

c. 对管道的焊缝进行外观检查和无损检验，确保焊接质量。焊工须经考试合格后方可正式进行焊接。

(3) 违章作业、操作失误

① 在停车检修和开车时，未对管道系统进行置换，或采用非惰性气体置换，或置换不彻底，空气混入管道内，氧含量增加。如果其浓度未达到爆炸极限，混入管道的氧气与其内的可燃性气体发生异常反应，反应后产生的压力远超过其设计压力，则使管道随设备一起发生破坏；如果其浓度达到爆炸极限，爆炸性混合气体就有发生爆炸的危险。

② 检修时，在管道(特别是高压管道)上未装盲板，致使空气与可燃性气体混合，形成爆炸性混合气体，检修动火时发生爆炸；或在检修完工后忘记拆除管道上的盲板，开车时因截断气体或水蒸汽的去路，造成憋压而爆炸。

③ 检修脱洗塔放水后，空气进入管道内与洗涤水中溢出的氢气混合，形成爆炸性混合气体，用铁质工具堵盲板时产生火花而爆炸。

④ 用蒸汽吹扫管道时，因忘记关闭或未关严蒸汽阀门；紧急停车检修时，因忘记及时打开煤气发生炉盖板、放空阀，又未作吹扫处理等，以及水封被堵死、止逆阀失灵、突然断电、鼓风机停止运行等原因，造成可燃性气体(如煤气)管道与水蒸气管道，煤气管道与空气管道，煤气或重油管道与氧气管道之间产生压差，致使可燃性气体(如煤气)、重油倒流入正在检修中的水蒸气管道、处于常压状态下的空气总管道和氧气管道中，形成爆炸性混合气体，而引起管道爆炸。

⑤ 因氧含量超标(氧含量高达3%)，化学反应(变换反应)压力超高使管道超压，或中压裂化气导入低压水管道时超压，当超过管道的强度极限时破裂或遇火爆炸。

⑥ 违章作业和检修中违章动火。为综合利用能源，误将水电解产生的氢气的一部分用来与煤气混烧，在混烧中，因掺入的氢气中混入空气，遇环己酮脱氢炉的火嘴明火而爆炸；

检修时未作动火分析就进行检修造成爆炸。

预防措施如下：

a. 在停车检修和开车时，应按规定进行管道系统的置换吹扫工作，经检查确认合格后，方可动火或开车。

b. 检修前后，应按规定进行管道盲板的抽堵工作，采用正确的抽堵方法，切不可用金属工具，以免造成火花。

c. 发现可燃性气体(如煤气)倒流入蒸汽(或空气、氧气)管道时，应立即提高蒸汽压力或拆开蒸汽管道上的法兰分段吹扫。因突然断电停车时，应按规定及时打开炉盖、放空阀，切断空气总阀，防止煤气倒流入空气总管。建议增设紧急停车联锁装置和空气总管防爆膜，以防万一。

d. 严格控制氧含量，当合成氨厂半水煤气的氧含量>1%时，必须切断氧气，防止高压气体进入低压管道。发现压力超高时应采取紧急措施。

e. 严禁将易形成爆炸性混合气体的氢气与煤气混烧，如工艺需要必须采用此办法时，要有极严格的安全措施。严格执行动火的有关规定，动火前必须作动火分析，确认合格后，办理动火证，且在非禁火区内方可动火。

（4）维护不周

① 管道长期受母液、海水腐蚀，或长期埋入地下，或铺设在地沟内与排水沟相通，被水浸泡，腐蚀严重而发生断裂，致使大量可燃性气体外泄，形成爆炸性混合气体。

② 装有孔板流量计的管道中，因流体冲刷厉害，壁减薄严重而破裂。

③ 因气流脉冲使所连接的化工机器与设备振动干扰，引起管道剧烈振动而疲劳断裂。

④ 管道泄漏严重，引起着火。

⑤ 有油润滑的压缩机管道，高温下积炭自燃引起燃烧爆炸。

⑥ 管道承受外载过大，如埋入地下的管道距地表面太浅，承受来往车辆重载的压轧使管道受损（如140 m长的管线多处破裂），或回填土压力过大，致使管道破裂。

⑦ 压力表、安全阀失灵（如压力表、安全阀管道堵塞），致使管道、设备超压时不能准确反映压力波动情况，超压下不能及时泄载。

预防措施如下：

a. 定期检查管道的腐蚀情况，特别是敷设埋入地下的管道，应按有关规定或实际情况进行修复或更换。

b. 控制孔板的流速，定期检查其磨损情况。

c. 采取合理的管道布置和妥善的加固措施，在进出振动较大的化工机器和设备的附近，应设置缓冲装置，以减轻对管道的干扰。发现严重振动时，应及时设法排除。

d. 定期检查管道的泄漏情况，查明原因，及时采取有效措施。

e. 合理选择气缸润滑油，保证油的质量，按说明书的要求注油，油量适当、适时。采取先进水质处理工艺，定期清理污垢，严格控制排气温度。应装设油水分离器，及时排放中间冷却器、气缸和管道内的油水。压缩机吸入口处应装设滤清器，储气罐应放在阴凉位置。

f. 按规定要求铺设地下管道，避开交通车辆来往频繁、重载交通干线或其他外载过重的地域，且回填土适度。

g. 定期校验压力表，重新调整安全阀开启压力，发现压力表、安全阀失灵时应及时修复或更换。

管道发生断裂、爆炸事故的原因是多方面的，而且造成同一起管道破裂爆炸事故往往不是某一种原因，因此，在上述的事故原因统计中，大都是按第一位原因计算事故件数的。

由上述分析可知，发生管道破裂、爆炸重大事故的主要原因是由于管道内外超载、管道内可燃性气体混入空气或可燃性气体倒流入空气系统形成爆炸性混合气体，遇明火爆炸引起的。

当然，发生此类事故的原因虽多，但操作失误、违章作业和维护不周的情况占绝大多数，其次是因设计、制造、安装、检修不合理引起的。管道与众多化工设备与机器相比，虽不被人们更多地关注，但是管道的作用以及发生的破坏事故是不可忽视的。特别是因管道发生故障而引起设备、机器甚至装置破坏也很多，因此，应引起有关人员的高度重视。

第二节　化工工艺安全

根据重点监管的危险化工工艺目录(安监总管三〔2009〕116 号和安监总管三〔2013〕3 号)，十八种危险化工工艺及其危险特点和安全控制基本要求如下：

一、光气及光气化工艺

反应类型为放热反应，重点监控单元为光气化反应釜、光气储运单元。

(1) 工艺简介

光气及光气化工艺包含光气的制备工艺，以及以光气为原料制备光气化产品的工艺路线，光气化工艺主要分为气相和液相两种。

(2) 工艺危险特点

① 光气为剧毒气体，在储运、使用过程中发生泄漏后，易造成大面积污染、中毒事故。

② 反应介质具有燃爆危险性。

③ 副产物氯化氢具有腐蚀性，易造成设备和管线泄漏使人员发生中毒事故。

(3) 安全控制的基本要求

事故紧急切断阀；紧急冷却系统；反应釜温度、压力报警联锁；局部排风设施；有毒气体回收及处理系统；自动泄压装置；自动氨或碱液喷淋装置；光气、氯气、一氧化碳监测及超限报警；双电源供电。

宜采用的控制方式：光气及光气化生产系统一旦出现异常现象或发生光气及其剧毒产品泄漏事故时，应通过自控联锁装置启动紧急停车并自动切断所有进出生产装置的物料，将反应装置迅速冷却降温，同时将发生事故设备内的剧毒物料导入事故槽内，开启氨水、稀碱液喷淋，启动通风排毒系统，将事故部位的有毒气体排至处理系统。

二、电解工艺(氯碱)

反应类型为吸热反应，重点监控单元为电解槽、氯气储运单元。

(1) 工艺简介

电流通过电解质溶液或熔融电解质时，在两个极上所引起的化学变化称为电解反应。涉及电解反应的工艺过程为电解工艺。许多基本化学工业产品(氢、氧、氯、烧碱、过氧化氢等)的制备，都是通过电解来实现的。

(2) 工艺危险特点

① 电解食盐水过程中产生的氢气是极易燃烧的气体，氯气是氧化性很强的剧毒气体，两种气体混合极易发生爆炸，当氯气中含氢量达到 5%以上，则随时可能在光照或受热情况下发生爆炸。

② 如果盐水中存在的铵盐超标，在适宜的条件($pH<4.5$)下，铵盐和氯作用可生成氯化铵，浓氯化铵溶液与氯还可生成黄色油状的三氯化氮。三氯化氮是一种爆炸性物质，与

许多有机物接触或加热至90℃以上以及被撞击、摩擦等，即发生剧烈的分解而爆炸。

③ 电解溶液腐蚀性强。

④ 液氯的生产、储存、包装、输送、运输可能发生泄漏。

(3) 安全控制的基本要求

电解槽温度、压力、液位、流量报警和联锁；电解供电整流装置与电解槽供电的报警和联锁；紧急联锁切断装置；事故状态下氯气吸收中和系统；可燃和有毒气体检测报警装置等。

宜采用的控制方式：将电解槽内压力、槽电压等形成联锁关系，系统设立联锁停车系统。安全设施，包括安全阀、高压阀、紧急排放阀、液位计、单向阀及紧急切断装置等。

三、氯化工艺

反应类型为放热反应，重点监控单元为氯化反应釜、氯气储运单元。

(1) 工艺简介

氯化是化合物的分子中引入氯原子的反应，包含氯化反应的工艺过程为氯化工艺，主要包括取代氯化、加成氯化、氧氯化等。

(2) 工艺危险特点

① 氯化反应是一个放热过程，尤其在较高温度下进行氯化，反应更为剧烈，速度快，放热量较大。

② 所用的原料大多具有燃爆危险性。

③ 常用的氯化剂氯气本身为剧毒化学品，氧化性强，储存压力较高，多数氯化工艺采用液氯生产是先汽化再氯化，一旦泄漏危险性较大。

④ 氯气中的杂质，如水、氢气、氧气、三氯化氮等，在使用中易发生危险，特别是三氯化氮积累后，容易引发爆炸危险。

⑤ 生成的氯化氢气体遇水后腐蚀性强。

⑥ 氯化反应尾气可能形成爆炸性混合物。

(3) 安全控制的基本要求

反应釜温度和压力的报警和联锁；反应物料的比例控制和联锁；搅拌的稳定控制；进料缓冲器；紧急进料切断系统；紧急冷却系统；安全泄放系统；事故状态下氯气吸收中和系统；可燃和有毒气体检测报警装置等。

宜采用的控制方式：将氯化反应釜内温度、压力与釜内搅拌、氯化剂流量、氯化反应釜夹套冷却水进水阀形成联锁关系，设立紧急停车系统。安全设施，包括安全阀、高压阀、紧急放空阀、液位计、单向阀及紧急切断装置等。

四、硝化工艺

反应类型为放热反应，重点监控单元为硝化反应釜、分离单元。

(1) 工艺简介

硝化是有机化合物分子中引入硝基(—NO_2)的反应，最常见的是取代反应。硝化方法可分成直接硝化法、间接硝化法和亚硝化法，分别用于生产硝基化合物、硝胺、硝酸酯和亚硝基化合物等。涉及硝化反应的工艺过程为硝化工艺。

（2）工艺危险特点

① 反应速度快，放热量大。大多数硝化反应是在非均相中进行的，反应组分的不均匀分布容易引起局部过热导致危险。尤其在硝化反应开始阶段，停止搅拌或由于搅拌叶片脱落等造成搅拌失效是非常危险的，一旦搅拌再次开动，就会突然引发局部激烈反应，瞬间释放大量的热量，引起爆炸事故。

② 反应物料具有燃爆危险性。

③ 硝化剂具有强腐蚀性、强氧化性，与油脂、有机化合物（尤其是不饱和有机化合物）接触能引起燃烧或爆炸。

④ 硝化产物、副产物具有爆炸危险性。

（3）安全控制的基本要求

反应釜温度的报警和联锁；自动进料控制和联锁；紧急冷却系统；搅拌的稳定控制和联锁系统；分离系统温度控制与联锁；塔釜杂质监控系统；安全泄放系统等。

宜采用的控制方式：将硝化反应釜内温度与釜内搅拌、硝化剂流量、硝化反应釜夹套冷却水进水阀形成联锁关系，在硝化反应釜处设立紧急停车系统，当硝化反应釜内温度超标或搅拌系统发生故障，能自动报警并自动停止加料。分离系统温度与加热、冷却形成联锁，温度超标时，能停止加热并紧急冷却。

硝化反应系统应设有泄爆管和紧急排放系统。

五、合成氨工艺

反应类型为吸热反应，重点监控单元为合成塔、压缩机、氨储存系统。

（1）工艺简介

氮和氢两种组分按一定比例（1：3）组成的气体（合成气），在高温、高压下（一般为400~450℃，15~30MPa）经催化反应生成氨的工艺过程。

（2）工艺危险特点

① 高温、高压使可燃气体爆炸极限扩宽，气体物料一旦过氧（亦称透氧），极易在设备和管道内发生爆炸。

② 高压气体物料从设备管线泄漏时会迅速膨胀与空气混合形成爆炸性混合物，遇到明火或因高流速物料与裂（喷）口处摩擦产生静电火花引起着火和空间爆炸。

③ 气体压缩机等转动设备在高温下运行会使润滑油挥发裂解，在附近管道内造成积炭，可导致积炭燃烧或爆炸。

④ 高温、高压可加速设备金属材料发生蠕变、改变金相组织，还会加剧氢气、氮气对钢材的氢蚀及渗氮，加剧设备的疲劳腐蚀，使其机械强度减弱，引发物理爆炸。

⑤ 液氨大规模事故性泄漏会形成低温云团引起大范围人群中毒，遇明火还会发生空间爆炸。

（3）安全控制的基本要求

合成氨装置温度、压力报警和联锁；物料比例控制和联锁；压缩机的温度、入口分离器液位、压力报警联锁；紧急冷却系统；紧急切断系统；安全泄放系统；可燃、有毒气体检测报警装置。

宜采用的控制方式：将合成氨装置内温度、压力与物料流量、冷却系统形成联锁关系；将压缩机温度、压力、入口分离器液位与供电系统形成联锁关系；紧急停车系统。

合成单元自动控制还需要设置以下几个控制回路：氨分、冷交液位；废锅液位；循环量控制；废锅蒸汽流量；废锅蒸汽压力。

安全设施，包括安全阀、爆破片、紧急放空阀、液位计、单向阀及紧急切断装置等。

六、裂解(裂化)工艺

反应类型为高温吸热反应，重点监控单元为裂解炉、制冷系统、压缩机、引风机、分离单元。

(1) 工艺简介

裂解是指石油系的烃类原料在高温条件下，发生碳链断裂或脱氢反应，生成烯烃及其他产物的过程。产品以乙烯、丙烯为主，同时副产丁烯、丁二烯等烯烃和裂解汽油、柴油、燃料油等产品。

烃类原料在裂解炉内进行高温裂解，产出组成为氢气、低/高碳烃类、芳烃类以及馏分为288℃以上的裂解燃料油的裂解气混合物。经过急冷、压缩、激冷、分馏以及干燥和加氢等方法，分离出目标产品和副产品。

在裂解过程中，同时伴随缩合、环化和脱氢等反应。由于所发生的反应很复杂，通常把反应分成两个阶段。第一阶段，原料变成的目的产物为乙烯、丙烯，这种反应称为一次反应。第二阶段，一次反应生成的乙烯、丙烯继续反应转化为炔烃、二烯烃、芳烃、环烷烃，甚至最终转化为氢气和焦炭，这种反应称为二次反应。裂解产物往往是多种组分混合物。影响裂解的基本因素主要为温度和反应的持续时间。化工生产中用热裂解的方法生产小分子烯烃、炔烃和芳香烃，如乙烯、丙烯、丁二烯、乙炔、苯和甲苯等。

(2) 工艺危险特点

① 在高温(高压)下进行反应，装置内的物料温度一般超过其自燃点，若漏出会立即引起火灾。

② 炉管内壁结焦会使流体阻力增加，影响传热，当焦层达到一定厚度时，因炉管壁温度过高，而不能继续运行下去，必须进行清焦，否则会烧穿炉管，裂解气外泄，引起裂解炉爆炸。

③ 如果由于断电或引风机机械故障而使引风机突然停转，则炉膛内很快变成正压，会从窥视孔或烧嘴等处向外喷火，严重时会引起炉膛爆炸。

④ 如果燃料系统大幅度波动，燃料气压力过低，则可能造成裂解炉烧嘴回火，使烧嘴烧坏，甚至会引起爆炸。

⑤ 有些裂解工艺产生的单体会自聚或爆炸，需要向生产的单体中加阻聚剂或稀释剂等。

(3) 安全控制的基本要求

裂解炉进料压力、流量控制报警与联锁；紧急裂解炉温度报警和联锁；紧急冷却系统；紧急切断系统；反应压力与压缩机转速及入口放火炬控制；再生压力的分程控制；滑阀差压与料位；温度的超驰控制；再生温度与外取热器负荷控制；外取热器汽包和锅炉汽包液位的三冲量控制；锅炉的熄火保护；机组相关控制；可燃与有毒气体检测报警装置等。

宜采用的控制方式：将引风机电流与裂解炉进料阀、燃料油进料阀、稀释蒸汽阀之间形成联锁关系，一旦引风机故障停车，则裂解炉自动停止进料并切断燃料供应，但应继续供应稀释蒸汽，以带走炉膛内的余热。

将燃料油压力与燃料油进料阀、裂解炉进料阀之间形成联锁关系，燃料油压力降低，则切断燃料油进料阀，同时切断裂解炉进料阀。分离塔应安装安全阀和放空管，低压系统与高压系统之间应有逆止阀并配备固定的氮气装置、蒸汽灭火装置。

将裂解炉电流与锅炉给水流量、稀释蒸汽流量之间形成联锁关系；一旦水、电、蒸汽等公用工程出现故障，裂解炉能自动紧急停车。

反应压力正常情况下由压缩机转速控制，开工及非正常工况下由压缩机入口放火炬控制。

再生压力由烟机入口蝶阀和旁路滑阀(或蝶阀)分程控制。

再生、待生滑阀正常情况下分别由反应温度信号和反应器料位信号控制，一旦滑阀差压出现低限，则转由滑阀差压控制。

再生温度由外取热器催化剂循环量或流化介质流量控制。

外取热汽包和锅炉汽包液位采用液位、补水量和蒸发量三冲量控制。

带明火的锅炉设置熄火保护控制。

大型机组设置相关的轴温、轴震动、轴位移、油压、油温、防喘振等系统控制。

在装置存在可燃气体、有毒气体泄漏的部位设置可燃气体报警仪和有毒气体报警仪。

七、氟化工艺

反应类型为放热反应，重点监控单元为氟化剂储运单元。

(1) 工艺简介

氟化是化合物的分子中引入氟原子的反应，涉及氟化反应的工艺过程为氟化工艺。氟与有机化合物作用是强放热反应，放出大量的热可使反应物分子结构遭到破坏，甚至着火爆炸。氟化剂通常为氟气、卤族氟化物、惰性元素氟化物、高价金属氟化物、氟化氢、氟化钾等。

(2) 工艺危险特点

① 反应物料具有燃爆危险性。

② 氟化反应为强放热反应，不及时排除反应热量，易导致超温超压，引发设备爆炸事故。

③ 多数氟化剂具有强腐蚀性、剧毒，在生产、储存、运输、使用等过程中，容易因泄漏、操作不当、误接触以及其他意外而造成危险。

(3) 安全控制的基本要求

反应釜内温度和压力与反应进料、紧急冷却系统的报警和联锁；搅拌的稳定控制系统；安全泄放系统；可燃和有毒气体检测报警装置等。

宜采用的控制方式：氟化反应操作中，要严格控制氟化物浓度、投料配比、进料速度和反应温度等。必要时应设置自动比例调节装置和自动联锁控制装置。

将氟化反应釜内温度、压力与釜内搅拌、氟化物流量、氟化反应釜夹套冷却水进水阀形成联锁控制，在氟化反应釜处设立紧急停车系统，当氟化反应釜内温度或压力超标或搅拌系统发生故障时自动停止加料并紧急停车。安全泄放系统。

八、加氢工艺

反应类型为放热反应，重点监控单元为加氢反应釜、氢气压缩机。

(1) 工艺简介

加氢是在有机化合物分子中加入氢原子的反应，涉及加氢反应的工艺过程为加氢工艺，主要包括不饱和键加氢、芳环化合物加氢、含氮化合物加氢、含氧化合物加氢、氢解等。

(2) 工艺危险特点

① 反应物料具有燃爆危险性，氢气的爆炸极限为 4%~75%，具有高燃爆危险特性。

② 加氢为强烈的放热反应，氢气在高温高压下与钢材接触，钢材内的碳分子易与氢气发生反应生成碳氢化合物，使钢制设备强度降低，发生氢脆。

③ 催化剂再生和活化过程中易引发爆炸。

④ 加氢反应尾气中有未完全反应的氢气和其他杂质在排放时易引发着火或爆炸。

(3) 安全控制的基本要求

温度和压力的报警和联锁；反应物料的比例控制和联锁系统；紧急冷却系统；搅拌的稳定控制系统；氢气紧急切断系统；加装安全阀、爆破片等安全设施；循环氢压缩机停机报警和联锁；氢气检测报警装置等。

宜采用的控制方式：将加氢反应釜内温度、压力与釜内搅拌电流、氢气流量、加氢反应釜夹套冷却水进水阀形成联锁关系，设立紧急停车系统。加入急冷氮气或氢气的系统。当加氢反应釜内温度或压力超标或搅拌系统发生故障时自动停止加氢、泄压，并进入紧急状态。安全泄放系统。

九、重氮化工艺

绝大多数是放热反应，重点监控单元为重氮化反应釜、后处理单元。

(1) 工艺简介

一级胺与亚硝酸在低温下作用，生成重氮盐的反应。脂肪族、芳香族和杂环的一级胺都可以进行重氮化反应。涉及重氮化反应的工艺过程为重氮化工艺。通常重氮化试剂是由亚硝酸钠和盐酸作用临时制备的。除盐酸外，也可以使用硫酸、高氯酸和氟硼酸等无机酸。脂肪族重氮盐很不稳定，即使在低温下也能迅速自发分解，芳香族重氮盐较为稳定。

（2）工艺危险特点

① 重氮盐在温度稍高或光照的作用下，特别是含有硝基的重氮盐极易分解，有的甚至在室温时亦能分解。在干燥状态下，有些重氮盐不稳定，活性强，受热或摩擦、撞击等作用能发生分解甚至爆炸。

② 重氮化生产过程所使用的亚硝酸钠是无机氧化剂，175℃时能发生分解、与有机物反应导致着火或爆炸。

③ 反应原料具有燃爆危险性。

（3）安全控制的基本要求

反应釜温度和压力的报警和联锁；反应物料的比例控制和联锁系统；紧急冷却系统；紧急停车系统；安全泄放系统；后处理单元配置温度监测、惰性气体保护的联锁装置等。

宜采用的控制方式：将重氮化反应釜内温度、压力与釜内搅拌、亚硝酸钠流量、重氮化反应釜夹套冷却水进水阀形成联锁关系，在重氮化反应釜处设立紧急停车系统，当重氮化反应釜内温度超标或搅拌系统发生故障时自动停止加料并紧急停车。安全泄放系统。

重氮盐后处理设备应配置温度检测、搅拌、冷却联锁自动控制调节装置，干燥设备应配置温度测量、加热热源开关、惰性气体保护的联锁装置。

安全设施，包括安全阀、爆破片、紧急放空阀等。

十、氧化工艺

反应类型为放热反应，重点监控单元为氧化反应釜。

（1）工艺简介

氧化为有电子转移的化学反应中失电子的过程，即氧化数升高的过程。多数有机化合物的氧化反应表现为反应原料得到氧或失去氢。涉及氧化反应的工艺过程为氧化工艺。常用的氧化剂有：空气、氧气、双氧水、氯酸钾、高锰酸钾、硝酸盐等。

（2）工艺危险特点

① 反应原料及产品具有燃爆危险性。

② 反应气相组成容易达到爆炸极限，具有闪爆危险。

③ 部分氧化剂具有燃爆危险性，如氯酸钾、高锰酸钾、铬酸酐等都属于氧化剂，如遇高温或受撞击、摩擦以及与有机物、酸类接触，皆能引起火灾爆炸。

④产物中易生成过氧化物，化学稳定性差，受高温、摩擦或撞击作用易分解、燃烧或爆炸。

（3）安全控制的基本要求

反应釜温度和压力的报警和联锁；反应物料的比例控制和联锁及紧急切断动力系统；紧急断料系统；紧急冷却系统；紧急送入惰性气体的系统；气相氧含量监测、报警和联锁；安全泄放系统；可燃和有毒气体检测报警装置等。

宜采用的控制方式：将氧化反应釜内温度和压力与反应物的配比和流量、氧化反应釜夹套冷却水进水阀、紧急冷却系统形成联锁关系，在氧化反应釜处设立紧急停车系统，当氧化反应釜内温度超标或搅拌系统发生故障时自动停止加料并紧急停车。配备安全阀、爆破片等安全设施。

十一、过氧化工艺

反应类型为吸热反应或放热反应，重点监控单元为过氧化反应釜。

(1) 工艺简介

向有机化合物分子中引入过氧基(—O—O—)的反应称为过氧化反应，得到的产物为过氧化物的工艺过程为过氧化工艺。

(2) 工艺危险特点

① 过氧化物都含有过氧基(—O—O—)，属含能物质，由于过氧键结合力弱，断裂时所需的能量不大，对热、振动、冲击或摩擦等都极为敏感，极易分解甚至爆炸。

② 过氧化物与有机物、纤维接触时易发生氧化、产生火灾。

③ 反应气相组成容易达到爆炸极限，具有燃爆危险。

(3) 安全控制的基本要求

反应釜温度和压力的报警和联锁；反应物料的比例控制和联锁及紧急切断动力系统；紧急断料系统；紧急冷却系统；紧急送入惰性气体的系统；气相氧含量监测、报警和联锁；紧急停车系统；安全泄放系统；可燃和有毒气体检测报警装置等。

宜采用的控制方式：将过氧化反应釜内温度与釜内搅拌电流、过氧化物流量、过氧化反应釜夹套冷却水进水阀形成联锁关系，设置紧急停车系统。

过氧化反应系统应设置泄爆管和安全泄放系统。

十二、胺基化工艺

反应类型为放热反应，重点监控单元为胺基化反应釜。

(1)工艺简介

胺化是在分子中引入胺基(R_2N—)的反应，包括R—CH_3烃类化合物(R：氢、烷基、芳基)在催化剂存在下，与氨和空气的混合物进行高温氧化反应，生成腈类等化合物的反应。涉及上述反应的工艺过程为胺基化工艺。

(2) 工艺危险特点

① 反应介质具有燃爆危险性。

② 在常压下20℃时，氨气的爆炸极限为15%~27%，随着温度、压力的升高，爆炸极限的范围增大。因此，在一定的温度、压力和催化剂的作用下，氨的氧化反应放出大量热，一旦氨气与空气比失调，就可能发生爆炸事故。

③ 由于氨呈碱性，具有强腐蚀性，在混有少量水分或湿气的情况下无论是气态或液态氨都会与铜、银、锡、锌及其合金发生化学作用。

④ 氨易与氧化银或氧化汞反应生成爆炸性化合物(雷酸盐)。

(3) 安全控制的基本要求

反应釜温度和压力的报警和联锁；反应物料的比例控制和联锁系统；紧急冷却系统；气相氧含量监控联锁系统；紧急送入惰性气体的系统；紧急停车系统；安全泄放系统；可燃和有毒气体检测报警装置等。

宜采用的控制方式：将胺基化反应釜内温度、压力与釜内搅拌、胺基化物料流量、胺基化反应釜夹套冷却水进水阀形成联锁关系，设置紧急停车系统。

安全设施，包括安全阀、爆破片、单向阀及紧急切断装置等。

十三、磺化工艺

反应类型为放热反应，重点监控单元为磺化反应釜。

（1）工艺简介

磺化是向有机化合物分子中引入磺酰基（—SO_3H）的反应。磺化方法分为三氧化硫磺化法、共沸去水磺化法、氯磺酸磺化法、烘焙磺化法和亚硫酸盐磺化法等。涉及磺化反应的工艺过程为磺化工艺。磺化反应除了增加产物的水溶性和酸性外，还可以使产品具有表面活性。芳烃经磺化后，其中的磺酸基可进一步被其他基团[如羟基（—OH）、氨基（—NH_2）、氰基（—CN）等]取代，生产多种衍生物。

（2）工艺危险特点

① 原料具有燃爆危险性。

② 磺化剂具有氧化性、强腐蚀性。

③ 如果投料顺序颠倒、投料速度过快、搅拌不良、冷却效果不佳等，都有可能造成反应温度异常升高，使磺化反应变为燃烧反应，引起火灾或爆炸事故。

④ 氧化硫易冷凝堵管，泄漏后易形成酸雾，危害较大。

（3）安全控制的基本要求

反应釜温度的报警和联锁；搅拌的稳定控制和联锁系统；紧急冷却系统；紧急停车系统；安全泄放系统；三氧化硫泄漏监控报警系统等。

宜采用的控制方式：将磺化反应釜内温度与磺化剂流量、磺化反应釜夹套冷却水进水阀、釜内搅拌电流形成联锁关系，紧急断料系统，当磺化反应釜内各参数偏离工艺指标时，能自动报警、停止加料，甚至紧急停车。

磺化反应系统应设有泄爆管和紧急排放系统。

十四、聚合工艺

反应类型为放热反应，重点监控单元为聚合反应釜、粉体聚合物料仓。

（1）工艺简介

聚合是一种或几种小分子化合物变成大分子化合物（也称高分子化合物或聚合物，通常分子量为 $1\times10^4\sim1\times10^7$）的反应，涉及聚合反应的工艺过程为聚合工艺，不包括涉及涂料、黏合剂、油漆等产品的常压条件聚合工艺。聚合工艺的种类很多，按聚合方法可分为本体聚合、悬浮聚合、乳液聚合、溶液聚合等。

（2）工艺危险特点

① 聚合原料具有自聚和燃爆危险性。

② 如果反应过程中热量不能及时移出，随物料温度上升，发生裂解和暴聚，所产生的热量使裂解和暴聚过程进一步加剧，进而引发反应器爆炸。

③ 部分聚合助剂危险性较大。

（3）安全控制的基本要求

反应釜温度和压力的报警和联锁；紧急冷却系统；紧急切断系统；紧急加入反应终止剂系统；搅拌的稳定控制和联锁系统；料仓静电消除、可燃气体置换系统，可燃和有毒气体检测报警装置；高压聚合反应釜设有防爆墙和泄爆面等。

宜采用的控制方式：将聚合反应釜内温度、压力与釜内搅拌电流、聚合单体流量、引发剂加入量、聚合反应釜夹套冷却水进水阀形成联锁关系，在聚合反应釜处设立紧急停车系统。当反应超温、搅拌失效或冷却失效时，能及时加入聚合反应终止剂。安全泄放系统。

十五、烷基化工艺

反应类型为放热反应，重点监控单元为烷基化反应釜。

（1）工艺简介

把烷基引入有机化合物分子中的碳、氮、氧等原子上的反应称为烷基化反应。涉及烷基化反应的工艺过程为烷基化工艺，可分为C-烷基化反应、N-烷基化反应、O-烷基化反应等。

（2）工艺危险特点

① 反应介质具有燃爆危险性。

② 烷基化催化剂具有自燃危险性，遇水剧烈反应，放出大量热量，容易引起火灾甚至爆炸。

③ 烷基化反应都是在加热条件下进行，原料、催化剂、烷基化剂等加料次序颠倒、加料速度过快或者搅拌中断停止等异常现象容易引起局部剧烈反应，造成跑料，引发火灾或爆炸事故。

（3）安全控制的基本要求

反应物料的紧急切断系统；紧急冷却系统；安全泄放系统；可燃和有毒气体检测报警装置等。

宜采用的控制方式：将烷基化反应釜内温度和压力与釜内搅拌、烷基化物料流量、烷基化反应釜夹套冷却水进水阀形成联锁关系，当烷基化反应釜内温度超标或搅拌系统发生故障时自动停止加料并紧急停车。

安全设施包括安全阀、爆破片、紧急放空阀、单向阀及紧急切断装置等。

十六、新型煤化工工艺

反应类型为放热反应，重点监控单元为煤气化炉。

（1）工艺简介

以煤为原料，经化学加工使煤直接或间接转化为气体、液体和固体燃料、化工原料或化学品的工艺过程。主要包括煤制油（甲醇制汽油、费-托合成油）、煤制烯烃（甲醇制烯烃）、煤制二甲醚、煤制乙二醇（合成气制乙二醇）、煤制甲烷气（煤气甲烷化）、煤制甲醇、甲醇制醋酸等工艺。

(2) 工艺危险特点

① 反应介质涉及一氧化碳、氢气、甲烷、乙烯、丙烯等易燃气体，具有燃爆危险性。

② 反应过程多为高温、高压过程，易发生工艺介质泄漏，引发火灾、爆炸和一氧化碳中毒事故。

③ 反应过程可能形成爆炸性混合气体。

④ 多数煤化工新工艺反应速度快，放热量大，造成反应失控

⑤ 反应中间产物不稳定，易造成分解爆炸。

(3) 安全控制的基本要求

反应器温度、压力报警与联锁；进料介质流量控制与联锁；反应系统紧急切断进料联锁；料位控制回路；液位控制回路；H_2/CO 比例控制与联锁；NO/O_2比例控制与联锁；外取热器蒸汽热水泵联锁；主风流量联锁；可燃和有毒气体检测报警装置；紧急冷却系统；安全泄放系统。

宜采用的控制方式：将进料流量、外取热蒸汽流量、外取热蒸汽包液位、H_2/CO 比例与反应器进料系统设立联锁关系，一旦发生异常工况启动联锁，紧急切断所有进料，开启事故蒸汽阀或氮气阀，迅速置换反应器内物料，并将反应器进行冷却、降温。

安全设施，包括安全阀、防爆膜、紧急切断阀及紧急排放系统等。

十七、电石生产工艺

反应类型为吸热反应，重点监控单元为电石炉。

(1) 工艺简介

电石生产工艺是以石灰和炭素材料(焦炭、兰炭、石油焦、冶金焦、白煤等)为原料，在电石炉内依靠电弧热和电阻热在高温进行反应，生成电石的工艺过程。电石炉型式主要分为两种：内燃型和全密闭型。

(2) 工艺危险特点

① 电石炉工艺操作具有火灾、爆炸、烧伤、中毒、触电等危险性。

② 电石遇水会发生激烈反应，生成乙炔气体，具有燃爆危险性。

③ 电石的冷却、破碎过程具有人身伤害、烫伤等危险性。

④ 反应产物一氧化碳有毒，与空气混合到 12.5%~74%时会引起燃烧和爆炸。

⑤ 生产中漏糊造成电极软断时，会使炉气出口温度突然升高，炉内压力突然增大，造成严重的爆炸事故。

(3) 安全控制的基本要求

设置紧急停炉按钮；电炉运行平台和电极压放视频监控、输送系统视频监控和启停现场声音报警；原料称重和输送系统控制；电石炉炉压调节、控制；电极升降控制；电极压放控制；液压泵站控制；炉气组分在线检测、报警和联锁；可燃和有毒气体检测和声光报警装置；设置紧急停车按钮等。

宜采用的控制方式：将炉气压力、净化总阀与放散阀形成联锁关系；将炉气组分氢、氧含量高与净化系统形成联锁关系；将料仓超料位、氢含量与停炉形成联锁关系。

安全设施，包括安全阀、重力泄压阀、紧急放空阀、防爆膜等。

十八、偶氮化工艺

反应类型为放热反应，重点监控单元为偶氮化反应釜、后处理单元。

（1）工艺简介

合成通式为 R—N ═ N—R 的偶氮化合物的反应为偶氮化反应，式中 R 为脂烃基或芳烃基，两个 R 基可相同或不同。涉及偶氮化反应的工艺过程为偶氮化工艺。脂肪族偶氮化合物由相应的肼经过氧化或脱氢反应制取。芳香族偶氮化合物一般由重氮化合物的偶联反应制备。

（2）工艺危险特点

① 部分偶氮化合物极不稳定，活性强，受热或摩擦、撞击等作用能发生分解甚至爆炸。

② 偶氮化生产过程所使用的肼类化合物，高毒，具有腐蚀性，易发生分解爆炸，遇氧化剂能自燃。

③ 反应原料具有燃爆危险性。

（3）安全控制的基本要求

反应釜温度和压力的报警和联锁；反应物料的比例控制和联锁系统；紧急冷却系统；紧急停车系统；安全泄放系统；后处理单元配置温度监测、惰性气体保护的联锁装置等。

宜采用的控制方式：将偶氮化反应釜内温度、压力与釜内搅拌、肼流量、偶氮化反应釜夹套冷却水进水阀形成联锁关系。在偶氮化反应釜处设立紧急停车系统，当偶氮化反应釜内温度超标或搅拌系统发生故障时，自动停止加料，并紧急停车。

后处理设备应配置温度检测、搅拌、冷却联锁自动控制调节装置，干燥设备应配置温度测量、加热热源开关、惰性气体保护的联锁装置。

安全设施，包括安全阀、爆破片、紧急放空阀等。

第三节　化工设备设施安全

一、设备的类型及操作方式

在工业生产过程中，为化学反应提供反应空间和反应条件的装置，称为反应设备或反应器。它是石油、化工、医药、生物、橡胶、染料等行业生产中的关键设备之一，主要用于完成氧化、氢化、磺化、烃化、水解、裂解、聚合、缩合及物料混合、溶解、传热和悬浮液制备等工艺过程，使物质发生质的变化，生成新的物质而得到所需要的中间产物或最终产品。可见反应器对产品生产的产量和质量起着决定作用。

1. 反应设备的类型及特点

反应设备的结构形式与工艺过程密切相关，种类也各不相同，如用于有机染料和制药工业的各种反应锅、制碱工业的苛化桶、化肥工业的甲烷合成塔和氨合成塔以及乙烯工程高压聚乙烯聚合釜等。常见反应设备的类型、反应过程如表 4-1 所示。

表 4-1　化工生产常见反应器类型

类型	反应过程	反应器举例
单相反应器	气相	管式反应器，喷射反应器，燃烧炉
	液相	釜式反应器，喷射反应器，管式反应器
	固相	回转窑
多相反应器	气-固	固定床反应器，流化床反应器，移动床反应器
	气-液	鼓泡塔，鼓泡搅拌釜，填充塔，板式塔，喷射反应器
	液-液	釜式反应器，喷射反应器，填充塔
	液-固	固定床反应器，流化床反应器，移动床反应器
	气-液-固	涓流床反应器，浆态反应器
	固-固	搅拌釜，回转窑，反射炉

（1）管式反应器

管式反应器由长径比值较大的空管或填充管构成，一般用于大规模的气相反应和某些液相反应，还可用于强烈放热或吸热的化学反应。反应时将混合好的气相或液相反应物从管道一端进入，连续流动，连续反应，从管道另一端排出。如图 4-8 所示是石脑油分解转化管式反应器。管式反应器结构简单，制造方便，耐高压，传热面积较大，传热系数较高，流体流速较快，因此反应物停留时间短，便于分段控制以创造最适宜的温度梯度和浓度梯度。此外，不同的反应，管径和管长可根据需要设计；管式反应器可连续或间歇操作，反应物不返混，高温、高压下操作。

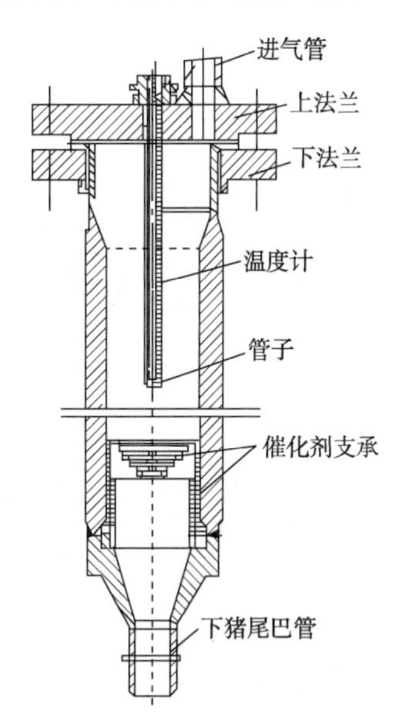

图 4-8　侧烧式转化反应器

（2）釜式反应器

由长径比值较小的圆筒形容器构成，常装有机械搅拌或气流搅拌装置，可用于液相单相反应过程和液-液相、气-液相、气-液-固相等多相反应过程。用于气-液相反应过程的称为鼓泡搅拌釜；用于气-液-固相反应过程的称为搅拌釜式浆态反应器。按换热方式，分为夹套加热式釜式反应器和内盘管加热式釜式反应器，如图 4-9 所示。

（3）有固体颗粒床层的反应器

气体或（和）液体通过固定的或运动的固体颗粒床层以实现多相反应过程，包括固定床反应器、流化床反应器、移动床反应器、涓流床反应器等，具有结构简单、操作稳定、便于控制、易实现大型化和连续化生产等优点，在现代化工和反应中应用很广泛，如氨合成塔、甲醇合成塔、硝酸生产的 CO 变换塔、SO_2转换器等。图 4-10 是固定床反应器的三种基本形式。

（4）塔式反应器

塔式反应器是用于实现气-液相或液-液相反应过程的塔式设备，包括填料塔、板式塔、鼓泡塔和喷淋塔等。

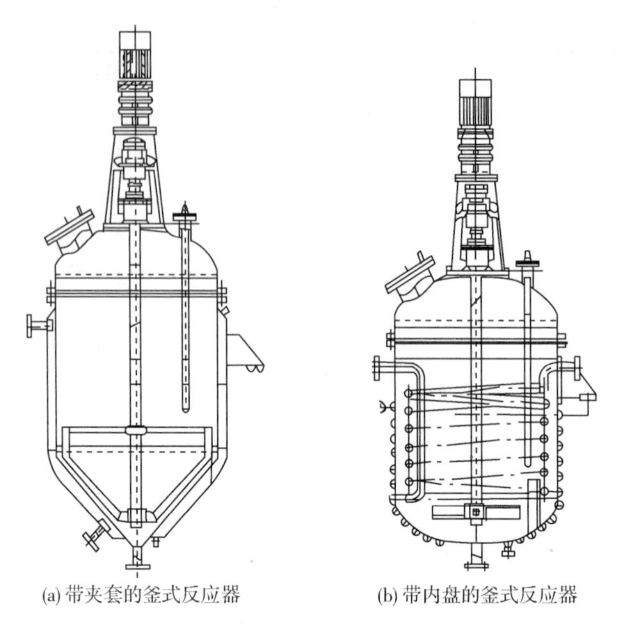

(a) 带夹套的釜式反应器　　(b) 带内盘的釜式反应器

图 4-9　釜式反应器

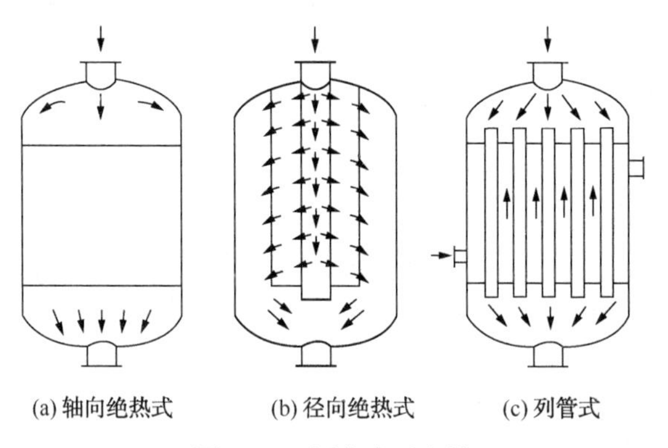

(a) 轴向绝热式　　(b) 径向绝热式　　(c) 列管式

图 4-10　固定床反应器

鼓泡塔反应器广泛应用于液相也参与反应的中速、慢速反应和放热量大的反应。例如，各种有机化合物的氧化反应、各种石蜡和芳烃的氯化反应、各种生物化学反应、污水处理曝气氧化和氨水碳化生成固体碳酸氢铵等反应，都采用这种鼓泡塔反应器。

填料塔反应器是用于气体吸收的设备，也可用作气-液相反应器，由于液体沿填料表面下流，在填料表面形成液膜而与气相接触进行反应，故液相主体量较少，适用于瞬间反应、快速和中速反应过程。例如，催化热碱吸收 CO_2、水吸收 NO_x、HCl 和 SO_3 分别形成硝酸、盐酸和硫酸等通常都使用填料塔反应器。填料塔反应器具有结构简单、压降下、易于适应各种腐蚀介质和不易造成溶液起泡的优点。

板式塔反应器的液体是连续相而气体是分散相，借助于气相通过塔板分散成小气泡而与板上液体相接触进行化学反应。板式塔反应器适用于快速及中速反应。采用多板可以将轴向返混降低至最小程度，并且它可以在很小的液体流速下进行操作，从而能在单塔中直接获得极高的液相转化率。同时，板式塔反应器的气液传质系数较大，可以在板上安置冷却或加热元件，以适应维持所需温度的要求。

喷淋塔反应器结构较为简单，液体以细小液滴的方式分散于气体中，气体为连续相，液体为分散相，具有相接触面积大和气相压降小等优点。适用于瞬间、界面和快速反应，也适用于生成固体的反应。

（5）喷射反应器

喷射反应器是利用喷射进行混合，实现气相或液相单相反应过程和气-液相、液-液相等多相反应过程的设备（图 4-11）。喷射反应器具有设备操作简单、反应时间短、传质效果好、转化率高、生成物纯度高等优点，是一类高效的多相反应器。目前喷射反应器不再是简单的单元设备，而是由喷射器、釜体以及其他附属装置（如气液分离器、换热器、循环泵等）组成的一套装置的总称。根据不同的生产要求，还可将喷射反应器直接与参加反应的设备串联使用。喷射反应器在化工领域，主要用于磺化、氧化、烷基化等反应。

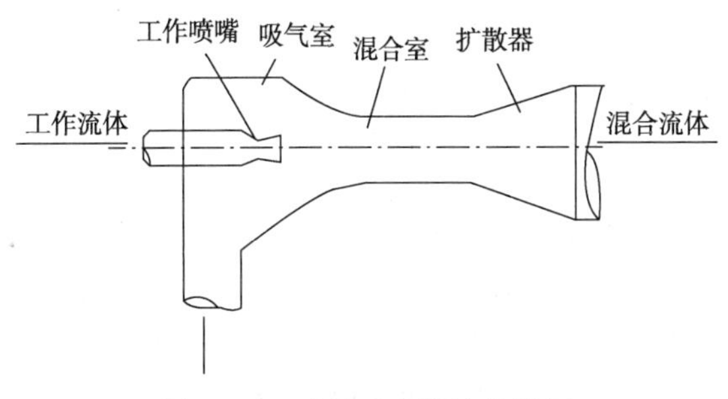

图 4-11　喷射反应器结构简图

除上述几种反应器外，在化工生产中还有其他多种非典型反应器，如回转窑、曝气池等。

2. 反应设备的操作方式与加料方式

反应器的操作方式分间歇式、连续式和半连续式。

（1）间歇操作反应器

间歇操作反应器系将原料按一定配比一次加入反应器，待反应达到一定要求后，一次卸出物料，操作灵活，设备简单，易于适应不同操作条件和产品品种，适用于小批量、多品种、反应时间较长的产品生产，且反应器中不存在物料的返混，对大多数反应有利。其缺点是需要装卸料、清洗等辅助工序，产品质量不易稳定。有些反应过程，如一些发酵反应和聚合反应，实现连续生产尚有困难，至今还采用间歇釜式反应器。

（2）连续操作反应器

连续操作反应器是连续加入原料，连续排出反应产物。当操作达到定态时，反应器内任何位置上物料的组成、温度等状态参数不随时间而变化。连续反应器的优点是产品质量稳定，易于操作控制，适用于大规模生产。其缺点是连续反应器中都存在程度不同的返混，这对大多数反应皆为不利因素，应通过反应器合理选型和结构设计加以抑制。

（3）半连续操作反应器

半连续操作反应器也称为半间歇操作反应器，介于上述两者之间，通常是将一种反应物一次加入，然后连续加入另一种反应物。反应达到一定要求后，停止操作并卸出物料。

反应器加料方式，须根据反应过程的特征决定。对有两种以上原料的连续反应器，物料流向可采用并流或逆流。对几个反应器组成级联的设备，还可采用错流加料，即一种原料依次通过各个反应器，另一种原料分别加入各反应器。除流向外，还有原料是从反应器的一端(或两端)加入和分段加入之分。分段加入指一种原料由一端加入，另一种原料分成几段从反应器的不同位置加入，错流也可看成一种分段加料方式。

二、设备的危险性

反应设备中的化学反应需在一定的条件(压力、温度、催化剂等)下进行，因此，反应设备属于维持一定压力、完成化学反应的压力容器，通常还装设一些加热(冷却)装置、触媒筐和搅拌器，以便于对反应进行控制。此外，由于涉及反应器物系配置、投料速度、投料量、升温冷却系统、检测、显示、控制系统以及反应器结构、搅拌、安全装置、泄压系统等，反应设备具有较大的危险性，易于引发各类事故，如检修中为进行彻底置换、违章动火、物料性能不清、开车程序不严格、操作中超压和泄漏造成的爆炸事故，因泄漏严重、违章进入釜内作业造成的中毒事故等。触媒中毒、冷管失效也是常见反应器事故形式。

1. 固有危险性

(1) 物料

化工反应设备中的物料大多属于危险化学品。如果物料属于自燃点和闪点较低的物质，一旦泄漏后，会与空气形成爆炸性混合物，遇到点火源(明火、火花、静电等)，可能引起火灾爆炸；如果物料属于毒害品，一旦泄漏，可能造成人员中毒窒息。

(2) 设备装置

反应器设计不合理、设备结构形状不连续、焊缝布置不当等，可能引起应力集中；材质选择不当，制造容器时焊接质量达不到要求，以及热处理不当等，可能使材料韧性降低；容器壳体受到腐蚀性介质的侵蚀，强度降低或安全附件缺失等，均有可能使容器在使用过程中发生爆炸。

2. 操作过程危险性

反应设备在生产操作过程中主要存在以下风险：

(1) 反应失控引起火灾爆炸

许多化学反应，如氧化、氯化、硝化、聚合等均为强放热反应，若反应失控或突遇停电、停水，造成反应热蓄积，反应釜内温度急剧升高、压力增大，超过其耐压能力，会导致容器破裂。物料从破裂处喷出，可能引起火灾爆炸事故；反应釜爆裂导致物料蒸气压的平衡状态被破坏，不稳定的过热液体会引起二次爆炸(蒸气爆炸)；喷出的物料再迅速扩散，反应釜周围空间被可燃液体的雾滴或蒸气笼罩，遇点火源还会发生三次爆炸(混合气体爆炸)。导致反应失控的主要原因有：反应热未能及时移出，反应物料没有均匀分散和操作失误等。

(2) 反应容器中高压物料窜入低压系统引起爆炸

与反应容器相连的常压或低压设备，由于高压物料窜入，超过反应容器承压极限，从而发生物理性容器爆炸。

(3) 水蒸气或水漏入反应容器发生事故

如果加热用的水蒸气、导热油，或冷却用的水漏入反应釜、蒸馏釜，可能与釜内的物料发生反应，分解放热，造成温度压力急剧上升，物料冲出，发生火灾事故。

(4) 蒸馏冷凝系统缺少冷却水发生爆炸

物料在蒸馏过程中，如果塔顶冷凝器冷却水中断，而釜内的物料仍在继续蒸馏循环，会造成系统由原来的常压或负压状态变成正压，超过设备的承受能力发生爆炸。

(5) 容器受热引起爆炸事故

反应容器由于外部可燃物起火，或受到高温热源热辐射，引起容器内温度急剧上升，压力增大发生冲料或爆炸事故。

(6) 物料进出容器操作不当引发事故

很多低闪点的甲类易燃液体通过液泵或抽真空的办法从管道进入反应釜、蒸馏釜，这些物料大多数属绝缘物质，导电性较差，如果物料流速过快，会造成积聚的静电不能及时导除，发生燃烧爆炸事故。

三、反应器安全运行的基本要求

反应器应该满足反应动力学要求、热量传递的要求、质量传递讨程与流体动力学过程的要求、工程控制的要求、机械工程的要求、安全运行要求。

基本要求如下：

① 必须有足够的反应容积，以保证设备具有一定的生产能力，保证物料在设备中有足够的停留时间，使反应物达到规定的转化率；

② 有良好的传质性能，使反应物料之间或与催化剂之间达到良好的接触；

③ 有良好的传热性能，能及时有效地输入或引出热量，保证反应过程是在最适宜的操作温度下进行；

④ 有足够的机械强度和耐腐蚀能力，并要求运行可靠，经济适用；

⑤ 在满足工艺条件的前提下结构尽量合理，并具有进行原料混合和搅拌的性能，易加工；

⑥ 材料易得到，价格便宜；

⑦ 操作方便，易于安装、维护和检修。

四、釜式反应器的选择与安全运行

1. 釜式反应器的结构

在化工生产中，釜式反应器(又称为反应釜)因原料的物态、反应条件和反应效应的不同则有多种多样的类型和结构，但它们具有以下共同特点：

① 结构基本相同，除有反应釜体外，还有传动装置、搅拌器和加热(冷却)装置等；

② 操作压力、操作温度较高，适用于各种不同的生产规模；

③ 可间歇操作或连续操作。投资少，投产快、操作灵活性大等优点。

典型的釜式反应器结构如图 4-12 所示。

主要由以下部件组成：

① 釜体及封头　提供足够的反应体积以保证反应物达到规定转化率所需的时间，并且

有足够的强度、刚度和稳定性及耐腐蚀能力以保证运行可靠；

② 换热装置　有效地输入或移出热量，以保证反应过程最适宜的温度；

③ 搅拌器　使各种反应物、催化剂等均匀混合，充分接触，强化釜内传热与传质；

④ 轴密封装置　用来防止釜体与搅拌轴之间的泄漏。

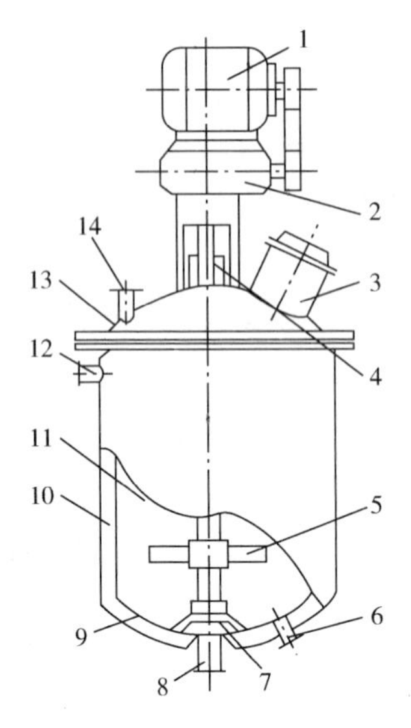

图 4-12　反应釜的基本结构

1—电动机；2—传动装置；3—人孔；4—密封装置；5—搅拌器；6，12—夹套直管；7—搅拌器轴承；8—出料管；9—釜底；10—夹套；11—釜体；13—顶盖；14—加料管

2. 釜式反应器的安全运行

(1)釜体及封头的安全

釜体及封头提供足够的反应体积以保证反应物达到规定转化率所需的时间。釜体及封头应有足够的强度、刚度和稳定性及耐腐蚀能力以保证运行可靠。

(2) 搅拌器的安全

搅拌器的安全可靠是许多放热反应、聚合过程等安全运行的必要条件。搅拌器选择不当，可能发生中断或突然失效，造成物料反应停滞、分层、局部过热等，以至发生各种事故。

搅拌器又称搅拌桨或搅拌叶轮，是搅拌反应器的关键部件，其功能是提供过程所需要的能量和适宜的流动状态。工作原理是搅拌器旋转时把机械能传递给流体，在搅拌器附近形成高湍动的充分混合区，并产生一股高速射流推动液体在搅拌容器内循环流动。

搅拌器的类型比较多，其中桨式、推进式、涡轮式和锚式搅拌器，在搅拌反应设备中应用最为广泛，据统计约占搅拌器总数的75%~80%。

① 桨式搅拌器　结构如图 4-13(a)所示，叶片用扁钢制成，焊接或用螺栓固定在轮毂上，叶片数有 2 片、3 片或 4 片，叶片形式，可分为平直叶式和折边叶式两种。优点是结构最简单，缺点是不能用于以保持气体和以细微化为目的的气-液分散操作中。主要用于液-液系中可以防止分离、使罐的温度均一，固-液系中多用于防正固体沉降。也用于高的流体搅拌，促进流体的上下交换，代替价格高的螺带式叶轮，能获得良好的效果。

② 推进式搅拌器　又称船用推进器，结构如图 4-13(b)所示。标准推进式搅拌器有三瓣叶片，其螺距与桨直径 d 相等。它直径较小，$d/D=1/4\sim1/3$，叶端速度一般为 7~10m/s,最高达 15 m/s。流体由桨叶上方吸入，下方以圆筒状螺旋形排出，流体至容器底再沿壁面返至桨叶上方，形成轴向流动。其特点是推进式搅拌器搅拌时流体的湍流程度不高，但循环量大。结构简单，制造方便。适用于黏度低、流量大的场合，利用较小的搅拌功率，通过高速转动的桨叶能获得较好的搅拌效果。主要用于液—液系混合，使温度均匀，在低浓度固—液系中防止淤泥沉降等。

③ 涡轮式搅拌器 又称透平式叶轮，结构如图 4-13(c)所示，是应用较广的一种搅拌器，能有效地完成几乎所有的搅拌操作，并能处理黏度范围很广的流体。涡轮式搅拌器有较大的剪切力，可使流体微团分散得很细，适用于低黏度到中等黏度流体的混合、液-液分

散、液-固悬浮，以及促进良好的传热、传质和化学反应。

④ 锚式搅拌器　结构如图 4-13(d)所示。它适用于黏度在 100 Pa·s 以下的流体搅拌，当流体黏度在 10~100 Pa·s 时，可在锚式桨中间加一横桨叶，即为框式搅拌器，以增加容器中部的混合。常用于对混合要求不太高的场合。

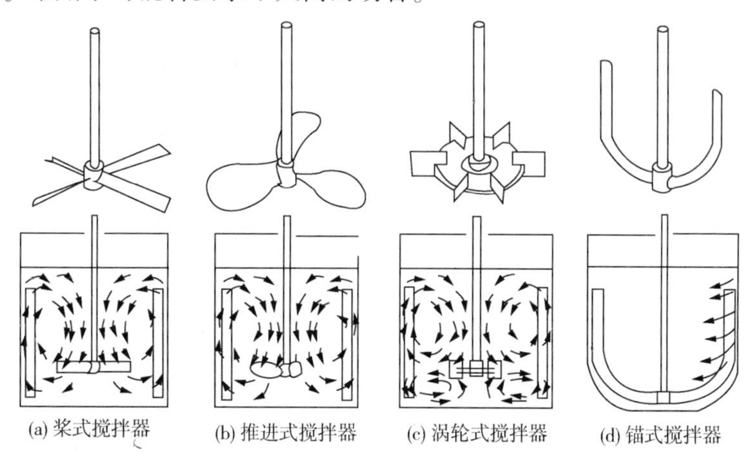

图 4-13　几种常用的搅拌器

搅拌器的选型一般从搅拌目的、物料黏度和搅拌容器容积大小等三个方面考虑。选用时除满足工艺要求外，还应考虑功耗、操作费用，以及制造、维护和检修是否方便等因素。

第四节　化工安全保护设施

一、安全保护装置种类及设置原则

1. 安全保护装置的种类

安全保护装置是为保证容器、管道等设备安全运行而装设的附属装置，也叫安全附件，如承压类安全保护装置包括直接连接在压力容器和管道上的安全阀、爆破片装置、紧急切断装置、安全联锁装置、压力表、液位计、测温仪表等。

安全保护是通过采用安全装置或防护装置对一些危险进行预防的安全技术措施，它通过其自身的结构功能限制或防止机器的某些危险运动，或限制其运动速度、压力等危险因素，以防止危险的产生或减小风险；它可以是单一的安全装置，也可以是和联锁装置联用的装置。

按安全保护装备的功能可分为三类：

① 监控类。如压力表、温度计、液位仪表等。

② 保护类。如安全阀、爆破片、紧急切断阀等。

③ 静电接地装置。

按其使用性能或用途可分为四类：

① 泄压装置。设备超压时能自动排放介质降低压力的装置。

② 联锁装置。为防止操作失误而装设的控制机构，如联锁开关、联动阀等。如锅炉中的缺水联锁保护装置、熄火联锁保护装置、超压联锁保护装置等均属此类。

③ 紧急停车装置。生产装置可能发生的危险或不采措施将继续恶化的状态下，使生产装置进入一个预定义的安全停车状况，从而使危险降低到可以接受的最低程度。

④ 计量装置。能自动显示设备运行中与安全有关的参数或信息的仪表、装置，如压力表、温度计等。

⑤ 警报装置。设备运行过程中出现不安全因素致使其处于危险状态时，能自动发出声光或其他明显报警信号的仪器，如高低水位报警器、压力报警器、超温报警器等。

常用的化工安全装置有安全泄放装置、安全联锁装置、紧急停车装置等。

2. 安全保护装置的设置原则

（1）安全泄放装置

① 压力来源高于或有可能高于容器的最高允许工作压力的容器上。

② 由于工作介质的物理变化或化学变化，由可能使容器的内压超过最高允许工作压力的容器上。

③ 盛装压缩气体或液化气体的容器上。

④ 加热蒸发、换热过程，有可能使压力超过最高允许工作压力的容器上。

⑤ 压力有可能超过最高允许工作压力的流体液压设备上。

⑥ 压力来源处没有安全阀的容器。

（2）安全联锁装置

① 由于工艺参数越限而引起联锁保护。当生产过程出现异常情况或发生故障时，按照一定的规律和要求，对个别或一部分设备进行自动操作，从而使生产过程转入正常运行或安全状态，达到消除异常、防止事故的目的，这一类联锁往往跟信号报警系统结合在一起。根据联锁保护的范围，可以分为整个机组的停车联锁、部分装置的停车联锁以及改变机组运行方式的联锁保护。根据参加联锁的工艺参数的数目，可以分为多参数联锁和单参数联锁。

② 设备本身正常运转或者设备之间正常联络所必须的联锁。在生产过程中不少设备的开、停车及正常运行都必须在一定的条件下进行，或者遵守一定的操作程序。在设备之间也往往存在相互联系、互相制约的关系，必须按照一定的程序或者条件来自动控制。通过联锁，不但能够实现上述要求，而且可以转化操作步骤，避免误操作。这一类联锁是正常生产所必须的联锁，按其内容包括：机组之间的相互联锁，程序联锁，开、停车联锁等。

（3）紧急停车装置

① 降低控制功能和安全功能同时失效的概率。

② 对于大型装置或旋转机械设备而言，紧急停车系统响应速度越快越好。这有利于保护设备，避免事故扩大；并有利于分辨事故原因记录。

③ 静态的，不需要人为干预，这样设置 ESD 可以避免人为误动作。

二、安全泄放装置

压力容器是一种承受压力的设备，但是每一个压力容器都是按预定的使用压力进行设计的，所以它的壁厚只能允许它承受一定的压力，即所谓最高使用压力，在这个压力范围内，压力容器可以安全运行，超过了这个压力，容器就可能因过度塑性变形而遭到破坏，并会由此造成恶性重大事故。安全泄放装置就是为保证压力容器安全运行、防止它发生超压的一种保险装置。它具有这样的性能：当容器在正常工作压力下运行时，它保持严密不漏，当容器内压力超过规定，它就能自动把容器内部的气体迅速排出，使容器内的压力始终保持在最高允许压力范围以内。实际上，安全泄放装置除了具有把容器内过高的压力自动地降低这样一种主要功能外，还有自动报警的作用，因为当它开放排气时，由于气体的流速较高，常常发出较大的响声，成为容器内压力过高的音响信号。

1. 安全泄放装置的分类

安全泄放装置按其结构型式可以分为阀型、断裂型、熔化型和组合型等几种。

（1）阀型安全泄放装置

阀型安全泄放装置就是常用的安全阀，它是通过阀的开放排出气体，以降低容器内的压力。这种安全泄放装置的特点是它仅仅排放压力容器内高于规定的部分压力，而当容器内的压力降至正常压力时，它即自动关闭。所以它可以避免容器内一旦出现超压就得把全部气体排出而造成的浪费和生产中断。由于这个原因，阀型安全泄放装置被广泛用于各种压力容器中。这类安全泄放装置的缺点是：密封性能较差，在正常的工作压力下也常常会有轻微的泄漏；由于弹簧等的惯性作用，阀的开放常有滞后作用；由于一些不洁净气体时，阀口有被堵塞或阀瓣有被黏住的可能。

（2）断裂型安全泄放装置

常用的断裂型安全泄放装置是爆破片和爆破帽。前者用于中、低压容器，后者多于用于超高压容器。这类安全泄放装置是通过装置元件的断裂而排出气体的。它的特点是密封性好、泄放反应较快以及气体含的污物对它的影响较小等。但是由于它在完成泄放作用以后即不能继续使用，而且容器也得停止运行，所以一般用于超压可能性较小而且又不宜装设阀型安全泄放装置的容器。

（3）熔化型安全泄放装置

熔化型安全泄放装置主是常用的易熔塞。它是通过易熔合金的熔化使容器内的气体从原来填充有易熔合金的孔中排出以泄放压力的。它主要用于防止容器由于温度升高而发生的超压。因为只有在温度升高到一定程度以后，易熔合金熔化，器内压力才能泄放。

（4）组全型安全泄放装置

组全型安全泄放装置是同时具有阀型和断裂型或阀型和熔化型的泄放装置。常见的有弹簧安全阀和爆破片的组合型。这种类型的安全泄压装置同时具有阀型和断裂型的优点。它既可以防止阀型安全泄放装置的泄漏，又可以在排放过高的压力以后使容器能继续运行。组合型安全泄压装置的爆破片可以在安全阀的入口侧，也可以在出口侧，前者主要利用爆破片把安全阀与气体隔离，以防安全阀受腐蚀或受污堵塞黏结等。容器超压时，爆破片断裂、安全阀开放排气。待压力降至正常操作压力时，安全阀关闭，容器可以继续运行。这重种结构要求爆破片的断裂对安全阀的正常动作没有任何防碍，而且要在中间设置检查孔，以便及时发现爆破片的异常现象。后一种(即爆破片在安全阀的出口侧)可以使爆破片不受气体的压力与温度的长期作用而产生疲劳，而利用爆破片来防止安全阀的泄漏。这种结构要求及时把安全阀与爆破片之间的气体(由安全阀漏出)排出，否则将使安全阀失效。

2. 安全阀保护装置

安全阀是一种超压防护装置，它是压力容器应用最为普遍的重要安全附件之一。安全阀的功能在于：当容器内的压力超过某一规定值时，就自动开启迅速排放容器内部的过压气体，并发出响声，警告操作人员采取降压措施。当压力回复到允许值后，安全阀又自动关闭，使容器内压力始终低于允许范围的上限，不致因超压而酿成爆炸事故。

（1）安全阀的结构形式和工作原理

安全阀按其整体结构及加载机构的形式可以分为杠杆式、弹簧式两种。另一种脉冲式安全阀，因结构相当复杂，只在大型电站锅炉上使用。

① 弹簧式安全阀。如图 4-14 所示，弹簧式安全阀主要由阀体、阀芯、阀座、阀杆、弹簧、弹簧压盖、调节螺丝、销子、外罩、提升手柄等构件组成，是利用弹簧压缩后的弹力来平衡气体作用在阀芯上的力。当气体作用在阀芯上的力超过弹簧的弹力时，弹簧被进一步压缩，阀芯被抬起离开阀座，安全阀开启排气泄压；当气体作用在阀芯上的力小于弹簧的弹力时，阀芯紧压在阀座上，安全阀处于关闭状态。其开启压力的大小可通过调节弹簧的松紧度来实现。将调节螺丝拧紧，弹簧被压缩量增大，作用在阀芯上弹力也增大，安全阀开启力就增高，反之则降低。有的弹簧安全阀阀座上装有调整环，其作用是调节安全阀回座压力的大小。所谓回座压力，是指安全阀开启排气泄压后重新关闭时的压力。调整安全阀回座压力的方法：将调整环向上旋，安全阀开启时，由阀座与阀芯间隙流出的气体碰到调整环后被转折近 180°，因此增加了对阀芯的冲动力，使阀芯在极短的时间内升到最大高度，并大量排出气体。由于气体对阀芯的冲动力增大，而作用在阀芯上的弹力没改变，所以只有当容器压力降得稍低时，阀芯才能回到阀座上使安全阀关闭，这样回座压力就较低；如果将调整环向下旋，那么气体向上的冲力降低，则安全阀回座力较高。弹簧式安全阀的结构紧凑，轻便，较严密，受振动不泄漏，灵敏度高，调整方便，使用范围广，但制造较复杂，对弹簧的材质及加工工艺要求很高，使用久了弹簧容易发后变形而影响灵敏度。

② 杠杆式安全阀。其结构如图 4-15 所示，主要由阀体、阀芯、阀座、阀杆、重锤、重锤固定螺丝等构件组成，有单杠杆和双杠杆之分。它是运用杠杆原理通过杠杆和阀杆将重锤的重力矩作用于阀芯，以平衡气体压力作用于阀芯上的力矩。当重锤的力矩小于气体压力的力矩时，阀芯被顶起离开阀座，安全阀开启排气泄压；当重锤的力矩大于气体压力力矩时，阀芯紧压在阀座上，安全阀关闭。重锤位置是可移动的，可根据容器工作压力的大小移动重锤在杠杆上的位置，以调整安全阀的开启压力。

杠杆式安全阀具有结构简单，调整容易、准确，所加的载荷不因阀芯的升高而增加等优点，适宜于温度较高的容器。缺点是结构比较笨重，加载机构较易振动，常因振动而产生泄漏现象。回座压力一般都比较低。

（2）安全阀的型号规格及性能参数

① 安全阀的型号规格

安全阀的型号按统一的阀门型号编排顺序组成。

阀门类型：A 表示安全阀。

驱动方式：安全阀均为自动开启。

连接形式：代号 1 表示内螺纹，代号 2 表示外螺纹；代号 4 表示法兰连接。

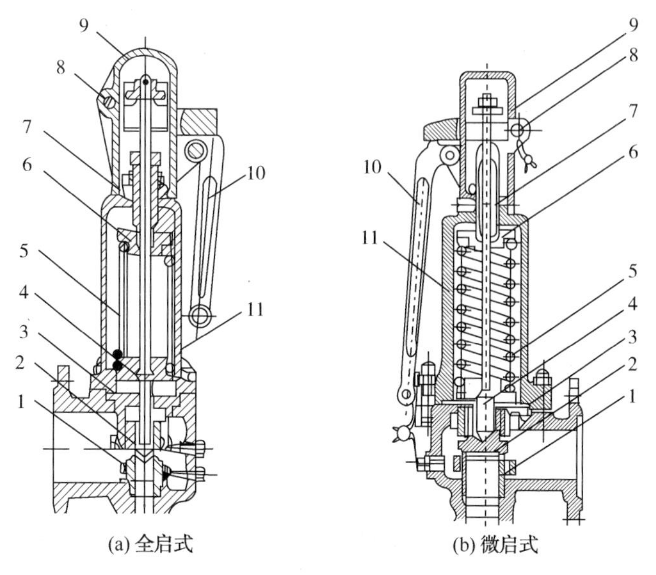

图 4-14 弹簧式安全阀

1—阀座；2—阀芯；3—阀盖；4—阀杆；5—弹簧；6—弹簧压盖；
7—调整螺母；8—销子；9—阀帽；10—手柄；11—阀体

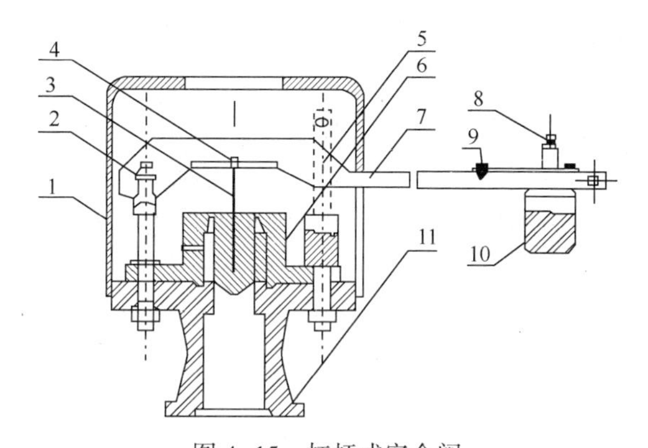

图 4-15 杠杆式安全阀

1—阀罩；2—支点；3—阀杆；4—力点；5—导架；6—阀芯；
7—杠杆；8—固定螺丝；9—调整螺丝；10—重锤；11—阀体

连接形式：见结构图。

密封面材料：T 为铜合金；H 为合金钢；F 为聚四氟乙烯；Y 为硬质合金。

阀体材料：C 表示碳素钢。

举例说明：A4Y-16P，A 表示安全阀；4 表示法兰连接；Y 表示密封面材料为硬质合金；16 表示公称压力为 1.6MPa；P 为不锈钢。该安全阀为弹簧封闭全启式安全阀。

② 主要性能参数

公称压力，安全阀应与容器的工作压力相匹配。因为弹簧和刚度不同，为使安全阀规范化、系列化，安全阀分为几种工作压力级别。例如低压力安全阀常按压力范围分为 5 级，公称压力用“*PN*”表示，例如 *PN*4、*PN*6 等。

开启高度。是指安全阀开启时，阀芯离开阀座的最大高度。根据阀芯提升高度的不同，可将安全阀分为微启式和全启式两种。微启式安全阀的开启高度为阀座喉座 1/20～1/40；全启式安全阀的开启高度为阀座喉径的 1/4 以上。

安全阀的排放量。安全阀的排放量一般都标记在它的铭牌上，要求排量不小于容器的安全泄放量。

（3）安全阀的选用与安装

①安全阀的选用原则

a. 安全阀的制造单位必须是国家定点厂家和取得相应类别的制造许可证的单位。产品出厂应有合格证和技术文件。

b. 安全阀上应有标牌，标牌上应注明主要技术参数，例如排放量、开启压力等。

c. 安全阀的选用就根据容器的工艺条件和工作介质的特性，从容器的安全泄放量，介质的物理化学性质以及工作压力范围等方面考虑。

d. 安全阀的排放量是选用安全阀的最关键问题，安全阀的排放量必须不小于容器的安全泄放量。因为只有这样，才能保证容器在超压时，安全阀能及时开启，把介质排出，避免容器内压力继续升高。

e. 对于工作压力低、工作温度较高而又无振动的容器可选用杠杆式安全阀，当然也可以用弹簧式安全阀。对于一般中高压容器宜用弹簧式安全阀。

f. 从封闭机构来看，对高压容器、大型容器以及安全泄放量较小的中、低压容器最好选用全启式安全阀。对于操作压力要求绝对平稳的容器，应选用微启式安全阀。

g. 对盛装有毒、易燃或污染环境的介质的容器应选用封闭式安全阀。

h. 选用安全阀时，还要注意它的工作压力范围，不要把公称压力很低的安全阀用在压力很高的容器上，也不要把公称压力很高的安全阀用在压力很低的容器上。

② 安全阀的安装

安全阀必须垂直安装在容器本体上。液化气储罐上的安全阀必须装设在其他气相部位。若安全阀确实不便装在容器本体上而需用短管与容器相连时，则接管的直径必须大于安全阀的进口直径，接管上一般禁止装设阀门或其他引出管。对于易燃、易爆，有毒或粘性介质的容器，为便于安全更换、清洗，可装一只截止阀，但截止阀的流通面积不得小于安全阀的最小流通面积，并且有可靠的措施和严格的制度，以保证在运行中截止阀全开。

选择安装位置时，应考虑到安全阀日常检查、维护和检修和方便。安装在室外露天的安全阀，要有防止冬季阀内水分冻结的可靠措施。装有排气管的安全阀，排气管的最小截面积应大于安全阀的出口截面积，排气管应尽可能短而直，并且不得装阀。有毒介质的排放应导入封闭系统。易燃易爆介质的排放量最好引入火炬，如排入大气则必须引至远离明火和易燃物，且通风良好处。排放管应可靠接地，以导除静电。安装杠杆式安全阀时，必须使其阀杆保持铅垂位置。所有进气管、排气管连接法兰的螺栓必须均匀上紧，以免阀体产生附加应力，破坏阀体的同心度，影响安全阀的正常动作。

（4）安全阀的调整、维护和检验

① 安全阀的调整

安全阀在安装前应进行水压试验和气密试验，合格后才能进行调整校正。校正、调整分两步进行，一是在气体试验台上，通过调节施加在阀瓣上的载荷来初步确定安全阀的开启压力。杠杆式安全阀调节重锤位置，弹簧式安全阀调节弹簧压缩量。安全阀的开启压力一般应为容器最高工作压力的1.05~1.10倍。对压力较低的低压容器，可调节到比工作压力高一个大气压，但不得超过容器的设计压力。二是在容器上，通过调整安全阀调节圈与阀瓣的间隙，来精确地确定排放压力和回座压力。如在开启压力下仅有泄漏声而不起跳但压力下降后有剧烈振动和“蜂鸣”声，则是间隙偏大。如果是回座压力过低，则是间隙过小。校正、调整后的安全阀应进行铅封。

② 安全阀的维护

欲使用安全阀动作灵敏可靠和密封性能良好，必须加强日常维护检查。安全阀的铅封是否完好，温度过低时有无冻结的可能性，检查安全阀是否有泄漏。对杠杆式安全阀，要检查其重锤是否松动或被移动等。如发现缺陷，要及时校正或更换。

③ 安全阀的定期检验

《固定式压力容器安全技术监察规程》规定，安全阀要定期检查，每年至少检验一次。定期检验工作包括清洗、研磨、试验、校正和铅封。

3. 爆破片保护装置

（1）爆破片的作用和适用范围

爆破片又称防爆片，是一种断裂型的超压防护装置，用来装设在那些不宜于装设安全阀的压力容器上，当容器内的压力超过正常工作压力并达到设计压力时即自行爆破，使容器内的气体经爆破片断裂后形成的流体向外排出，避免容器本体发生爆炸。泄压后断裂的防爆片不能继续使用，容器也被迫停止运行。因此，防爆片只用在不宜装设安全阀的压力容器上作为安全阀的一种代用装置。其装设一般应符合以下三种情况：

① 容器内介质易于结晶聚合，或带有较多的黏性物质时，如果采用安全阀作为安全泄压装置，经过长期运行，这些杂质或结晶体就会积聚在阀芯上，可能使阀芯与阀座产生较大的黏合力，或者堵塞阀的管道，减少气体对阀芯的作用面积，使安全阀不能按规定的压力开启而失去作用，故应装设爆破片。

② 容器内的压力由于化学反应或其他原因迅猛上升，装置安全阀难以及时排除过高的压力。这样的压力容器常因操作不当，例如投料数量错误、原料质量不纯、反应速度控制不严、温度过高等造成的压力骤增，在这种情况下，其上装置安全阀一般是难以及时泄放压力的，故应采用防爆片。

③ 容器内的介质为剧毒气体或不允许微量泄漏气体，用安全阀难以保证这些气体不泄漏时采用爆破片。

（2）爆破片的结构形式

根据爆破片失效时的受力状态和基本结构形式，爆破片可以分为剪切型、弯曲型、拉伸型和压缩型四种。

① 剪切型爆破片又称切破式爆破片。当它承受压力时，周边受剪切而破裂。这种爆破片中间厚而周边薄。膜片一般用不锈钢、铜、铝、镍等延性材料制造，其特点是全面积排放，阻力小；在相同条件下，膜片较厚，易于加工制造。膜片的动作压力受周边条件影响很大，因而不够稳定。膜片切破后常被整体冲出，易阻塞管道。

② 弯曲型爆破片又称破裂式爆破片。它是用铸铁硬塑料、石墨等脆性材料制造的平板

型膜片。膜片在较高的压力载荷作用下产生弯曲应力，当达到材料的抗弯强度时即碎裂，它的特点是破裂时无明显塑性变形，故动作反应较快；膜片较厚，易加工。但膜片的动作压力只在较低压力而又有化学反应爆炸可能的容器中使用。

③ 拉伸型爆破片又称正拱型爆破片。它由不锈钢、铜、铝、镍等延性材料经过液压预拱成凸形。预拱成型压力一般都大于容器的正常操作压力。安装后，在正常操作压力下膜片一般不会变形，这样可以使其动作压力较为稳定。拉伸型爆破片的特点是；无碎片飞出，阻力也不大，膜片的动作压力稳定。但膜片在早期拉伸应力作用下，特别是受脉动载荷时，易被拉断。

④ 压缩型爆破片又称失稳型、反拱型爆破片。这种膜片制造材料与拉伸的相同。它工作时凸面朝下安装。当在压力作用下，凸形膜片会突然会发生失稳，于是整个膜片向上翻转，被装设在其上的刀具切破，或整片脱落弹出。这种膜片的特点是：在几何尺寸一定的情况下，失稳的压力只与材料的弹性模数有关，因此膜片的动作压力较易控制；且在相同条件下，膜片较厚，易于加工，寿命长。这是一种很有发展价值的新型爆破片。

(3) 爆破片的选用

选用爆破片时应注意标定爆破压力和泄放面积等事项。

① 爆破片装置在指定温度下的标定的爆破压力，其值不应超过容器的设计压力，标定压力允差应按有关标准规定或按设计要求。

② 爆破片的泄放面积

对于气体(临界条件下)：

$$A \geqslant \frac{W_s}{7.6 \times 10^{-12} CKp_b \sqrt{\frac{M}{ZT}}} \tag{4-1}$$

对于饱和蒸气(临界条件下)：

$$A \geqslant \frac{W_s}{5.52Kp_b} \tag{4-2}$$

式中 A——爆破片额定泄放面积，mm^2；

K——额定泄放系数，$K=0.62$；

p_b——设计爆破压力(绝压)，MPa；

W_s——容器的安全泄放量，kg/h；

C——气体特征系数，对空气 $C=356$；

M——气体摩尔质量，kg/mol；

T——气体温度，K；

Z——压缩系数，对空气 $Z=1.0$。

③ 爆破片的材料

爆破片不允许被介质腐蚀，必要时，应该在与腐蚀介质的接触面上覆盖金属或非金属保护膜。爆破片常用的材料有纯铝、纯银、纯铜、纯镍等，常用的保护膜材料有聚四氟乙烯、氟化乙丙烯等。

④ 爆破片及其夹持器上都应有永久性的标志，其内容包括：制造单位及许可证号，年月；制造批号，日期；型号，规格；材料；爆破压力；适用介质及使用温度；泄放容量。

三、安全联锁装置

1. 安全联锁装置的分类

安全联锁装置是防止误操作的有效措施。常用的安全联锁装置有电器操作安全联锁装置、液压操作安全联锁装置及联合操作安全联锁装置等。按引起安全联锁装置动作的动力来源，可分为直接作用式安全联锁装置、间接作用式安全联锁装置和组合式安全联锁装置三种。

2. 安全联锁装置设计与应用

（1）安全联锁装置设计

安全联锁装置的实质在于：执行操作 A 是执行操作 B 的前提条件、执行条件，执行操作 B 是执行操作 C 的前提条件等，其关系如图 4-16 所示。

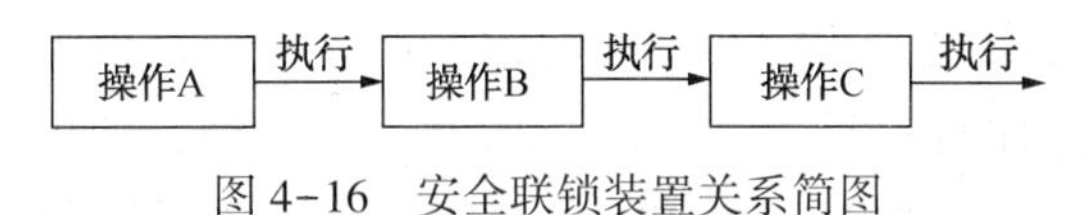

图 4-16　安全联锁装置关系简图

前一操作可以是一个具体的操作，也可以是与生产工艺参数(如温度、压力等)联系的自动操作。联锁保护系统是一种能够按照规定的条件或程序来控制有关设备的自动操作系统。

（2）安全联锁装置的应用

为保证压缩机运行中不发生故障和机器安全启动，通常把驱动机和压缩机的减轻启动负荷、保持油压、冷却水通水、盘车齿轮脱开等一系列启动条件通过联锁回路结合在一起。对于活塞式压缩机而言，卸荷装置通过气动式压力开关控制，空气压力信号接通与否可根据卸荷装置的活门柄位置由限动开关进行检查。润滑油的油压保持，在设有主油泵或电动机带动辅助油泵的场合，可兼用油压下降闸和电机停止闸。对于轴端带动油泵的场合，为了在启动时保持油压，采用手摇泵补充油压，且设计有十几秒的时间控制回路，以便从启动开始到等速回转过程中能始终保持油压，达到正常转速后则不致因手摇泵的工作室压力继续升高。

对于小型压缩机从启动前开始到正常工作转速，一直使用手摇泵保持油压。冷却水开关设有浮子开关。盘车齿轮通过齿轮脱开位置限动开关来感受信号，并将此电气信号输入到联锁回路，满足上述启动条件时，电机则不能启动。

在化工、石油化工生产中为保证长年连续运转，一半多采用备机。各机的自动启动一般通过上述的启动联锁装置中涉及有启动负荷减轻、油压保持同步的自动回路进行控制。自动负荷调节时通过与工艺要求相对应的卸荷空气压力或有压力控制(自动切换减负荷网和余隙阀)来自动调节流量。对于离心式压缩机而言，设置继电器或限位开关，使其在不具备下述条件时，离心压缩机不能启动：①外部油压上升；②盘车装置的齿轮自动脱开；③不准出现带液情况。

当主机、备用机中有一台使用汽轮机，或两台都使用电动机驱动时，一般对备用机常常需要输入紧急电源以自动启动。为了防止切换或在切换时的瞬时降压引起的压缩机停机，需设置具有足够容量的稳压槽以便在此期间能保持压力的自动保护装置。

对于离心机而言，启动离心机时，为了降低启动扭矩，使电动机的负荷较为平缓，一般采用液力联轴器、离心摩擦离合器或大启动转矩的特殊电动机。

四、紧急停车装置

1. 紧急停车装置的设置

紧急停车系统ESD(Emergency Shut Down)，是对生产装置可能发生的危险或不采措施将继续恶化的状态进行响应和保护，使生产装置进入一个预定义的安全停车状况，从而使危险降低到可以接受的最低程度，以保证人员、设备、生产和装置或工厂周边社区的安全。

(1) 石化生产装置ESD系统的设置

由于石化生产过程的复杂性，具有易燃、易爆、高温、高压、有毒、有害、有腐蚀性等特点，以及生产原料的变化，其控制对象的特性错综复杂，很难准确预见，因而与普通过程相比更具有危险性。而且一旦发生事故，如不及时处理，即可引发链接反应，酿成灾难事故，造成生产、设备、人员等方面的重大损失。因此，对石化生产装置进行适当的安全防护，尤其是对突发性事故的紧急处理比普通生产装置更显得重要和必要。

在石化生产装置中处理突发性事故的紧急联锁系统是由ESD系统来承担的。然而，ESD有多种形式。从ESD系统与DCS的构成形式可分为DCS与ESD系统一体化、DCS与ESD系统分设控制站、DCS与ESD系统独立设置。从构成ESD系统和逻辑控制系统方面可分为继电器、可编程序控制器。

在化工生产装置中，过程控制系统是用于对生产过程进行连续动态监控，使生产装置在设定值下平稳运行；而ESD系统是用于对生产过程的关键参数及过程工作状况进行连续监视，检测其相对于预定安全操作条件的变化，当所监测的过程变量超过其安全限定值时，ESD系统即取代过程控制系统进行操作，按预置的安全逻辑顺序动作，将过程设置成安全的非正常操作状态，把发生的恶性事故的可能性降到最低程度。

(2) ESD系统的设计

在ESD系统中设计时，除考虑其设备形式、逻辑控制系统外，还需要对装置的设备、工艺流程。人员配置、环境等进行分析。以便发现潜在的危险因素，确定安全级数，并从安全性、可靠性和可应用性等方面的要求综合考虑，配置ESD系统。随之算出投资，并与损失值(包括生产时间、产品、原材料、紧急维护费和其他无形损失)比较，进而确定合理的ESD配置。

2. 紧急停车装置的设计与应用

在某天然气事故气源备用站工程中，如法国天然气液化、储存、气化的先进工艺及设备。生产装置的设计规模为液化天然气(LNG)储存能力为$20\times10^3m^3$；日液化能力165.3m^3；每个小时汽化能力120m^3。工艺装置区有3个单元组成：天然气接收单元(包括天然气过滤增压脱碳脱水和液化)、LNC储存和天然气输出单元(包括LNG泵、BOG压缩、LNG气化和天然气加臭)。有3种主要操作状态：天然气液化、天然气输出、和备用(无液化、无输出)状态。工艺流程简图如图4-17所示。该站主要用于因不可抗拒的因素(如台风等)引起天然气开采或长输管线路事故时，向输配线路提供可靠的临时气源，以及在用气高峰时，向输配系统补充气源，以确保向用户供报气。其生产装置正常运行与否将直接关系到用户的正常用气，必将产生很大的社会效应。因此，必须对其设备适当的控制系统。由于天然气的主要组分是 82%~98%的甲烷，属易燃、易爆介质，且 LNG 在汽化时可导致压力升高而给生产带来危险。它是在 -162℃的条件下储存并操作的，其储存量很大，一旦泄漏，会给人员造成严重的烟雾伤害，会使不耐低温的设备及管道突然破裂，导致更严重的泄漏，这将是非常危险的。因此，在设计中设置必要的 ESD 系统来确保 LNG 站的高度安全是毋庸置疑的。

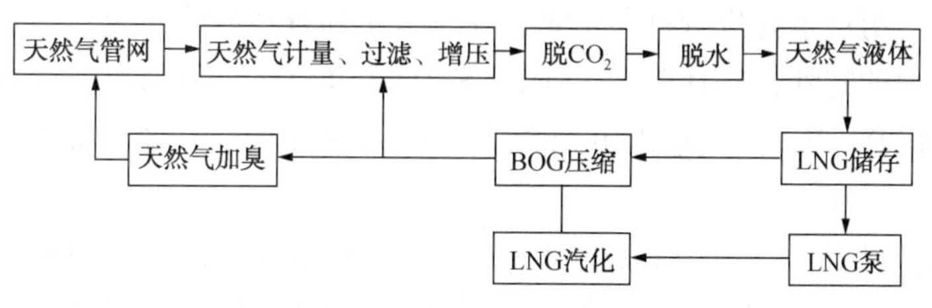

图 4-17　工艺装置流程简图

（1）ESD 系统的确定

生产过程中的主要危险来自 LNG 的泄漏，而引起 LNG 泄漏的主要原因为管道系统的损坏。按照法国“城市燃气应用技术研究院”提供的研究数据及美国 LNG 标准 NFPA59A 规定，得出该站 LNG 泄漏事故严重等级及危险级。见表 4-2。

表 4-2　事故严重性等级及危险级别

事　故	LNG 泄漏量	严重性等级	可能性等级	危险级别
1. 液化单元泄漏	1.2m^3	CS3	PL3	2
2. 液化单元与储存之间的输送管线发生故障	1.2m^3	CS3	PL3	2
3. 槽外部发生故障	1.2m^3	CS2	PL3	2
4. 泵与汽化器之间的输送管线发生故障	20m^3	CS2	PL3	2

CS2 级表示严重性的事故。1 人或超过 1 人受伤；装置内部 1 个或超过 1 个系统遭破坏；装置完全停车，LNG 泄漏在 6~60m^3，价值 1%~10%的新设施被毁坏。CS3 级表示有明显后果的事故。系统能力明显下降，可导致装置中断，这只限于物理损失，而不是系统不可挽回的损失，没有人员受伤。LNG 泄漏在 0.6~60m^3，价值 0.1%~10%的新设施被毁坏，PL3 级表示很少发生事故，($10^{-6}<P<10^{-2}$)/年(P 为故障率)由此可见，不存在危险级别为 1 级的不可接受的危险状况。

（2）ESD 系统配置

ESD 系统配置如图 4-18 所示。美国 Honeywell ESD 产品 FSC-102 具有的中央单元，他们之间的通信，遵守 FSC-FSC 内部通信协议，点对点通信，RS 422 接口，波特率为 9600。

MPC 用于系统维护。ESD 的输入与输出状态均通信给 DCS，有 DCS 记录并显示 ESD 信息，为操作员提供快速、准确的联锁过程数据。MPC 与 FSC 通信，DCS 与 FSC 通信，均遵守 FSC 一开发系统通信协议，RS-485 接口，波特率 9600。

DI 有 80 点，AI 有 4 点，DO 有 158 点，I/O 卡为故障安全型卡。为了维护方便和工艺操作的需要，对每个 DI 及 AI 点设置了旁路开关。不管其原来状态如何，使其“强制”在某一固定状态，工作完成后，可以解除“强制”，这一点在调试时很有用。给旁路开关占一个输入点，在逻辑功能图上与 DI 或 AI 点相“或”实现。

ESD 报警、操作盘与 FSC 系统通过硬性连接，ESD 的输入与输出状态在通信 DCS 的同时也送到 FSD 报警、操作盘。操作员可以更直观地监视生产安全状态，必要时可直接通过 ESD 报警、操作盘上的控制开关发出紧急停车命令。

打印机用于对历史事件进行打印记录，便于分析和查找故障原因。

根据工艺流程的特性，ESD 分为 ESD1、ESD2 和 ESD3 三种情况。ESD1 为天然气接收单元紧急停车；ESD2 为天然气输出单元紧急停车；ESD3 为全厂紧急停车。其中，ESD3 的优先权最高。

从安全考虑，设置所有现场 ON/OFF 仪表安全开关(如 PS、TS、LS、FS 等)，在正常工况下触点是闭合的，当越线是触点打开；设置所有的联锁电磁阀，在正常工况下是通电的，紧急停车动作发生时，电磁阀失电。

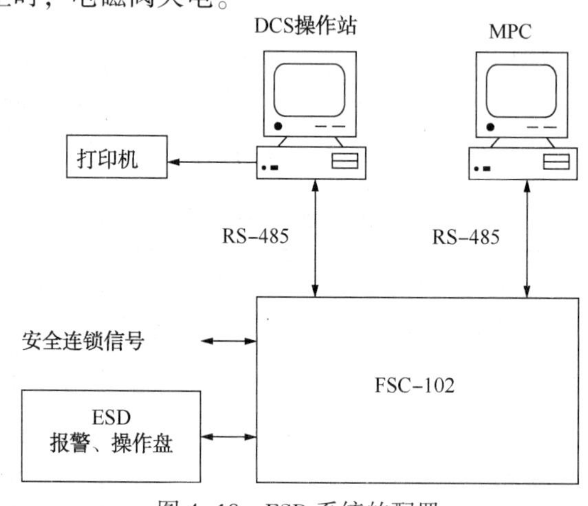

图 4-18　ESD 系统的配置

(3) ESD 系统投运结果

在通过硬、软件及联锁回路调试时，ESD 系统投入正常运行。运行结果表明，整个系统达到设计要求，能在 DCS 和 ESD 报警、操作盘上及时准确地反映所有指定的生产过程安全联锁参数及过程工作状况，并打印出来。经过多次测试表明，不管是生产装置故障，还是系统本身故障，都能迅速响应，将生产装置设置成预定义的安全停车工况，而且操作灵活，可由 FSC 系统或 ESD 报警、操作盘或现场紧急停车开关发出紧急停车命令。该 ESD 系统能确保 LNG 站的安全运行。

综上所述，石化生产装置中 ESD 系统的设置，必须根据石化生产的特殊性，从安全性、可靠性及可应用性诸方面进行综合考虑。同时，还要兼顾经济性，要坚持独立设置的原则，在构成 ESD 逻辑系统时应选用安全 PLC 系统。实践证明，正确地设置 ESD 系统是减少操作人员在紧急状况下的误动作，将事故发生几率降到最低限度，确保生产装置实现“长久安稳”优运行的可靠保证，并能产生极大的经济效益和社会效益。

五、其他安全保护设施

1. 压力表

（1）压力表的分类和工作原理

压力表是用以测量介质压力大小的仪表。锅炉及需要单独装设安全泄压装置的压力容器，都必须装有压力表。按其结构和工作原理分为液柱式、活塞式、电量式和弹簧组件式四类。

（2）压力表的选用与装设

① 压力表的选用

选用的压力表必须与锅炉压力容器内的介质相适应。压力表的最大量程（表盘上的刻度极限值）应根据设备的工作压力选定，应为工作压力的1.5~3.0倍，最好为工作压力的2倍。压力表还应具有足够的精度，其精度是以它的允许误差占表盘刻度极限值的百分数级别来表示的，精度等级一般标在表盘上。低压容器和工作压力小于2.5MPa的锅炉，压力表精度一般不低于2.5级；中、高压容器和工作压力大于2.5MPa的锅炉，压力表精度不应低于1.5级。为了清晰地显示压力值，压力表的表盘直径一般不小于100mm。如果压力表装得较高或离岗位较远，表盘直径还应增大。

② 压力表的装设

a. 压力表在安装前应进行校验，在刻度盘上划出指示最高工作压力的红线，并根据设备最高许用压力，在刻度盘上划出警戒红线。

b. 压力表的接管应直接与承压设备本体相连接。为了便于更换和校验压力表，接管上应装有三通旋塞，三通旋塞上应有开启标记和锁紧装置。

c. 锅炉或工作介质为高温蒸汽的压力容器，压力表的接管上要装有存水弯管，使蒸汽在这一段弯管内冷凝，以避免其直接进入压力表的弹簧管内。钢制存水弯管的内径不应小于10mm，铜制的不应小于6mm。为了便于冲洗和校验，在压力表与存水弯道之间应装设三通阀门或其他相应装置。

d. 工作介质若对压力表有腐蚀作用，应在弹簧管式压力表与容器的连接管路上装设填充有液体的隔离装置。充填液不应与工作介质起化学反应或生成混合物。如果不能采取这种保护装置，则应选用的抗腐压力表，如波纹式平膜压力表。

e. 装设压力表的地方应有足够的照明并便于检查，并防止压力表受到高温、辐射、冰冻或振动的影响。

（3）压力表的维护与校验

① 压力表的维护

a. 保持压力表洁净，表盘上的玻璃要明亮清晰，使表盘内指针指示的压力值清楚易见。表盘玻璃破碎或表盘刻度不清的压力表应停止使用。

b. 压力表的连接管要定期清洗，以免堵塞。用于介质含有较多油污或黏性物料的压力表的连接管，应定期吹洗。

c. 经常检查压力表指针的转动与波动情况，检查连接管上旋塞的开启状态。发现压力表指示不正常或有其他可疑迹象，应立即检验校正。

② 压力表的校验

压力表必须定期校验，每次校验后必须加铅封，并注明下次校验的日期。未经检验合格、无铅封或逾期没有检验的压力表不准使用。

2. 水位表

水位表(液位计)是用来显示锅筒(锅壳)内水位高低的仪表。运行操作人员可以通过水位表观察并相应调节水位，防止发生锅炉缺水或满水事故，进而避免由水位不正常造成的受热面损坏及其他事故，保证锅炉安全运行。

(1) 水位表分类

水位表是按照连通器内液位高度相等的原理装设的。水位表的水连管和汽连管分别与锅筒的水空间和汽空间相连，水位表和锅筒构成连通器，水位表显示的水位即是锅筒内的水位。主要有玻璃管式、玻璃板式和低地位式三种。

(2) 水位表的安全技术要求

每台锅炉至少应装设两个彼此独立的水位表。但符合下列条件之一的锅炉可只装一个直读式水位表：蒸发量小于等于0.5t/h的锅炉；额定蒸发量小于或等于2t/h，且装有一套可靠的水位示控装置的锅炉；装有两套各自独立的远程水位显示装置的锅炉。

水位表水连接管和汽连接管应水平布置，以防止形成假水位；连接管的内径不得小于18mm，并尽可能地短，若长度超过500mm或有弯曲时，内径应适当放大；汽水连接管上应装设阀门，并在锅炉运行中保持全开；水位表应有放水旋塞和放水管，汽旋塞、水旋塞、放水旋塞的内径及水位表玻璃的内径，都不得小于8mm。

水位表应装在便于观察、冲洗的地方，并有足够的照明。表上有指示最高、最低安全水位的明显标志。水位表玻璃管(板)的最低可见边缘应比最高安全水平高25mm。

用远程水位显示装置监视水位的锅炉，控制室内应有两个可靠的远程水位显示装置，并保证有一个直读式水位表正常工作。

(3) 水位表的维护

锅炉运行中，水位表应定期冲洗，以保持水、汽连接管畅通。由于锅筒内的水面总是不断波动，水位表显示的水位也总是上下轻微晃动，若水位表内水面静止不动，则可能连接管或水旋塞被炉水中的杂质堵塞，此时应立即冲洗水位表。低位水位表的玻璃板一般在运行中冲洗，但每班应检查1~2次，并经常和锅筒上的水位表对照。

3. 温度测量仪表

测温仪表主要是用于测量工作介质的温度、设备金属壁面的温度，如额定蒸汽压力大于9.8MPa的锅炉的过热器、再热器，应测定其蛇形管金属壁温，防止壁温超过金属材料允许温度。

(1) 分类与工作原理

根据测量温度方式的不同，测温仪表可分为接触式和非接触式两种。接触式有液体膨胀式、固体膨胀式以及热电阻和热电偶等。非接触式有光学高温计、光电高温计和辐射式高温计等。非接触式温度计的感温元件不与被测物质接触，利用被测物质表面的亮度和辐射能的强弱来间接测量温度。

（2）安装使用与维护保养

① 安装使用

a. 介质温度测量。用于测量介质温度的温度计主要有插入式温度计和插入式热电偶测量仪，其特点是温感探头直接或带套管插入设备内，与介质接触。测温热电偶通过导线将显示装置引至操作室或容易监控的位置。为防止插入口泄漏，设备上设有标准规格的温度计接口，接口连接形式有法兰连接和螺纹连接两种。

b. 壁面间谍测量。此类测温装置的测温探头紧贴在设备的金属壁面上。常用的有测温热电偶、接触式温度计、水银温度计等。

② 维护保养

测温仪表必须根据其使用说明书的要求、实际使用情况及规定检验周期进行定期检验检测。壁温测量装置的测温探头必须根据设备和内部结构及介质温度的分布情况，装贴在具有代表性的位置上，并做好保温措施，以消除外界引起的测量误差。测温仪的表头或显示装置必须安装在便于观察和方便维修、更换检测的地方。

第五节　化工设备事故案例

一、化工储运罐车爆炸事故

1. 事故经过

1978 年 7 月 11 日 14 点 30 分左右，在西班牙连接巴塞罗那市和帕伦西亚市的高速公路的旁道上行驶的液化丙烯罐车发生爆炸，使地中海沿岸侧的一个露营场遭到很大破坏。事故造成 215 人死亡，67 人受伤，约 100 辆汽车和 14 栋建筑物被烧或遭到破坏。

2. 事故分析

这是一个化工储运罐车的爆炸事故。爆炸品在储运过程中在外界作用下(如受热、受压、撞击等)能发生剧烈的化学反应，瞬时产生大量的气体和热量，使周围压力急骤上升，发生爆炸，对周围环境造成破坏的物品。化工储运罐车对储量和储运条件等风险认识不足导致爆炸事故主要表现在：

（1）西班牙政府规定，液化气的充装量应不超过储罐容器的 85%，但是此次的充装量已经达到了 100%。

（2）当天早晨，罐车充装液化丙烯，在行使的途中，受到 7 月太阳的直射，储罐温度不断升高，由于液体的热膨胀作用，而在储罐外壳上产生龟裂。

（3）当在储罐内保持蒸气压平衡状态的液化丙烯从储罐外壳龟裂处猛烈喷出过热液体，扩散于大气中的全部液化丙烯迅速沸腾汽化而分散成雾状，变成蒸气云扩展，遇火源，立即产生巨大火球而发生混合气体爆炸。

3. 事故预防

（1）防止液化气的超量充装。保证高压气储罐的强度。防止发生罐车撞车、翻车、坠落等交通事故。在罐车两侧设置护轨板等。

（2）在技术上进行预防，主要包括防止危险环境的形成及形成后的报警与自动排除险情，可能形成危险环境的场所，严禁明火存在与火花的形成，以及减轻事故危害与确保现场人员有足够的抢救或撤离时间等方面的技术措施。

（3）加强对工作人员安全素质方面的教育及训练，包括安全知识、安全技术、安全心理、职业卫生及消防活动等，而且要定期演练与考核。

（4）在管理方面要有一系列详细的安全管理制度及有效的安全管理组织措施，确保各种有关的安全管理规定能在各个环节上得到充分落实，并能有所改进与提高。

（5）事故控制包括两个方面。一个方面是迅速抢救受伤或中毒人员，并尽力保护现场消防及救护人员的安全，以减少事故的危害；另一个方面是消防工作。

二、化工工艺中泄漏火灾事故

1. 事故经过

2002年1月12日，鄂西山区某化工公司合成车间发生火灾事故，此工艺安全事故造成部分设备损坏，所幸无人员伤害。12日23时10分左右，鄂西山区某化工公司合成车间反应器由于氧气压力下降（当时为1.8MPa，正常工艺要求为2.55MPa以上），为了防止反应器内液体进入氧气管线，当班主操作工吕某命令副操作工黄某关闭了反应器底部氧气根部阀。经过了6~8min，主操作工吕某见氧气压力达到了工艺要求，便又命令副操作工黄某打开氧气根部阀。黄某刚走上操作台准备去开氧气根部阀时，忽听“噗”的一声，随即发现反应器底部锥形体冒出一条约10cm的火苗。黄某见状立即从操作台上跳下来，当黄某着地时，火势已扩散，情急之下黄某使用工作服将脸部罩住跑出来，所幸的是没有受到伤害。

2. 事故原因

这是一起化工工艺中泄漏火灾事故。将原料物经过主要化学反应转变为产品的方法和过程中涉及的化工技术或化学生产技术、实现这一转变的全部措施都存在事故风险。由氧气根部阀与反应器连接法兰泄漏物料喷出摩擦起火而引起火灾事故主要表现在：

（1）直接操作氧气根部阀是造成反应器与连接法兰受到影响直至泄漏的直接原因。

按照设计要求，控制氧气系统的操作应使用安装在二楼的氧气自动调节阀。因投入运行不久，氧气自动调节阀出现内漏现象，至今还没修复，在后来的操作控制中便较长时间使用的是氧气根部阀，且在操作过程中又因该阀门不灵敏，使用时都得用加力杆操作，由于该阀门是安装在$\phi25$的管线上且只有一端与反应器相连接并固定，则另一端是悬空着。因此在操作氧气根部阀时会直接导致与反应器的连接处损坏，引起泄漏。

（2）氧气根部阀的设计安装存在缺陷和隐患，是导致本次泄漏引起火灾事故的重要原因。从现场安装的氧气根部阀的位置及结构分析，不管是用来操作还是用来应急，只要有操作便会导致对连接处的影响。

（3）在组织管理上，对事故发生后的应急处理不及时是导致事故损失扩大的直接原因。

事故发生后，现场有公司值班人员、调度及工段长也都积极地进行了应急处理的组织工作，主要是疏散人员，关闭各物料供给系统和设备停车，其最大失误的一点是未能及时对发生的火灾事故进行控制。经调查，当班值班、调度等现场管理人员，当时未及时组织启用消防系统进行控制的原因是，判断认为不能使用消防水灭火。而后来发现火势越来越猛，才认识到情况的严重性，才报告“119”，这时已延误了近半小时。后经咨询能使用消防水灭火，这时泵房操作工接到调度紧急疏散令后已离开岗位，因全部停电泵已停止运行而无人启泵，后经找人并由其他人员协作才将泵启动，此时又延误了一段时间，直至物料基本泄漏完后才在消防部门的配合下将火彻底扑灭。

3. 事故预防

（1）该公司在管理上对系统装置认识不足，对本来已潜在复杂的化工生产危险的特点，没有一套系统完善、具有可操作性且能提前预防和应对的管理措施，各方面的规程不够健全。即使有规程但也存在着不科学、不具体和不可操作性的问题。因此，必须尽快建立健全一套完善的技术规程及管理制度，以保证系统装置的安全运行。

（2）在现场管理上有安排部署，但存在着检查督促、落实不够到位的现象，因此，管理工作必须明确分工，明确职责并要有具体内容和检查考核办法。

（3）员工整体素质较低，难于适应工作的需要，因此，加强职工安全、技术培训工作，提高职工整体素质是当前一项十分紧迫而又极其重要的工作。

（4）该公司本身承担的是一个试验性项目，在整个工艺生产过程中潜在着高温高压、易燃易爆、易腐蚀的危险特点，因此，事故预案措施必须科学、具体、具有可操作性，且必须让全体员工掌握和操作，以应对突发事故。

（5）对设备完好率控制必须严格要求，严格管理，不准有带病运行现象。

（6）设备装置投入使用的安全性验收工作应引起高度重视，是否存在缺陷或隐患要通过各种形式给予整改或消除。

三、化工设备设施特大爆炸事故

1. 事故经过

1993 年 3 月 10 日，某发电厂 1 号机组锅炉发生特大炉膛爆炸的设备安全事故，人员伤亡严重，死 23 人，伤 24 人(重伤 8 人)。该发电厂 1 号锅炉是美国 ABB-CE 公司(美国燃烧工程公司)生产的亚临界一次再热强制循环汽包锅炉，额定主蒸汽压力 17.3MPa，主蒸汽温度 540℃，再热蒸汽温度 540℃，主蒸汽流量 2008t/h。事故发生时，集中控制室值班人员听到一声闷响，集中控制室备用控制盘上发出声光报警：“炉膛压力‘高高’”“MFT”(主燃料切断保护)“汽机跳闸”“旁路快开”等光字牌亮。FSS(炉膛安全系统)盘显示 MFT 的原因是“炉膛压力‘高高’”引起，逆功率保护使发电机出口开关跳开，厂用电备用电源自投成功，电动给水泵自启动成功。由于汽包水位急剧下降，运行人员手动紧急停运炉水循环泵 B、C(此时 A 泵已自动跳闸)。就地检查，发现整个锅炉房迷漫着烟、灰、汽雾，人员根本无法进入，同时发现主气压急骤下降，即手动停运电动给水泵。由于锅炉部分 PLC(可编程逻辑控制)柜通信中断，引起 CRT(计算机显示屏)画面锅炉侧所有辅助设备的状态失去，无法控制操作，运行人员立即就地紧急停运两组送引风机。经戴防毒面具人员进入现场附近，发现炉底冷灰斗严重损坏，呈开放性破口。该起事故最终核算直接经济损失 778 万元人民币，修复时间132天，少发电近14亿度。因该炉事故造成的供电紧张，致使一段时间内宁波地区的企业实行停三开四，杭州地区停二开五，浙江省工农业生产受到了严重影响，间接损失严重。

2. 事故原因

这是一起化工设备设施特大爆炸事故。为化学反应提供反应空间和反应条件的装置在工业生产过程中主要用于完成氧化、氢化、磺化、烃化、水解、裂解、聚合、缩合及物料混合、溶解、传热和悬浮液制备等工艺过程。锅炉设计、布置、安全设施不当引起特大爆炸事故主要表现在：

（1）锅炉投入运行后，在燃用设计煤种及其允许变动范围内煤质出现严重结渣和再热汽温低、局部管段管壁超温问题，与制造厂锅炉炉膛的结构设计和布置等不完善有直接关系，它是造成这次事故的根本原因。

（2）无安全保护设施启动及人工停止措施，该事故机组自3月1日以来，运行一直不正常，再热器管壁温连续超过报警温度，结果因结焦严重，大块焦渣崩落，导致该起特大事故发生。

3. 事故预防

（1）制造厂(ABB-CE)应采取措施，解决投产以来一直存在的再热器气温低和部分再热器管壁温度严重超限的问题。

（2）制造厂应研究改进现有喷燃器，防止锅炉结焦和烟温偏差过大的问题。在未改进前，制造厂应在保证锅炉设计参数的前提下，提出允许喷燃器下摆运行的角度和持续时间。

（3）锅炉设计中吹灰器布置密度低，现在吹灰器制造质量差，制造厂应采取措施加以改进。在未改进前，电厂应加强检修、维护和管理，提高现有吹灰器的可用率，必要时换用符合要求的吹灰器。

（4）制造厂应研究适当加强冷灰斗支承的措施，以提高其结构稳定性又不致影响环形集箱的安全。

（5）制造厂应采取措施加装必要的监视测点，如尾部烟温、烟压测点、过热器减温器进出口汽温测点、辐射式再热器出口汽温测点等，并送入计算机数据采集系统。

此外，还应考虑装设记录型炉膛负压表。

（6）制造厂应对冷灰斗的积渣和出渣系统的出渣增加必要的监测手段，包括增加必要的炉膛看火孔，以便检查锅炉结渣情况。

（7）制造厂应对不符合安全要求的厂房结构、安全设施、通道、门、走、平台和扶梯等进行改进，如大门不能采用卷帘门，看火孔附近要有平台等。

（8）切实加强燃煤管理。电力部和其他上级有关部门应共同解决锅炉燃煤的定点供应问题。电厂要加强对入厂煤、火炉煤的煤质分析和管理，完善配煤管理技术。

（9）电厂应严格执行运行规程，加强对锅炉的运行分析和管理工作。应及时提出锅炉运行情况的分析意见和异常工况的应急措施。

（10）对事故中波及的设备和部件进行仔细的检查。恢复运行前必须进行炉内空气动力场和燃烧调整试验。

四、化工安全保护设施不力导致爆炸事故

1. 事故经过

1989 年 10 月 23 号美国某石油公司在德克萨斯州帕萨狄那的石油化工厂发生爆炸和火灾事故，由于双重阀关闭或插入盲板的保护装置没有启用，事故造成 23 人死亡，300 多人受伤，经济损失约 7.5 亿元。事故发生在该化工厂高密度聚乙烯(HDPE)装置中。该厂年产 HDPE 约 68×10^4t、聚丙烯约 23×10^4t、K 树脂(苯乙烯-丁二烯共聚物)约 8×10^4t 及其他石化产品。在 10 月 22 日，公司工人在 6 号反应器对 6 个沉降支管中的 3 个支管进行清除堵塞作业，13 时起公司生产的球阀处喷出可燃性气体(异丁烷、乙烯、氢、己烯等混合物)，约 90~120s 后发生第一次爆炸并起火。据推算，该爆炸相当于 2.4t TNT 炸药的威力。10~15min 后两台 $75m^3$的异丁烷储槽发生爆炸，据首次爆炸 25~45min 后，另一系列的聚乙烯装置也发生爆炸。估计从反应器中喷出约 38t 气体。该事故造成 23 人死亡，314 人受伤，经济损失约 7.5 亿元，成为美国化学工业有史以来最大的事故。

2. 事故原因

这是一起由于化工安全保护设施不力而导致的爆炸事故。如连接在压力容器和管道上的安全阀、爆破片装置、紧急切断装置、安全联锁装置、压力表、液位计、测温仪表等附属装置在化工生产中可以为容器、管道等设备安全运行提供附加安全保护。双重阀关闭或插入盲板等安全措施不力导致爆炸事故主要表现在：

(1) 对事故进行调查，可燃性气体首先从 DEMCO 球阀喷出，然后引起爆炸并起火。根据公司制定的安全作用手册，若需开始烃类等可燃性物质的工艺流程时，通常采用双重阀关闭或插入盲板等措施。但是，事故发生时，没有采取这样的措施。

(2) DEMCO 球阀没有装配动作防止装置。

(3) 球阀的开启/关闭由动力空气执行，但作业时没有按公司规定避开空气软管。

(4) 在反应器周围或其他必要的场所未安装可能性气体泄漏报警系统。

(5) 员工没有遵守安全规章制度迅速撤离现场。

3. 事故预防

(1) 对危险性高的化学工艺流程进行安全管理，企业本身在实施过程中要制定必要的规章制度。

(2) 在管理危险性大的化学工艺流程生产中，要在企业中实施以下 9 项内容：

① 发生紧急情况时对应的运行操作方法和停车操作方法。

② 建立审核工厂设备异常的方法。

③ 在制造、储存、使用危险物品时，分析存在发生危险的可能性，对员工及相关人员进行安全教育。

④ 确立对危险进行分析的方法。

⑤ 对职工进行安全教育训练。

⑥ 设备的预防保护措施。

⑦ 动火许可制度。

⑧ 现场的紧急行动计划。

⑨ 使协作公司的合同工了解现场的危险性、安全法规及紧急时的处理方法。

第五章　化工条件和环境安全

大型化工过程系统的公用工程系统包括配电、供热、供风、冷却系统及废料处理系统。电气安全是化工企业安全、稳定、经济、长周期生产的先决条件，供电系统的故障，有时即使是简单的电气故障或参数波动，都可能给企业生产带来超过电气本身损失数百倍以至数万倍的恶果。在化工生产过程中还存在着多种危害劳动者身体健康的生产环境因素，这些危害因素在一定条件下就会对人体健康造成不良影响，产生职业病，严重时甚至危及生命安全。

本章涉及的是“4M”事故系统中的“不良环境”要素，主要介绍化工安全生产的条件和环境，阐述化工选址和布置安全、化工公用工程安全和化工电气安全、化工生产环境职业危害及环境保护的原理和技术要求。

第一节　化工选址与布置安全

一、厂址的安全选择

正确选择厂址是保障生产安全的重要前提。化工厂的建设应根据城市规划和工业区规划的要求，按已批准的设计计划任务书指定的地理位置选择厂址。选择厂址应综合分析与权衡的地形条件用有关的自然和经济情况，进行多方案的技术经济、安全可行性比较，做到选择合理、安全可靠。

1. 选择厂址的基本安全要求

(1) 有良好的工程地质条件。厂址不应设置在有滑坡、断层、泥石流、严重流砂、淤泥溶洞、地下水位过高以及地基土承载力低的地域。

(2) 在沿江河、海岸布置时，应位于临江河、城镇和重要桥梁、港区、船厂、水源地等重要建筑物的下游。

(3) 避开爆破危险区、采矿崩落区及有洪水威胁的地域。在位于坝址下游方向时，不应设在当水坝发生意外事故时，有受水冲毁危险的地段。

(4) 有良好的水文气象条件，避开不良气象地段及饮用水源区，并考虑季节风向、台风强度、雷击及地震的影响相危害。

(5) 与邻近企业的关系，要趋利避害，既要利用已有的设施进行最大程度的协作，又要避开可能产生的危害。厂址布置应在火源的下风侧，毒性及可燃物质的上风侧。

(6) 要便于合理配置供水、排水、供电、运输系统及其他公用设施。

（7）有便利的交通条件，利于原料、燃料供应和产品销售的良好的流通以及储运、公用工程和生活设施等方面良好的协作环境。

（8）应避免选择在下列地区：

① 发震断层地区和基本烈度9度以上的地震区；

② 厚度较大的Ⅲ级自重湿陷性黄土地区；

③ 有开采价值的矿藏地区；

④ 对机场、电台等使用有影响的地区；

⑤ 国家规定的历史文物、生物保护和风景游览地区；

⑥ 城镇等人口密集的地区。

2. 厂址选择的危险性与防护的一般原则

在厂址的定位、选址和布局中可能会有各式各样的危险。一般把它们划分为潜在的和直接的两种危险类型。前者称为一级危险，后者称为二级危险。

一级危险。对于一级危险，在正常条件下不会直接造成人身或财产的损害，只有触发事故时才会引起损伤、火灾或爆炸。典型的一级危险有，易燃物质的存在、热源的存在、火源的存在、富氧条件的存在、压缩物质的存在、毒性物质的存在、人员失误的可能性、机械故障的可能性、人员、物料与车辆在厂区的流动、由于蒸气云降低能见度等。一级危险失去控制就会发展成为二级危险，造成对人身或财产的直接损害。

二级危险。二级危险表现为火灾、爆炸、游离毒性物质的释放、跌伤、倒塌、碰撞等。

危险的防护。对于上述两级危险，可以设置三道防护线。

第一道防护线是为了解决一级危险，并防止二级危险的发生。第一道防护线的成功与否主要取决于所使用设备的精细制造工艺，如无破损、无泄漏等。在工厂的布局和规划中有助于构筑第一道防护线的项目有：

① 根据主导风的风向，把火源置于易燃物质可能释放点的上风侧；

② 为人员、物料和车辆的流动提供充分的通道。

对于二级危险，为了把事故的损失降至最小程度，需要实施第二道防护线。在工厂的选址和规划方面采取以下措施：

① 把最危险的区域与人员最常在的区域隔离开；

② 在关键部位安放消防器材。

不管预防措施如何完善。但仍时有人身伤害事故发生。第三道防护线是提供有效的急救和医疗设施，使受到伤害的人员得到迅速救治。

在实际工作中有许多切实可行有措施可以利用。如地形是规划安全时可以利用的一个因素。可以适当利用地理特征作为企业的安全工具，有效地排除危险物质。水量充分的水源对灭火极为重要，水供应得充足与否往往决定着灭火的成败。

主导风方向是另一个重要的自然因素。从地方气象资料可以确定各个方向风的时间的百分率，通过选址和布局使得主导风有助于防止易燃物的安全排放。

分隔距离是另外一种要素。分隔距离实现不同危险之间以及危险和人之间的隔离，比如，燃烧炉和向大气排放的释放阀之间以及高压容器和操作室之间，都要隔开一段距离。类似的方法是用物理屏障隔离。用围堰限制液体的溢流就是一个典型的例子。

考虑压力储存容器的定位，最好是把这类装置隔离在工厂的一个特定区域内，使得危险集中易于确定危险区的界限。这样做有两个明显的好处，首先是使值班人以外的人员都远离危险区；其次是必须工作在或必须通过危险区的人员完全熟悉存在的危险情况，可以相对安全。同时还应该注意到危险集中的不利之处，一个容器起火或爆炸有可能波及相邻的容器，造成更大的损失。但是经验告诉人们，集中的危险会受到更密切的关注，有可能会减少事故。把危险分散至全厂而不为人所注意将会更具危险。

作为安全防护，可以设计和配置一些物理设施，如消防水系统、安全喷射器、急救站等，以备对付事故之用。

工厂高构筑物可能的坍塌是对社区的另一种潜在的危险。高建筑物或构筑物都要留有一定的间距，防止落体砸伤行人或砸坏邻近的设施。

工厂会产生废液。应该确保预期的排污方法不会污染社区的饮用水。特别是对于渔业，对海洋生物的毒性作用会成为严重问题。对可能含有爆炸混合物的日常排污管道务必注意。对工厂的主要进出口点要格外小心。上下班时进出厂的交通车量剧增，如果不适当安排或疏散，会引起严重的交通事故。

地形也是一个要考虑的因素。厂区应该是一片平地。厂区内不应该有洼地，否则可能会形成毒性或易燃蒸气或液体的积聚。相对于周围地区，厂区最好地势较高而不应是低洼地。

工厂选址是一项复杂的工作，要全面审核各方面资料，综合评定其对工厂存在的(或潜在的)危险，择优确定较佳的选址方案。

二、总平面的安全布局

1. 总平面布局的基本原则

在厂址确定之后，必须在已确定的用地范围内，有计划地、合理地进行建筑物、构筑物及其他工程设施的平面布置，交通运输线路的布置，管线综合布置，以及绿化布置和环境保护措施的布置等。为保障安全，在总平面布置中应遵循以下的基本原则：

(1) 从全面出发合理布局，正确处理生产与安全、局部与整体、重点和一般、近期与远期的关系，把生产、安全、卫生、适用、技术、先进、经济合理和尽可能的美观等因素，作出统筹安排。

(2) 总平面布置应符合防火、防爆的基本要求，体现以防为主、以消为辅的方针，并有疏散和灭火的设施。

(3) 应满足安全、防火、卫生等设计规范、规定和标准的要求，合理布置间距、朝向及方位。

(4) 合理布置交通运输和管网线路，进行绿化布置和环境保护。

(5) 合理考虑企业发展和改建、扩建的要求。

2. 总平面布局的基本要求

根据总平面布局的基本原则，从安全的观点出发，其基本要求如下：

(1) 按使用功能要求分区布置

① 工艺装置区

工艺单元可能是工厂中最危险的区域。首先应该汇集这个区域的一级危险，找出毒性或易燃、易爆物质、高温、高压、火源等。同时这些地方有很多机械设备，容易发生故障，加上人员可能的失误而使其危险性增大。在安全方面要使过程单元人员较少。工艺单元应该离开工厂边界一定的距离，并且集中布置。

要注意厂区内主要的火源和主要的人口密集区，考虑易燃或毒性物质释放的可能性，工艺单元应该置于上述两者的下风区。工艺过程区和主要罐区有交互危险性，两者最好保持相当的距离。

工艺过程单元除应该集中分布外，还应注意区域不宜太拥挤。因为不同工艺过程单元间可能会有交互危险性，工艺过程单元间要隔开一定的距离。特别是对于各单元不是一体化过程的情形，完全有可能一个单元满负荷运转，而邻近的另一个单元正在停车大修，从而使潜在危险增加。危险区的火源、大型作业、机器的移动；人员的密集等都是应该特别注意的事项。

在化工生产中，工艺过程单元间的间距仍然是安全评价的重要内容。对于工艺过程单元本身的安全评价，比较重要的因素有，操作温度、操作压力、单元中物料的类型、单元中物料的量、单元中设备的类型、单元的相对投资额、应急或其他紧急操作需要的空间等。

② 罐区

储存容器，比如储罐，是需要特别注意的装置。这样的容器都是巨大的能量或毒性物质的储存器。在人员、操作单元和储罐之间保持尽可能远的安全距离。容器可能够释放出大量的毒性或易燃性的物质，所以务必将其置于工厂的下风区域。储罐应该安置在工厂中的专用区域，建全危险区的标识，加强安全管理。罐区的布局有以下三个基本问题，罐与罐之间的间距、罐与其他装置的间距、设置防护堤所需要的面积。与这三个问题有密切关系的是储罐的两个重要的危险，一个是罐壳可能破裂，很快释放出全部储存物；另一个是当含有水层的储罐加热高过水的沸点时会引起物料过沸。这三个问题所需要的实际空间还有待进一步的研究。

③ 公用设施区

公用设施区应该远离工艺装置区、罐区和其他危险区，以便遇到紧急情况时仍能保证水、电、汽等的正常供应。由厂外进入厂区的公用工程干管，也不应该通过危险区，如果难以避免，则应该采取必要的保护措施。工厂布局应该尽量减少地面管线穿越道路。

管线配置的一个重要安全问题是在一些装置中配置回路管线。回路系统的任何一点出现故障即可关闭阀门将其隔离开，并把装置与系统的其余部分接通。要做到这一点，就必须保证这些装置至少能从两个方向接近工厂的关节点。为了加强安全，特别是在紧急情况下，这些装置的管线对于如消防用水、电力或加热用蒸汽等的传输必须构成回路。

锅炉设备和配电设备可能会成为引火源，应该设置在易燃液体设备的上风区域。锅炉房和泵站应该设置在工厂中其他设施的火灾或爆炸不会危及的地区。管线在道路上方穿过要特别注意。高架的间隙应留有足够的安全高度，方便起重机等重型设备的通过，减少碰撞的危险。管路不能穿越储罐区。

冷却塔不宜靠近铁路、公路或其他公用设施。大型冷却塔会产生很大噪声，应该与居民区有较大的距离。

④ 运输装卸区

良好的工厂布局不允许铁路支线通过厂区，可以把铁路支线规划在工厂边缘地区解决这个问题。对于罐车和罐车的装卸设施常做类似的考虑。在装卸台上可能会发生毒性或易燃物的溅洒，装卸设施应该设置在工厂的下风区域，最好是在边缘地区。原料库、成品库和装卸站等机动车辆进出频繁的设施，不得设在必须通过工艺装置区和罐区的地带，与居民区、公路和铁路要保持一定的安全距离。

⑤ 辅助生产区

维修车间、化验室和研究室等要远离工艺装置区和罐区。维修车间是重要的火源，同时人员密集，应该置于工厂的上风区域。研究室按照职能情况与其他管理机构比邻，但研究室偶尔会有少量毒性或易燃物释放进入其他管理机构，所以两者之间也应留有一定的距离。

废水处理装置是工厂各处流出的毒性或易燃物汇集的终点，应该置于工厂的下风远程区域。

高温焚烧炉等的安全问题应结合工厂实际慎重考虑。作为火源，应将其置于工厂的上风区，但是严重的操作失误会使焚烧炉喷射出相当量的易燃物，对此则应将其置于工厂的下风区。一般把焚烧炉置于工厂的侧面风区域，与其他设施隔开一定的距离。

⑥ 管理区

出于安全考虑，主要管理机构应该设置在工厂的边缘区域，并尽可能与工厂的危险区隔离。这样做的安全考虑是，首先，销售和供应人员以及必须到工厂办理业务的其他人员，没有必要进入厂区。因为这些人员不熟悉工厂危险的性质和区域，而他们的普通习惯如在危险区无意中吸烟，就有可能危及工厂的安全。其次，办公室人员的密度在全厂可能是最大的，把这些人员和危险区分开会改善工厂的安全状况。

(2) 正确处理建筑物的组合安排

建筑物的组合安排，涉及建筑体型、朝向、间距、布置方式所在地段的地形、道路、管线的协调等。

建筑物的建筑层次，应根据土壤承载能力来确定，有地下室设施的建、构筑物应布置在地下水位较低的地方。

对散发有毒害物质的生产工艺装置及其有关建筑物应布置在厂区的下风向。为了防止在厂区内有害气体的弥漫和影响，并能迅速予以排除，应使厂区的纵轴与主导风向平行或不大于45°交角。对化学工厂中需加速气流扩散的部分建筑物，应将长轴与主导风向垂直或不小于45°交角，这样可以有效地利用人为的穿堂风，以加速气流的扩散。

建筑物的方位应保证室内有良好的自然采光和自然通风，但应防止过度的日晒。最适宜的朝向应根据不同纬度的方位角来确定。为了有利于自然采光，各建筑物之间的距离，应不小于相对两建筑物中最高屋檐的高度。

根据化工各类不同生产性质和可能，在厂区内主要干道的两侧，有计划地种植行道树和灌木绿化丛，不但有美化环境的作用，也是现代化工厂文明生产必备条件。厂区的绿化还有助于减弱生产中散发的有害气体和压抑粉尘的作用，有助于净化空气改善厂区气候环境；在盛夏季节可以大量减少太阳的辐射热；在寒冬季节里可以起到防风保暖作用。厂区的绿化可阻隔噪声在空气中的传导，起到一定的吸声作用。有一些抗毒性能较强的树种如刺槐、白杨等，可抵抗二氧化硫；如龙柏、黄杨等可抵抗二氧化碳及酸雾；如接骨木、乌柏、枫、黑松等，可抵抗氯气；如罗汉松等，可强抗硫化氢气体。厂区总平面布置，必须结合地形、地质情况以及选用竖向布置来进行设计。

（3）合理组织交通路线

工厂交通路线应根据生产作业线和工艺流程的要求合理组织流线、流量、车行系统和人行系统，以及各种交通措施。要全面考虑水平运输与垂直运输的衔接，以及不同的运输车辆、不同的交通线路和不同的交通流量的衔接安排。

为了避免各种车辆进出厂区过于频繁，并由此产生的振动、噪声和排出的有害气体影响生产及过往行人和生活的安静，主要生产车间应按工艺流程合理安排，使生产线衔接通顺而短捷，尽量减少不合理的交叉和往返运输。原料和成品仓库要就近交通线，并在保持一定安全距离的条件下，尽可能靠近生产车间，如有可能应用管道输送。辅助车间也应尽可能地接近生产车间。厂区主要的交通网布置应结合生产，使厂内外运输经常保持畅通，合理分散人流与货流。

工厂道路出入口至少应设两处，且应设于不同的方位。要使主要人流和货流分开，主要人行道和货运道路，应尽可能避免交叉。在不可避免时，尽可能设置栈桥和隧道，使在不同空间通行，以防交通事故的发生。在厂内道路交叉处，应有足够的会车视距，即车辆在弯道口，驾驶员能够清楚地预先看清另一侧的情况。在此视距范围内，不应设置临时建筑、堆物等有碍交通的遮挡物。厂内道路口视距一般不小于20m。厂内道路应尽量作环状布置，对火灾危险性大的工艺生产装置、储罐区、仓储区及桶装易燃、可燃液体堆场，在其四周应设道路。当受地形条件限制时，可采用尽头式道路，并在尽头设置回车道或回车场地。消防专用道路不应兼作储罐区的防火堤，并应考虑错车要求。在公路型单车道距路面边1m宽的路肩内，不应布置地面消火栓及地面任何管道。

在厂内运输易燃、可燃液体和液化石油气以及其他化学危险物质的铁路装卸线，应为平直段，当条件受限制时，可设在半径不小于500m的曲线上，但其纵坡度应为零。如该装卸线设计为尽头线时，延伸终端距装卸站台应不小于20m。

3. 防火间距

设计总平面布置时，留出足够的防火间距，对防止火灾的发生和减少火灾的损失有着重要的意义。确定防火间距的目的，是在发生火灾时不使邻近装置及设施受火源辐射热作用而被加热或着火；不使火灾地点流淌、喷射或飞散出来的燃烧物体、火焰或火星点燃邻近的易燃液体或可燃气体，并减少对邻近装置、设施的破坏，便于消火及疏散。

防火间距一般是指两座建筑物或构筑物之间留出的水平距离。在此距离之间，不得再搭建任何建筑物和堆放大量可燃易燃材料，不得设置任何贮有可燃物料的装置及设施。

防火间距的计算方法，一般是从两座建筑物或构筑物的外墙(壁)最突出的部分算起；计算与铁路的防火间距时，是从铁路中心线算起；计算与道路的防火间距时，是从道路邻近一边的路边算起。

在确定防火间距大小时，主要是从热辐射这个因素来考虑。在许多火场上的一幢建筑物着火，由于没有及时控制和扑灭，使火势很快地向周围防火间距不够的建筑物蔓延扩大，使小火变成大火，往往造成严重损失。因此在新建、扩建和改建时，应留出足够的防火间距，对预防火灾扩大蔓延是能起到一定的作用的。防火间距的确定，应以生产的火灾危险性大小及其特点来衡量，并进行综合评定。

在总平面布置中，应考虑并确定以下各类防火间距：

(1) 石油化工厂(包活化工厂和炼油厂)同居住区、邻近工厂、交通线路等的防火间距；

(2) 石油化工厂总平面布置的防火间距；

(3) 石油化工工艺生产装置内设备、建筑物、构筑物之间的防火间距；

(4) 屋外变、配电站与建筑物的防火间距；

(5) 汽车加油站与建筑物、铁路、道路的防火间距；

(6) 甲类物品库与建筑物的防火间距；

(7) 易燃、可燃液体的储罐、堆场与建筑物的防火间距；

(8) 易燃、可燃液体储罐之间的防火间距；

(9) 易燃、可燃液体储罐与泵房、装卸设备的防火间距；

(10) 卧式可燃气体储罐间或储罐与建筑物、堆场的防火间距；

(11) 卧式氧气储罐与建筑物、堆场的防火间距；

(12) 液化石油气储罐间或储罐区与建筑物、堆场的防火间距；

(13) 露天、半露天堆场与建筑物的防火间距；

(14) 空分车间吸风口的防火间距；

(15) 乙炔站、氧气站、煤气发生站与建筑物、构筑物的防火间距；

(16) 堆场、储罐、库房与铁路、道路的防火间距。

第二节　化工公用工程安全

大型的化工过程系统通常认为是由三大部分组成的，即化学加工过程、热回收网络和公用工程系统。公用工程系统包括配电、供热、供风、冷却系统及废料处理系统。

一、公用工程布局

公用工程系统在布局设计时应充分考虑安全的需要，保证紧急情况下的供水、供电和供汽，避免和减少厂内的安全事故。公用工程设施所在区域应该远离工艺装置区、罐区及其他危险区域，以保证紧急情况下水、电和汽的正常供应。厂外进入厂区的公用工程设施也要避开危险区，在难以避免的情况下，注意采取必要的安全保护措施。

管线在铺设时要尽量避免穿越道路，管线架设时如果在道路上方，要留出间隙，以保证大型机动车的安全行驶，围堰区不要设置管线，以避免围堰区火灾对管线的毁坏。一些装置要配置回路管线，装置要从至少两个方向进入到生产的关节点，在任何一处出现故障时都能保证阀门关闭，与故障处隔离，同时与系统的其他部分接通。为了保证安全，装置中的消防用水、加热蒸汽或电力用蒸汽等的传输必须是回路的。

锅炉设备和配电设备要设计在易燃液体设备的上风口，避免火灾时，因火势的迅速蔓延造成设备的毁损和更大的火灾爆炸事故。锅炉房和泵房要设计保证在与其他设施的安全距离。

冷却塔要远离居民区，避免其产生的噪音对居民的影响，而且要远离公路、铁路，以免冷却塔产生的烟雾对人们视线的干扰。

二、电气系统安全

电是化工过程能量的主要来源，它可以转化成生产所需的热能、机械能和光能等，配电设施在化工生产中起着举足轻重的作用。化工生产过程中往往需要高温、高压或真空及深冷等苛刻的操作条件，同时物料本身易燃、易爆、易腐蚀，因此对电气设施的要求很高。要为所有的电气设施配置足够的安全防护措施，同时在电气作业中要按规定采取相应的防护措施。

在化工厂，针对易燃液体或气体泄漏形成爆炸性混合物，电气线路、设备和照明设施要按防护要求配置防护措施，如照明设施的防蒸汽设置、危险电气设备如火花放电设施、油浸式或部分封闭的开关等的完全隔离。不允许工作人员在爆炸性气氛中作业，不可避免的情况下，要先通过各种措施改变气体组成，使其不在爆炸极限内，仍然不能实现的情况下，安排工作人员在空间内的防护罩内作业或在空间内设置通风厨。高过地面 6 m 以上的露天构架上设置的电气设备泄漏点的、临时的、局部的爆炸性混合物气氛的影响不大。

化工厂中的通信、打印等办公设备在使用时能够产生具有高能的火花，在爆炸性气氛物中也很可能造成火灾或爆炸，为此应该尽量安装和使用防爆装置。按照电器规范选择和安装电气仪表，安装前要仔细阅读说明书，了解性能指标，避免因为使用不当引起火灾爆炸。有时可以把电气仪表封闭起来，而且要按章操作，需要清洗和净化时，可以通过小空气管不断地吹送缓慢的清新的空气流。

所有的与易燃易爆液体、气体相关的化工设备、储运设备包括罐、鼓、管线和罐车以及辅助设施包括建筑钢筋和露天构架都应该接地消除静电。接地时可以直接埋入或嵌入地内，切勿与电缆管线、气体或蒸汽管线相连。松软接地最好与大的水管道连接，打入地内或嵌入接地钢板，但务必不得与电缆管线、喷水支路管道、气体、蒸汽或过程管线连接。电气仪表要设置在危险区以外，如果载流部件或导线必须暴露，应该将其提升到至少高过人行面 2.4m 以上，或密封起来。电气设备要定期检验损坏情况并测定接地电阻。

三、供气系统安全

通常空气经空气压缩机压缩后由管道进行输送，供化工过程、动力或仪表使用，也有时与呼吸面罩相连，满足人员呼吸要求。由于不同用途的空气质量要求不同，不同用途的空气都应该由各自的系统提供。供呼吸的空气要求比较高，要避免与一氧化碳、油蒸气、机械粉末或其他杂质混合，氧气、氮气和二氧化碳的比例必须适当。空气管道与呼吸面罩连接时，过滤器和吸尘护罩应该尽量安装在靠近出口处，过滤器下游管道的材质最好是钢的，用于呼吸的空气不必添加或去除湿气，人体对湿度范围的要求不高。

空气压缩机用润滑油在连续操作情况下会产生高温，润滑油有可能裂解从而污染空气。彻底解决压缩机中润滑油的安全问题，要完全消除系统内的可燃物质，即采用无油润滑压缩机。只是压缩机的轴承和工件需要润滑，气缸由于活塞上使用的是低摩擦的密封垫而无需润滑。但是由于受到成本、使用寿命等因素限制，有些情况下无油润滑压缩机既不经济也不合理。

为了保证气缸采用润滑油润滑的压缩机的安全运转可以采用的措施有：

(1) 排除油积炭沉淀物

润滑油的氧化和分解是不可完全避免的，因此应适时、定期地对压缩空气系统进行净化，清除老化的润滑油及其分解物，对容器进行吹扫，除掉油水乳浊液、压缩冷凝液外，粉尘或粒状物应用过滤器滤掉。为减少管道内的油积炭沉淀物，在接近气缸处安装冷却器，在压缩机后设置高效的油气分离器。在压缩空气管路系统中，应避免促使油蒸汽或积炭聚集的结构缺陷。

我国《固定式空气压缩机安全规则和操作规程》规定：有油润滑空气压缩机的任何积炭应定期予以有效清除。对于一般动力用空气压缩机，检查和清除的次数，应使积炭层厚度不超过 3mm 为准。这个厚度被认为是安全的厚度。

(2) 防止形成油与空气混合物的爆炸浓度

为了使压缩气流能有效地带走油积炭沉淀物，从安全角度，应正确选择压缩机装置中各个区段的气流速度。同时油润滑压缩机还需要配置特殊的装置，如一氧化碳报警、油蒸气移出以及气味消除装置。一氧化碳移出装置将一氧化碳转化为二氧化碳。

(3) 消除燃烧源

除了清除本身就是可能发生自燃的燃烧源的油积炭沉淀物外，压缩机装置必须接地，尤其是在移动式压缩机装置中更应注意，从而避免因静电积聚引起的火花。不应采用可燃的密封材料。

(4) 改善油的物理化学性质

气缸与活塞组件摩擦与磨损都正常的条件下，要选择有良好的热稳定性和较低黏度的润滑油。也可以考虑加入抗氧剂和防止积炭沉淀的添加剂。

(5) 改善油的工作条件

在操作上不允许容器和管道零件有松动现象，不允许出现曲轴箱内的运动部件非正常摩擦和咬死，而且切断进气进行气量调节时，时间不要太长，因为这些都可能引起高温。为了降低温度可以在压缩机气缸或进气管道中喷水，来降低压缩机气缸内的温度及排气管道内的温度，使积炭沉淀物的数量大为减少，而且这种情况下形成的油积炭沉淀物结构松软，易剥落并被气流带走。一般来讲采用高质量的润滑油时，工作温度不超过于 150℃或者低于润滑油的闪点 28℃时，可以认为压缩机能够安全运转。但在正常温度下也有可能出现局部过热现象。在管道的热区用不锈钢材料或者在管道内表面涂上特殊涂层，油积炭沉淀物难以形成，可以避免润滑油在压缩空气流通区域内的聚集，保证润滑油的流通。正常选择润滑油耗量，能大大减少油积炭沉淀物，可以通过运转试验来确定润滑油的耗量。

氮、二氧化碳和其他惰性气体属于非过程气体，也被称作辅助气体。这些气体的操作压力一般不高于 1MPa，不存在爆炸火灾危险，主要的安全问题是造成人的窒息甚至死亡，在罐内或有限空间内工作时，惰性气体如果被错当成空气通入，或人员误入惰性气体保护区，会造成伤亡事故。辅助气体的所有出口和阀门都应该标注气体的名称。

四、水和蒸汽系统安全

化工厂有净化水厂分别供应生产和生活用水，生产用水供给工业循环冷却水系统和水处理站，水处理站处理后得到脱氧水、去离子水和除盐水，其中除盐水又供给锅炉作为炉水。工艺循环水的温度在25~35℃，循环水要配置冷却塔。根据工艺需要，有的生产工艺冷冻循环水需要6℃的水，此部分水可以不加盐。有的生产工艺需要的是冷冻工况的低温水，此部分水必须加盐，制得零下温度的水。许多化工厂的冷却、冲洗地板和设备或其他过程目的使用的是非饮用水。应该在所有供应非饮用水的水出口标示出“非饮用水”，向工作人员警示水是不安全的，非饮用水不能用于餐饮或洗浴，也不能用于炊具、餐具、食品加工器具及服装等的洗涤。但不含有构成不卫生条件或对人员有害物质的非饮用水可以洗涤其他用具。有些类型的冲水厕所供应压力损失时，污水会对水供应管线造成污染，因此有必要在与过程水或过程冷却水的供应管线或系统连接的所有管接头配置抗虹吸装置，防止可能被污染的水回流至饮用水系统，对人体健康造成危害。一种有效的抗虹吸装置是把饮用水供应管线与空水箱排在一起，水自由落入水箱进入泵的入口并被输送应用于过程目的，有一个水溢流出口设置在供应管线出水口的下方。

不得把蒸汽管道和水管道直接连接产生热水，除非使用冷水供应一旦中断就完全关闭的水-蒸汽混合器，否则一旦冷水中断就会造成蒸汽的灼伤。只能使用有热交换的水加热器，这样的加热器可以供应温度精确控制的热水。热水加热器不仅应该有过压压力释放阀，而且还应该有过热释放熔断塞。在所有混合器出口的管线标注名称和最高的热水温度，温度高于57℃的水与皮肤接触一般会引起至少是一度的灼伤。如果使用超过这个温度的水，一定要进行专门的训练并掌握对水的使用的控制方法。在许多化工厂，操作人员冲洗地板或设备时应该使用热水而不是蒸汽，蒸汽吹洗方法只能由受过专门训练的人员在严密监控下来进行。

在处理具有腐蚀性或毒性的物料区域应该安装安全淋浴器，即使工作人员穿戴防火服，黏附在防护服上的易燃液体也可能着火，安全淋浴器对于此类灭火有重要价值。因为头顶上方大容量、慢速地连续喷射水，使人员的燃火服装易于彻底浸透。所有安全淋浴器的阀门应该设置在相同的高度，相同的与喷头的相对位置，阀门操作方向要相同，操作方式要完全类似。上述这些要求可以使操作人员在紧急情况下虽然看不到淋浴器的阀门但可以触摸得到。对于每个淋浴器，都必须坚持进行定期检验。

化工装置的蒸汽系统通常有多个压力等级参数，以适用不同设备和工艺条件的需要，压力为0.1MPa或更低压力的蒸汽适用于室内加热装置，有加热和工艺直接使用及工业汽轮机用的中压蒸汽，还有驱动大型工业汽轮机用的高压蒸汽。蒸汽的疏水器和泄放阀应该安装在远离人员或人员可以避开的区域。当蒸汽冷凝液排放至污水管线时，应该配置专门设施，防止因疏水器故障蒸汽的泄放造成压力的累计。

对于高出地面2.1m以下或人员易于接触的所有蒸汽管线、设备和散热器，都应该采取保温措施，安装警示牌，并保持足够的警惕，防止人员与没有保温的蒸汽管线、散热器接触会引起严重的烫伤。

利用蒸汽进行吹扫时应做好吹扫条件及准备工作，在保证全部蒸汽管线、支吊架等经过验收符合设计要求，补偿器的固定螺栓已拆除的情况下，在重点部位标记管道支架和管架的相对位置，在蒸汽总管的末端安装临时吹扫管线、闸阀和临时排汽管。管口向上，排汽管道应具有承受排汽的反作用力的牢固支撑，排放管引至室外加明显标志。在排汽管前方 50m 范围内设置隔离区，防止蒸汽或吹出物伤人。设置明显标志，由专人负责，严禁行人、车辆通行。

参与吹扫人员要熟悉系统工艺流程，服从分配，听从指挥，坚守工作岗位。在吹扫工作过程中，各单位人员分工明确，各负其责。参加吹扫人员应配备必要的劳保用品和工器具，防止发生人身安全事故。吹扫过程分为暖管、管网升压、降压和吹扫三个过程。在管道吹扫前，应注意充分暖管，暖管时先打开所有的倒淋，排净管中积水避免造成水击，缓慢打开界区主蒸汽总管上的阀门，缓慢提升管道温度，使管道平缓地进行膨胀，防止突然升高管道温度造成局部应力过大破坏管道吹扫。在暖管的过程中，重点检查管线支架位移、补偿器的伸缩情况，发现异常情况及时向调度报告，进行停汽处理。按规定进行升压、降压操作管网的升压和降压，沿线检查人员区域内管道地质量状况，发生漏汽现象报告给调度，吹扫一定时间后，关闭末端阀门，安放检测木板，拆换检测木板时应将临时阀门关严，并在控制开关上挂严禁操作牌，以免发生事故。打开阀门进行检测，每次吹扫 15min，关闭末端控制阀门，检查木板，直至板上无铁锈，焊渣等脏物。

五、废料处理系统安全

化工厂产生的废料，多为有毒、有害或腐蚀性物质，因此在废料排放前要做好处理工作。保证将释放到空气中的气体和排放出厂的液体控制在有害浓度之下。从排风系统或烟囱排放出的有害气体和悬浮微粒，必须满足环境法规规定的允许浓度限度。排放到公共地下水系统的化学废液在排放前必须经过充分处理，完全清除有害化学物质，确保其在下水道通往河流的出口点处于无害的浓度。

加工易燃挥发性物料，应用地下管道系统输出废液，为了避免在管道内空气的间隙中会形成爆炸性混合物，要防止任何易燃挥发性废液进入封闭的地下水管线，下水管道清理和维护时也应该足够开放，也可以应用明渠敷设废液下水管道，并配置充分的阻火设施。明渠由耐化学暴露的材料构筑，易于清理和检查。废液在进入废液处理系统前，多数情形都需要用足够量的水稀释。

专用地窖是一个大的拱形混凝土地下室，装有废料并用混凝土覆盖的鼓或其他容器放置在其中。通过普通的生物降解就可以消除其现存的和潜在的危险和不会发生降解，在地窖中永不消失的危险废料可以放置在化学地窖中，如无机废料，既不能循环使用，也不能通过生物的或焚化的方法将其销毁，于是专用的地窖成为它们的永久存放地。重金属的氧化物或硫化物极难溶于水，不存在严重的液体渗透问题，可以放置在井型设计的化学地窖中，也可以置于一经关闭可能会永不开启的专用地窖中。

第三节　化工电气安全

一、电气设备安全

1. 用电设备

绝大多数用电设备是低压用电设备。低压用电设备种类极多，本节所涉及的用电设备只是石油化工企业中最常用的、危险性较大的低压设备，如电动机、手持电动工具、照明装置等电气设备。

（1）用电设备的环境条件和外壳防护等级

空气中介质的状态，以及其他环境参数都影响触电的危险性。例如，潮湿、导电性粉尘、腐蚀性蒸气和气体对电气设备的绝缘起破坏作用，大幅度降低其绝缘电阻，可能造成电气设备的外壳、机座等金属部件带上危险的电压，并由此引起触电事故。又如，导电性地板以及电气设备附近有金属接地物体存在，使得容易构成电流回路，从而增大触电的危险性。因此，应根据环境特征，选用适当防护型式的用电设备。电气设备的结构及所采取的安全措施应能防护所在环境中各种不安全因素的影响。

工作环境或生产厂房可按多种方式分类。按照电击的危险程度，石油化工企业用电环境分为无较大危险的环境、有较大危险的环境、特别危险的环境三类。

电机和低压电器的外壳防护包括两种：第一种是对固体异物进入内部的防护，以及对人体触及带电部分或运动部分的防护；第二种是对水进入内部的防护。根据GB/T 4208—2017《外壳防护等级（IP代码）》，外壳防护等级的标志由字母“IP”及两个数字组成，如IP34。其中第一位数字表示第一种防护型式等级（对固体异物进入内部的防护）；第二位数字表示第二种防护型式等级（对水进入内部的防护）。仅考虑一种防护时，另一位数字用“×”代替，例如IP×4。前附加字母是电机产品的附加字母，W表示气候防护式电机，R表示管道通风式电机；后附加字母也是电机产品的附加字母，S表示在静止状态下进行第二种防护型式试验的电机，M表示在运转状态下进行第二种防护型式试验的电机。如无需特别说明，附加字母可以省略。

（2）电动机

电动机是石油化工企业最常用的用电设备，其作用是把电能转换为机械能。作为动力机，电动机具有结构简单、操作方便、价格低、效率高等优点，应用广泛。工厂中电动机消耗的电能占总能耗量的50%以上，可见电动机的安全运行是保证企业正常生产的基本条件之一。

电动机的电压、电流、频率、温升等运行参数应符合要求。电动机或其控制电器内起火冒烟、剧烈振动、温度超过允许值并继续上升、转速突然下降、三相电动机缺相运行、电动机内发出撞击声或其控制电器、被拖动机械严重故障时，应停止运行。异步电动机的常见故障及处理方法见表5-1。

表 5-1　异步电动机故障分析和处理方法

故障现象	原因分析	处理方法
不能启动或转速低	1. 电源电压过低 2. 熔断器烧断一相或其他连接处断开一相 3. 定子绕组断路 4. 绕线式转子内部或外部断路或接触不良 5. 鼠笼式转子断条或脱焊 6. 定子△形接线的误接成 Y 形接线 7. 负载过大或机械卡住	1. 检查电源 2. 用摇表和万用表检查有无断路或接触不良 3. 用摇表和万用表检查有无断路或接触不良 4. 用摇表和万用表检查有无断路或接触不良 5. 将电动机接到 15%～30% 额定电压的三相电源上，测量三相电流，如电流随转子位置变化，说明有断条或脱焊 6. 检查接线并改正 7. 检查负载及机械部分
启动响声大，三相电流相差很大	定子绕组一相首、末两端反接	用低压单相交流电源，指示灯或电压表等器材，确定绕组首、末端，重新接
三相电流不平衡	1. 电压不平衡 2. 定子绕组有线圈短路 3. 定子绕组匝数错误 4. 定子绕组部分线圈接线错误	1. 检查电源 2. 检查有无局部过热 3. 测量绕组电阻 4. 检查接线，并改正
电刷冒火，滑环过热或烧坏	1. 电刷牌号不符 2. 电刷压力过小或过大 3. 电刷滑环接触不严 4. 滑环不平、不圆或不清洁	1. 更换电刷 2. 调整电刷压力（一般电动机 17.7～24.5 kPa，牵引和起重电动机 24.5～39.2 kPa） 3. 研磨电刷 4. 修理滑环
内部冒烟、起火	1. 电刷下火花太大 2. 内部过热	1. 调整、修理电刷和滑环 2. 消除过热原因
过热	1. 过载 2. 电源电压过高 3. 定子铁芯短路 4. 定、转子相碰（扫膛） 5. 通风散热障碍 6. 环境温度过高 7. 定子绕组断路或接地 8. 接触不良 9. 缺相运行 10. 线圈接线错误 11. 受潮 12. 启动过于频繁	1. 减速或更换电动机 2. 检查并设法限制电压波动 3. 检查铁芯 4. 检查铁芯、轴、轴承、端盖等 5. 检查风扇、通风道等 6. 加强冷却或更换电动机 7. 检查绕组直流电阻、绝缘电阻等 8. 检查各接点 9. 检查电源及定子绕组的连续性 10. 照图纸检查，并改正 11. 烘干 12. 按规定频率启动
振动和响声大	1. 地基不平，安装不好 2. 轴承缺陷或装配不良 3. 转动部分不平衡 4. 轴承式转子变形 5. 定子或转子绕组局部短路 6. 定子铁芯压装不紧 7. 设计时，定、转子槽数配合不妥	1. 检查地基及安装 2. 检查轴承 3. 必要时做静平衡及动平衡试验 4. 检查转子，并找正 5. 拆开电动机，用仪表检侧 6. 检查铁芯并重新压紧 7. 允许运行

（3）单相电气设备

单相电气设备指照明设备、小型电动工具、小电炉及其他小型电气设备。统计资料表明，单相设备上的触电事故及其他事故都比较多，因此，要特别重视单相电气设备的安全措施。

通用安全要求防触电、防火防爆。照明设备不正常运行可能导致火灾，也可能导致人身事故。在爆炸危险环境、中毒危险环境、火灾危险性较大的环境及一旦停电即关系到人身安危的环境、500 人以上的公共环境、一旦停电使生产受到影响会造成大量废品的环境等都应该有事故照明(至少应有应急照明)。事故照明线路不能与动力线路或照明线路合用，而必须有自己的供电线路。

2. 低压电器

低压电器可分为控制电器和保护电器。控制电器主要用来接通和断开线路，以及控制用电设备，常见低压控制电器有刀开关、低压断路器、减压启动器、电磁启动器等。保护电器(如熔断器、热继电器等)主要用来获取、转换和传递信号，并通过其他电器对电路进行控制。

低压保护电器主要包括熔断器、热继电器、电磁式过电流继电器以及低压断路器、减压启动器、电磁接触器里安装的各种脱扣器。继电器和脱扣器的区别在于：前者带有触头，通过触头进行控制；后者没有触头，直接由机械运动进行控制。

3. 变(配)电设备

(1) 变(配)电所

不论是从配电网引进高压电源还是自己备有发电没备的石油化工企业，都必须有相应的变(配)电装置。完成变电和配电工作的场所叫做变(配)电所(站或室)。变配电所是石油化工企业的动力枢纽，其安全运行对企业的安全生产有十分重要的意义。

变(配)电所的一般安全要求包括建筑设计、设备安装、运行管理等方面的要求。

(2) 变压器

电力变压器是变(配)电站的核心设备，起升高或降低电压的作用。石油化工企业用的变压器均起降低电压的作用，通常是把 6~10kV 的高压电降低为 0.4kV 的低压电，供给电气设备使用，这种变压器称为配电变压器。

新投入的变压器在带负荷前，应空载运行 24h，运行中变压器的运行参量应当符合规定。变压器允许过载运行，但允许过载运行的时间必须与过载前上层油温和过载量相适应，油浸电力变压器的允许过载时间可参考表 5-2 确定。

表 5-2　油浸电力变压器允许过载时间　min

过负荷倍数	过负载前上层油面温升/℃					
	28	24	30	36	42	48
1.05	5:50	5:25	4:50	4:00	3:00	1:30
1.10	3:50	3:25	2:50	2:00	1:25	0:10
1.15	2:50	2:25	1:50	1:20	0:35	—
1.20	2:05	1:40	1:15	0:45	—	—
1.25	1:35	1:15	0:50	0:25	—	—
1.30	1:10	0:50	0:30	—	—	—
1.35	0:55	0:35	0:15	—	—	—
1.40	0:40	0:25	—	—	—	—
1.45	0:25	0:10	—	—	—	—
1.50	0:15	—	—	—	—	—

高压10kV变压器一般装有防雷保护、继电保护、气体保护（瓦斯保护）、熔丝保护、反时限过电流保护、定时限过电流保护。

4. 电气线路

电气线路可分为电力线路和控制线路，其中前者完成输送电能的任务，而后者供保护和测量的连接之用。电气线路是石油化工企业电气系统的重要组成部分，它除满足供电可靠性或控制可靠性的要求外，还必须满足各项安全要求。

电气线路应满足供电可靠性的要求及经济指标的要求，应满足维护管理方便的要求，还必须满足各项安全要求，如导电能力、线路绝缘、机械强度、线路间距、线路防护、导线连接、线路管理等。

二、电气防火防爆

1. 电气火灾与爆炸

火灾与爆炸是两种性质不同却又常伴随在一起发生的灾害。引发火灾与爆炸的条件虽然不同，但其触发因素几乎一样，即它们大都由高温或电弧火花而引起。由电气引起的火灾与爆炸事故占有较大的比例（根据资料统计约占14%~20%）。线路、开关、保险、插座、灯具、电动机、电炉等的事故均可能引起火灾，尤其是当线路、电气设备或用电器具与可燃物接触或接近时，火灾危险性更大。在高压设备中，变压器和多油断路器有较大的火灾危险性，且还有爆炸危险性。电气火灾与爆炸事故不仅造成人身伤亡和设备毁坏外，还会导致较大范围或较长时间的停电，危害极大。

引发电气火灾与爆炸的基本因素包括存在易燃易爆环境、电气设备会产生火花和高温。电气火灾和爆炸的主要原因包括电气设备过热、电火花和电弧等。

2. 石油化工电气防火防爆措施

电气防火防爆措施是综合性的措施，包括选用合理的电气设备，保持必要的防火间距，保持电气设备正常运行，保持通风良好，采用耐火设施，装设良好的保护装置等技术措施。

（1）选用电气设备

应当根据环境特点选用适当型式的电气设备。

（2）保持防火间距

选择合理的安装位置，保持必要的安全间距也是防火防爆的一项重要措施。为了防止电火花或危险温度引起火灾，开关、插销、熔断器、电热器具，照明器具、电焊设备、电动机等电气设备均应根据需要，适当避开易燃物或易燃建筑构件。

爆炸危险环境的变、配电装置的设置安全要求可参看GB 50058—2014《爆炸危险环境电力装置设计规范》及GB 50160—2008《石油化工企业设计防火规范》。

（3）保持电气设备正常运行

保持电气设备正常运行包括保持电气设备的电压、电流、温升等参数不超过允许值，包括保持电气设备足够的绝缘能力，包括保持电气联接良好等，可防止产生火花和危险温度。

（4）通风

在爆炸危险环境，如有良好的通风装置，能降低爆炸性混合物的浓度，环境危险区域等级可以适当考虑降低。

变压器室一般采用自然通风，当采用机械通风时，其送风系统不应与爆炸危险环境的送风系统相连，且供给的空气不应含有爆炸性混合物或其他有害物质；几间变压器室共用一套送风系统时，每个送风支管上应装防火阀，其排风系统独立装设。排风口不应设在窗口的正下方。

爆炸危险环境内的事故排风用电动机的控制设备应设在事故情况下便于操作的地方。

（5）耐火设施

采用耐火设施对现场防火有很重要的作用。例如，变(配)电室、酸性蓄电池室、电容器室应为耐火建筑；临近室外变、配电装置的建筑物外墙也应为耐火建筑。又如：穿入和穿出建筑物通向油区的沟道和孔洞应予以堵死或加装挡油设施；又如，为防止火灾蔓延，室内储油量 600kg 以上的变压器或其他电气设备，室外储油量 1000kg 以上的电气设备应设置容量为 100%油量的挡油设施。

（6）接地

爆炸危险场所的接地(或接零)较一般场所要求高。

三、电气接地与接零

1. 接地接零的作用和要求

（1）接地及其作用

电气接地(常简称接地)是指电气设备或设施的任何部位(不论带电与不带电)，人为地或自然地与具有零电位的大地相接通的方式。按照接地的形成情况，可以将其分为正常接地和故障接地两大类，其中正常接地又分为工作接地和安全接地两大类。

工作接地是出于运行和安全需要，为保证电力网在正常情况或事故情况下能可靠地工作而将电气回路中某一点实行的接地方式。例如，电源(发电机或变压器)的中性点直接(或经消弧线圈)接地，能维持相线对地电压不变，并可降低人体接触电压及适当降低制造时对电气设备的绝缘要求；电压互感器一次侧中性点的接地，主要是为了对一次系统中的相对地电压进行测量；而“两线一地”制供电方式中接地相的接地，可以降低线路基建投资与运行费用，并减少线路材料消耗量。

安全接地主要包括：为防止电力设施或电气设备绝缘损坏、危及人身安全而设置的保护接地；为消除生产过程中产生的静电积累，引起触电或爆炸而设的静电接地；为防止电磁感应而对设备的金属外壳、屏蔽罩或屏蔽线外皮所进行的屏蔽接地；以及为了防止管道受电化腐蚀、采用阴极保护或牺牲阳极的电法保护接地等。

（2）保护接地与保护接零

在石油化工生产中，为了保障人身安全，避免发生触电事故，一般将电气设备在正常情况下不带电的金属部分(如外壳等)与接地装置实行良好的金属性连接，这种方式便称为保护接地。

当电气设备因漏电或带电导线碰触机壳而金属外壳等带电(具有相当高或等于电源电压的电位)时，采取保护接地可将绝大部分电流通过接地体流散到地下，大大减小人体触及设备外壳时产生的危害(人体电阻 $R_{人}$ 远大于接地电阻 $R_{地}$)(图 5-1)。

若将电气设备在正常情况下不带电的金属部分用导线直接与低压配电系统的零线相连接，这种方式便称为保护接零(图 5-2)。在实施保护接零的低压系统中，若电气设备发生单相碰壳漏电故障，会形成一个单相短路回路。而该回路内不包含工作接地电阻与保护接地电阻，整个回路的阻抗很小，故障电流大，能保证在最短的时间内使熔丝熔断、保护装置或自动开关跳闸，从而切断电源，保障了人身安全。显然，与保护接地相比，保护接零扩大了安全保护范围，同时也克服了保护接地方式的局限性，能在更多的情况下保证人身安全，防止触电事故。

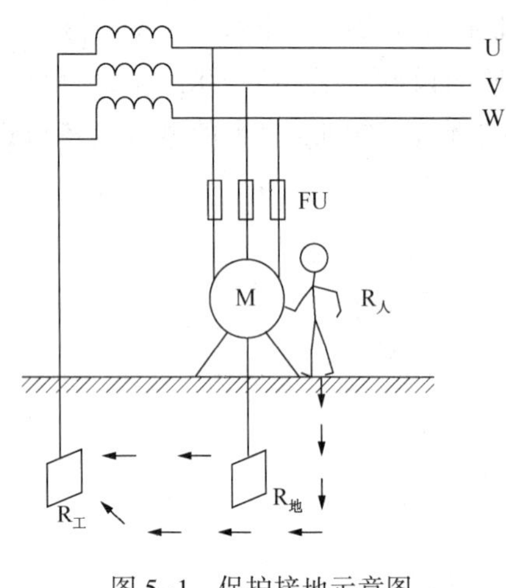

图 5-1　保护接地示意图

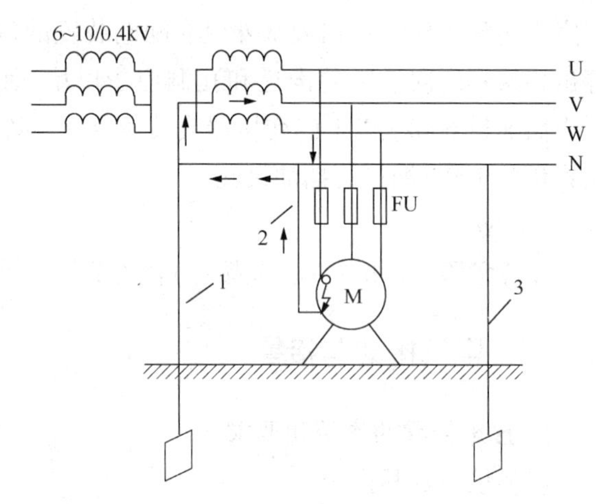

图 5-2　保护接零、工作接地、重复接地示意图

1—工作接地；2—保持接零；3—重复接地

2. 接地装置

接地体是接地装置的主要组成部分，其选择与装设是能否取得合格接地电阻的关键。接地体可分为两类，即自然接地体与人工接地体。在设计与选择接地体时，要首先充分利用自然接地体，以节省钢料，减少投资，但应满足安全(接地电阻适合)、热稳定等要求。

凡与大地有可靠而良好接触的设备或构件，大都可以用来作为自然接地体，如与大地有可靠连接的建筑物的金属结构件(如梁和柱子等)、生产用的金属结构(如吊车轨道、配电装置、起重机或升降机的构架)、电缆的金属包皮(电缆敷设于地下且数量不少于 2 根)、建筑物钢筋混凝土基础的钢筋部分等。对于电压在 1000V 以下的电气设备，可利用敷设在地下的各种金属管道及热力管道等作为自然接地线，但输送可燃性气体或液体(如煤气、天然气、石油)的金属管道及自来水管则应除外，包有黄麻、沥青层等绝缘物的金属管道也不能作为自然接地体。

四、电气安全技术

1. 电击防护技术

(1) 防止电击的基本措施

直接电击的防护措施：

① 绝缘，即使用绝缘物，以防止人体触及带电体。

② 屏护，即采用屏障或围栏，防止人体触及带电体。

③ 障碍，即设置障碍以防止无意触及或接近带电体，但它并不能防止绕过障碍而触及带电体。

④ 间隔，即保持一定间隔以防止无意触及带电体。凡易于接近的带电体，应保持在伸出手臂时的所及范围之外。正常操作时，凡使用较长工具者，间隔应加大。

⑤ 漏电保护，又叫残余电流保护或接地故障电流保护。漏电保护仅能供作附加保护而不应单独使用，其动作电流最大不宜超过 30mA。

⑥ 安全电压，即根据具体工作场所特点，采用相应等级的安全电压，如 36V、24V 及 12V 等。

间接电击的防护措施：

① 自动断开电源。根据低压配电网的运行方式和安全需要，采用适当的自动化元件和连接方法，使发生故障时能在规定时间内自动断开电源，防止接触电压的危险。对于不同的配电网，可根据其特点分别采取熔断器保护、接地接零保护、漏电保护、过电流保护以及绝缘监视等保护措施。

② 加强绝缘。采用有双重绝缘或加强绝缘的电气设备，或者采用另有共同绝缘的组合电气设备，以防止工作绝缘损坏后在易接近部分出现危险的对地电压。

③ 不导电环境。这种措施是为防止工作绝缘损坏时人体同时触及不同电位的两点而导致触电。当所在环境的墙和地板均系绝缘体，以及可能同时出现不同电位的两点间距离能够超过 2m 时，便符合这种防护条件。

④ 等电位环境。将所有容易同时接近的裸导体(包括设备外的裸导体)互相连接起来，等化其间电位，防止接触电压。等电位范围不应小于可能触及带电体的范围。

⑤ 电气隔离。采用隔离变压器(或有隔离能力的发电机)供电，以实现电气隔离，防止裸导体故障带电时造成电击。被隔离回路的电压不应超过 500V；其带电部分不能同其他电气回路或大地相连，以保持隔离要求。

⑥ 安全电压。与防止直接电击的安全电压措施内容相同。

(2) 使用屏护隔离时的要求

屏护是指采用遮栏、护罩、护盖、箱匣或隔离板等把带电体同外界隔绝开来，以防止人体触及或接近带电体所采取的一种安全措施。除防止触电的作用外，有的屏护装置还能起到防止电弧伤人、防止弧光短路或便于检修工作等作用。配电线路和电气设备的带电部分，如果不便加包绝缘或者绝缘不足以保证安全时，就可以采用屏护措施。

开关电器的可动部分一般不能加包绝缘，而需要屏护。其中防护式开关电器本身带有屏护装置，如胶盖闸刀开关的胶盖、铁壳开关的铁壳等；开启式石板闸刀开关要另加屏护装置。对于高压设备，由于全部加绝缘往往有困难，而且当人接近至一定程度时，即会发生严重的触电事故。因此，不论高压设备是否已加绝缘，均应采取屏护或其他防止接近的措施。

变配电设备，凡安装在室外地面上的变压器以及安装在车间或公共场所的变配电装置，均需设遮栏或栅栏作为屏护。所采用网眼遮栏的高度不应低于 1.7m，下部边缘离地不应超过 0.1m，且网眼不应大于 40mm×40mm。对于 0.4kV 低压设备，网眼遮栏与裸导体的距离不应小于 0.15m；对 10kV 设备不应小于 0.35m；20~35kV 设备不应小于 0.6m。对于户外变配电装置，其围墙高度一般不得低于 2.5m。

屏护装置不直接与带电体接触，对所用材料的电性能没有严格要求。屏护装置所用材料应当有足够的机械强度和良好的耐火性能。凡金属材料制成的屏护装置，都必须实行接地或接零。

屏护装置的种类，有永久性屏护装置，如配电装置的遮栏、开关的罩盖等；临时性屏护装置，如检修工作中使用的临时屏护装置和临时设备的屏护装置；固定屏护装置，如母线的护网；移动屏护装置，如跟随天车移动的天车滑线的屏护装置等。

使用屏护装置时，还应与以下安全措施相配合：

① 屏护装置应有足够的尺寸，与带电体之间应保持必要的距离。

② 被屏护的带电部分应有明显标志，标明规定的符号或涂上规定的颜色。

③ 遮栏、栅栏等屏护装置上，应根据被屏护对象挂上“止步，高压危险！”“禁止攀登，高压危险！”等标示牌，必要时还应上锁。标示牌只应由担负安全责任的人员进行布置和撤除。

④ 配合采用信号装置或联锁装置：前者一般是用灯光或仪表指示有电；后者是采用专门装置，当人体超过屏护装置而可能接近带电体时，被屏护的带电体将会自动断电。

(3) 熔断器保护的安全作用

熔断器保护具有简单、经济等优点，所以在石油化工企业高低压配电网中得到普遍应用。但其断流能力较小，选择性不易配合，熔丝熔断后更换不够方便，故不能迅速恢复供电。对短路电流大、供电可靠性要求高的线路不适宜采用。

另外应特别注意：在三相四线制的零线中不允许装设熔断器，以免零线的熔丝熔断后，会使所有接零设备的外壳带电，危及人身安全或造成用电设备与电具损坏。

2. 安全电压

制订保护措施时，除了考虑安全电流外，安全电压同样是一个不可忽视的因素。但笼统的安全电压不易确定，需要区别以“人”为对象或以使用的(电气)“设备”为对象来研究。也就是说，要区分人体在不同接触状态下的安全接触电压值，以及根据环境与使用方式等确定设备所采用的安全电压值。

安全电压是电气安全方面的一个重要基准。

(1) 不同状态下的安全接触电压

人体与带电部分的接触，通常可分如下四种状态：

① 在游泳池或没有电路的危险水槽内发生的人体触电状态。

② 在隧洞或湿润与潮气较大场所(人体与电气设备金属外壳都易显著受潮或结露)，人体与设备之间的接触状态。

③ 在一般住宅、车间及办公等场所，人体直接触及电动机械或电器金属外壳的状态。亦即若对人体加以接触电压后，危险性高的状态。

④ 加有接触电压后无危险或危险性很小的接触状态(此时接地保护主要用来防止接地电流所引起的火灾，或接地电弧对设备的损坏)。

我国《低压电路接地保护导则》规定不同接触状态下的安全电压值也不同。国际电工委员会(IEC)对此也有类同的规定。

(2) 特定电源供电的安全电压

它是指以电气设备为对象，采用特定电源供电时，在不同的环境与使用方式下给定的安全电压值。GB/T 3805—2008 规定了特低电压(ELV)限值。

为确保人身安全，采用安全电压时还应注意下述条件：

① 除采用独立电源者外，安全电压供电电源的输人电路与输出电路必须实行电气隔离(如可通过专用双圈隔离变压器取得安全电压)；

② 工作在安全电压下的电路，必须与其他电气系统或任何无关的可导电部分实行电气隔离；

③ 当电气设备采用 24V 以上安全电压时，必须采取防止直接接触带电体的保护性措施，且其电路应与大地绝缘。

3. 漏电保护

漏电保护的作用主要是防止由漏电引起触电事故和单相触电事故，防止由漏电引起的火灾事故、爆炸事故以及监视或切除一相接地故障或三相电动机单相运行(即缺相运行)的故障。

在低压配电线路土安装漏电保护装置是安全用电的有效措施。IEC 标准和许多国家的电气安全规范对漏电保护装置都作了明确的规定。这项技术在我国应用得较晚，在石油化工企业中对采用漏电保护装置的必要性还没有引起足够的重视，到目前为止还应用得很少。近年来在农村广泛试用，一些工厂和民用建筑中的应用，对保证人身安全和防止电气事故起到了很好的作用。

虽然漏电保护装置的质量和技术上还不够完善，但效果很明显。例如，它可以大大提高低压中性点不接地系统单相接地短路保护的灵敏度，可解决特别潮湿场所的安全供电问题；可避免相对对地短路时设备带危险电位，也可避免人身直接触电伤亡事故。

装设漏电保护装置因为有足够的灵敏度，所以不必为了满足单相短路电流而加大导线截面，因此对简化电气设计程序和经济上节省投资都有其现实的意义。

4. 电气安全联锁装置与信号装置

(1) 防止触电事故的联锁装置

这种装置主要是指防止人体直接触及或接近带电体的联锁装置，常用于通往禁区的门、窗上，或扶梯的安全门上。例如，炼厂电脱盐的变压器平台的扶梯安全门上，或是高压试验场围栏的门上，装设一个安全开关，门关上时开关是接通的，允许给电脱盐送电或给试验场送电；门打开时开关也跟着打开，使电脱盐或试验场的电源断开。由这个安全开关和有关控制电器构成的联锁装置能保证工作人员进入禁区时，禁区高压带电设备停电，达到防止触电事故的目的。

(2) 排除电路故障的联锁装置

电路故障(如短路、过载、三相电动机单相运行等)。一般不会立即和直接造成触电事故，但有可能引起火灾爆炸或设备损坏，还会降低电气设备的安全性能。因此，可在线路或设备上装设必要的保护装置，与电源接通与否有建立联锁关系。

例如，熔断器直接安装在被保护线路中，用作短路保护装置。瞬时动作或短延时动作的过电流继电器也用作短路保护装置。其电流线圈连接在被保护线路中，其控制接点连接在控制线路中，对作为线路开关的接触器实现联锁。发生短路时，继电器动作，使接触器动作而切断电源。

三相电动机单相运行的保护方案很多。其中有的是利用单相运行时电压发生变化的原理，有的是利用电流发生变化的原理。

(3) 防止非电事故的联锁装置

某些机械伤害事故、爆炸事故以及其他性质的事故均可用电气方法借助电气安全联锁装置来防止。

例如，受压容器压力增加到危险程度时，可以通过不同的变换器，把非电学量变换为电学量，通过对电学量的测量、放大和联锁，危险时令有关设备动作，减小压力；当爆炸性混合物或化学有害物质增加至危险程度时，可以通过不同的变换器，把非电学量变换为电学量，通过对电学量的测量、放大和联锁控制，最后消除危险。

防止非电事放的电气安全联锁装置种类很多，而且随着自动化水平的提高而发展，这样的联锁装置也和其他安全联锁装置一样，有待进一步总结和提高。

(4) 信号和报警装置

信号和报警装置大体上由检测机构、放大机构、执行机构、操作电源等几部分组成。检测机构把危险因素转变为微弱的电信号；放大机构把这个微弱的电信号加以放大；执行机构接受放大了的电信号，并以光或声的形式发送出去；操作电源作为辅助部分，供给放大机构和执行机构用电。当出现危险因素时，信号和报警装置能发出信号，给人以警觉，以便及时采取安全措施。

信号和报警装置的种类很多。有的信号和报警装置，在现场把危险因素转变为电信号，然后送往控制中心报警和记录。控制中心再发出信号，并通过各种安全装置消除危险因素，以及对危险现场进行监视。也有的信号和报警装置，除能把危险因素转变为电信号外，还能启动现场的安全装置，消除危险因素。

危险因素种类繁多，有电气方面的危险因素(如带电体距离过近、电磁场过强)，有火灾和爆炸方面的危险因素(如爆炸性气体或粉尘浓度过高，压力过大)，有机械方面的危险因素(如载荷过重，速度过高)，也有工业卫生方面的危险因素(如有毒气体浓度过高，温度过高等)。为了监督或消除这些危险因素，防止发生或扩大事故，可以采用各种形式的信号和报警装置。

第四节　化工生产环境保护

一、粉尘危害与防护

生产性粉尘是指在生产过程中产生的，较长时间悬浮在生产环境空气中的固体微粒。如果防护措施不力，长期吸入生产性粉尘，可引起鼻、咽、气管、支气管乃至肺部的疾病；一些生产性粉尘，还可引起全身中毒(包括皮肤病)。

1. 影响生产性粉尘危害的因素

（1）粉尘性质

① 化学组成：主要指粉尘中的游离二氧化硅的含量，含量越高，危害越大。如含10%以上游离二氧化硅的花岗岩(石英石)粉尘，可引起矽肺；煤尘含游离二氧化硅比较少，危害相对比较小；有机粉尘，如聚乙烯、聚氯乙烯等含游离二氧化硅很小，产生矽肺的可能性甚微。

② 浓度：指单位体积空气中(m^3)粉尘的含量(mg)。同一种粉尘，空气中浓度越高，吸入量相对越大，尘肺病发生的可能性越多。

③ 分散度：指物质被粉碎的程度，用粉尘粒子大小的百分比构成来表示。直径较小的粒子所占的百分比大，即分散度高；反之，直径较大的粒子所占的百分比小，分散度就低。分散度高的粉尘，沉降的速度很慢，吸入肺内的机会就多；反之，粉尘分散度低，颗粒大的被鼻毛、气管上的纤毛和黏液挡住的就多，进入肺内的可能性就少，产生的危害相对比较小。

上述情况说明，粉尘对人体健康的危害，就其自身取决于三个因素，即游离二氧化硅、浓度和分散度。含游离二氧化硅多、浓度高、粒子直径小，危害就严重。改变其中任一因素，危害便可变小，三个因素全改变，则可大大减少或不发生危害。

（2）机体健康

正常人体有一道天然屏障，可以阻挡粉尘的侵入，如鼻腔的鼻毛、黏液，气管、支气管上的纤毛和黏液等。这一整套屏障，在健康情况良好时，通过阻挡、撞击，可将进入呼吸道的97%~98%的尘粒排出体外，起到清除的作用。但是，当呼吸道健康状况不好时，如鼻腔变大、纤毛运动不良、黏液分泌减少时，则清除能力下降，粉尘极容易进入肺部，造成肺部的损伤，甚至引起原有疾病的加重。

（3）劳动强度和环境

劳动强度大，造成人的呼吸加深、加快，粉尘吸入肺部的机会就大，受害的几率就会增大；气温、气湿也可以影响吸入量。

2. 粉尘的预防措施

在推行"革、水、密、风、护、管、教、查"的原则下，应采取综合预防措施。具体地说："革"，即工艺改革和技术革新，这是消除粉尘危害的根本途径；"水"，即湿式作业，可防止粉尘飞扬，降低环境粉尘浓度；"风"，加强通风和抽风措施，常在密闭、半密闭发尘源的基础上，采用局部抽出式机械通风，将工作面的含尘空气抽出，并可同时采用局部送入式机械通风，将新鲜空气送入工作面；"密"，发尘源密闭，对产生粉尘的设备密闭，并与排放结合，经除尘处理后再排入大气；"护"，即几个防护，是防、降尘措施的补充，特别在技术措施未能达到的地方必不可少；"管"，经常性地维修与管理工作；"查"，定期检查环境空气中粉尘浓度和接触者的定期体格检查；"教"，加强宣传教育。

具体的实施措施如下：

（1）法律措施是保障

2002年5月1日开始实施的《中华人民共和国职业病防治法》充分体现了对职业病预防为主的方针，为控制粉尘危害和防治尘肺病的发生提供了明确的法律依据。此外粉尘危害严重的行业还制订了本行业的防尘规程，如 GB 2434—2008《耐火材料企业防尘规程》、GB/T 16911—2008《水泥生产防尘技术规程》、GBZ 2.1—2007《工业场所有害因素职业接触限值》等。

（2）采取技术措施控制粉尘

① 改革工艺过程，革新生产设备：改革工艺过程，革新生产设备是消除粉尘危害的主要途径，如使用遥控操纵、计算机控制、隔室监控等措施避免工人接触粉尘。使用含石英低的原材料代替石英原料，寻找石棉的替代品等。

② 密闭尘源：对生产点的设备进行密闭，防止粉尘外溢，通常与通风除尘措施配合使用。所有破碎、筛分、清理、混碾、粉状物料的运输、装卸、储存等过程均应尽量密闭。

③ 湿式作业，通风除尘：采用喷雾洒水，通风和负压吸尘等经济而简单实用的方法，能较大地降低作业场地的粉尘浓度。在露天开采和地下矿山应用较为普遍。热电厂的输煤过程，可以在皮带运输的尾部(有位差大处)加上水幕或喷雾；金属铸件采用水瀑清砂，以减少粉尘飞扬。

④ 抽风除尘：对不能采取湿式作业的场所，可以适用密闭抽风除尘的方法。采用密闭尘源和局部抽风相结合，防止粉尘外溢，抽出的空气经过除尘处理后排入大气。

⑤ 个人防护：因生产条件暂时得不到改善的场所，可以采取个人防护。如炉膛内拆卸耐火砖外逸的粉尘，用通风除尘或湿式作业难以做到，这就要强调戴防尘口罩防尘。

⑥ 测定粉尘浓度和分散度：测定粉尘中的游离二氧化硅、粉尘浓度和分散度，特别是对粉尘浓度的日常测定，对制定防尘措施，是十分重要的依据。

⑦ 定期健康检查：发现有严重鼻炎、咽炎、气管炎，哮喘者应脱离粉尘作业。长期吸入粉尘，群体气管炎等可明显增多、肺通气功能下降，要考虑粉尘的影响，应及时改善生产作业环境条件。

⑧ 加强管理：根据《职业病防治法》规定，企业用人单位应当建立、健全职业病防治责任制，包括肺尘埃沉着病防治责任制。国家实行职业卫生监督制度，加强对存在粉尘作业单位进行卫生监督管理是职业卫生监督工作的重要组成部分。

二、噪声危害与防护

噪声，从物理的观点来说，是指频率和声音强度各不相同，杂乱的声音无规律的组合；从生理的观点来说，凡是使人产生烦恼，需要加以控制的声音统称为噪声。噪声通过声能的转化危害人体。

1. 噪声的分类

在生产过程中所产生的一切声音都称为生产性噪声或工业噪声。根据声源的种类不同，又可分为以下几种：

（1）气流噪声。当气体压力产生突然变化或形成涡流时，就能引起气体扰动，产生气流噪声或称为空气动力性噪声，如压缩空气、锅炉放空时的声音。

（2）机械性噪声。由于机械的摩擦、振动、撞击或高速旋转时发出的声音，如球磨机、空气锤、高速旋转的电动机、原油泵等工作时的声音。

（3）电磁噪声。由于磁场交变、脉动引起电器部件振动而产生的声音，如变压器发出的声音。根据噪声持续时间和形态不同，又可分为连续噪声和间断噪声，稳态噪声和脉冲噪声。

目前影响工人健康，严重污染环境的十大噪声源是：风机、空压机、电机、柴油机、纺织机、冲床、木工圆锯、球磨机、高压放空排气和凿岩机。这些设备产生的噪声可高达120~130dB(A)。

2. 噪声对人体健康的影响

人类的正常生活中具有一定的声音刺激，但声音强度超过一定的范围或在不需要声音刺激时，会对机体产生不良的影响。通过对生产现场调查和临床观察证明，无防护措施的生产性强噪声，对人体能产生多种不良影响，甚至形成噪声性疾病。

（1）对听觉系统的影响

① 暂时性听觉位移：这是属于听觉系统功能性改变，当脱离噪声影响一段时间后，听力仍能恢复。一旦发生暂时性听觉位移，如不及时采取预防措施，容易发生永久性听觉位移。

② 噪声聋：噪声聋是在永久性听觉位移的基础上发展而成的。其特点是双耳对称性发生。

噪声聋的发病与长期接触噪声的强度、频率、专业工龄、年龄、有无伴随的振动、缺氧有一定的关系，此外，还与种族、个体差异等有关。

（2）对神经、消化、心血管等系统的影响

① 噪声可引起头痛、头晕、记忆力减退、睡眠障碍等神经衰弱综合征。

② 噪声可引起心率加快或减慢、血压升高或降低等改变。

③ 噪声可引起食欲减退、腹胀等胃肠功能紊乱。

④ 噪声还可对视力、血糖等产生影响。

3. 预防措施

（1）严格执行噪声卫生标准

为了保护劳动者听力不受损伤，国家制定了 GBZ 1—2010《工业企业设计卫生标准》。标准中规定：操作人员每天连续接触噪声 8h，噪声声级卫生限值为 85dB(A)；若每天接触噪声时间达不到 8h 者，可根据实际接触时间，按接触时间减半，允许增加 3dB(A)，但是，噪声接触强度最大不得超过 115dB(A)(此项标准不适用于脉冲噪声)。

（2）噪声控制

① 控制噪声源：噪声源的控制应采取最根本、最有效的综合预防措施。通过工艺改革，机械结构改造，隔声、控制设备振动等措施来实现。

② 控制噪声的传播：对室内的噪声，可利用多孔吸声材料进行吸声。如果此项措施使用得当，可降低噪声 5~10dB(A)；如操作室与存在噪声源场所之间安装双层玻璃窗隔声；如加大空气压缩机的机座重量，用橡胶等软质材料制成垫片或利用弹簧等部件垫在设备下面使其减振；对机泵、电机、空气压缩机之类的设备可根据吸声反射、干涉等原理设计消声部件，可降低噪声，如电机消声罩；炼油立式加热炉下部，使用玻璃棉用品。

(3) 正确使用和选择个人防护用品

在强噪声环境中工作的人员，要合理选择和利用个人防护器材，如耳塞、耳罩、防噪声头盔等。

(4) 医学监护

认真做好就业前健康体检，严格控制职业禁忌。对已经从业的人员要定期健康体检，对发现有明显听力影响者，要及时调离噪声作业环境。对高频段(3~6kHz)听力下降30dB(A)或超过30dB(A)者，列为重点观察对象，并采取保护措施。除此以外，必须合理安排作息时间。

三、振动危害与防护

1. 基本概念

振动是物体在外力作用下，以中心位置为基准，做直线或弧线的往复运动。振动是一种机械能释放的过程，振动可能通过振动物体的打击伤害人体，也可能转化为噪声危及人身健康。在生产过程中，机器转动，撞击或流体对物体的冲击，其产生的振动，称为生产性振动。人体手部接触的振动，称为局部振动。人体立位、坐位或卧位接触而传至全身的振动，称为全身振动。

表现振动性质的主要参数包括：

(1) 振幅

振动物体离开中心位置的最大位移，称为振幅，单位为mm。

(2) 振动频率

单位时间内的振动次数，称为振动频率，单位为Hz。

(3) 速度

振动体在单位时间内的位移变化量，称为速度，单位为m/s。

(4) 加速度

振动体在单位时间内速度的变化量，称为加速度，单位为m/s^2。

2. 振动的类型

振动的类型包括：局部振动、全身振动、垂直振动、水平振动、连续接触振动、间断接触振动。此外，还有正弦振动、复合振动、随机振动、冲击振动和瞬变振动等。

3. 振动对人体健康的影响

(1) 局部振动

长期接触局部振动的人，可有头昏、失眠、心悸、乏力等不适，还有手麻、手痛、手凉、手掌多汗、遇冷后手指发白等症状，甚至工具拿不稳、吃饭掉筷子。

(2) 全身振动

长期全身振动，可出现脸色苍白、出汗、唾液多、恶心、呕吐、头痛、头晕、食欲不振等不适，还可有体温、血压降低等。

4. 振动影响人体健康的因素

(1) 振动参数

① 加速度：加速度越大，冲力越大，对人体产生的危害也越大。

② 频率：高频率振动主要使指、趾感觉功能减退，低频率振动主要影响肌肉和关节部分。

(2) 振动设备的噪声和气温

噪声和低气温能加重振动对人体健康的影响。

(3) 接振时间长短

接振时间越长，振动形成的危害越严重。

(4) 机体状态

体质好坏、营养状况、吸烟、饮酒习惯、心理状态、作业年龄、工作体位、加工部件的硬度都会改变振动对人体健康的影响。

5. 预防措施

(1) 改革工艺

如用化学除锈剂代替强烈振动的机械除锈工艺，用水瀑清砂代替风铲清砂，用液压焊接、粘接代替铆接等，都可明显减少振动。

(2) 改进风动工具

采取减振措施，设计自动、半自动式操纵装置，减少手及肢体直接接触振动体，或提高工具把手温度，改进压缩空气进出口的方位，防止手部受冷风吹袭。

(3) 采取隔振措施

压缩机与楼板接触处，用橡胶垫等隔振材料，减少振动。

(4) 合理安排接振时间

① 轮流作业；

② 增加工间休息时间。

(5) 加强个人防护

① 配备减振手套和防寒服；

② 休息时用 40~60℃热水浸泡手，每次 10min 左右；

③ 给高蛋白、高维生素和高热量饮食。

(6) 就业前和就业后定期体格检查

凡是不适合从事振动作业的人，要妥善安排其他工作。

四、辐射危害与防护

随着科学技术的进步，在工业中越来越多地接触和应用各种电磁辐射能和原子能。随着各类辐射源日益增多，危害相应增大。因此，必须正确了解各类辐射源的特性，加强防护，以免作业人员受到辐射的伤害。

1. 辐射的分类

由电磁波和放射性物质所产生的辐射，根据其对原子或分子是否形成电离效应而分成两大类型，即电离辐射和非电离辐射。不能引起原子或分子电离的辐射称为非电离辐射。如紫外线、红外线、射频电磁波、微波等，都是非电离辐射。而电离辐射是指能引起原子或分子电离的辐射。如 α 粒子、β 粒子、X 射线、γ 射线、中子射线的辐射，都是电离辐射。

① 紫外线

紫外线在电磁波谱中界于X射线和可见光之间的频带。波长约为$7.6\times10^{9}\sim4.0\times10^{7}$m。自然界中的紫外线主要来自太阳辐射、火焰和炽热的物体。凡物体温度达到1200℃以上时，辐射光谱中即可出现紫外线，物体温度越高，紫外线波长越短，强度越大。

② 射频电磁波

任何交流电路都能向周围空间放射电磁能，形成有一定强度的电磁场。交变电磁场以一定速度在空间传播的过程，称为电磁辐射。当交变电磁场的变化频率达到100kHz以上时，称为射频电磁场。射频电磁辐射包括$1.0\times10^{2}\sim3.0\times10^{7}$kHz的宽广的频带。射频电磁波按其频率大小分为中频、高频、甚高频、特高频、超高频、极高频六个频段。

射频电磁场场源周围存在两种作用场，即以感应为主的近区场和以辐射为主的远区场。以场源为中心，在距离为波长六分之一的距离内，统称为近区场。其作用方式为电磁感应，又称为感应场。在近区场内，电场和磁场强度不成比例，分布不均匀，电磁能量随着同场源距离的增大而比较快地衰减。在距场源六分之一波长以外的区域称为远区场。远区场以辐射状态出现，所以又称作辐射场。远区场电磁辐射衰减比较缓慢。

射频电磁场的强度(简称场强)与场源的功率成正比，与距场源的距离成反比，同时也与屏蔽和接地程度以及空间内有无金属天线、构筑物或其他能反射电磁波的物体有关。金属物体在电磁场作用下，产生感生电流，致使其周围又产生新的电磁场，从而形成二次辐射。

③ 电离辐射粒子和射线

α粒子是放射性蜕变中从原子核中射出的带阳电荷的质点，它实际上是氦核，有两个质子和两个中子，质量较大。α粒子在空气中的射程为几厘米至十几厘米，穿透力较弱，但有很强的电离作用。常用的来源为钋210和镭226等。

β粒子是由放射性物质射出的带阴电荷的质点，它实际上是电子，带一个单位的负电荷，在空气中的射程可达20m。β粒子的电离作用较弱，但穿透力很强，能穿透6mm厚的铅板或25mm厚的木板。常用的来源为碳14、钙45、磷33。

中子是放射性蜕变中从原子核中射出的不带电荷的高能粒子，有很强的穿透力，与物质作用能引起散射和核反应。

X射线和γ射线为波长很短的电离辐射，X射线的波长为可见光波长的十万分之一，而γ射线又为X射线的万分之一。两者都是穿透力极强的放射线。γ射线在空气中的射程为数百米，能穿透几十厘米厚的固体物质。X射线的常用来源为X射线机。γ射线的常用来源为镭、碘31、钴60及高能量X射线机。

2. 辐射的危害

(1) 紫外线的危害

紫外线可直接造成眼睛和皮肤的伤害。眼睛暴露于短波紫外线时，能引起结膜炎和角膜溃疡，即电光性眼炎。强紫外线短时间照射眼睛即可致病，潜伏期一般在0.5~24h，多数在受照后4~24h发病。首先出现两眼怕光、流泪、刺痛、异物感，并带有头痛、视觉模糊、眼睑充血、水肿。长期暴露于小剂量的紫外线，可发生慢性结膜炎。

不同波长的紫外线，可被皮肤的不同组织层吸收。波长2.20×10^{7}m以下的短波紫外线几乎可全部被角化层吸收。波长 $2.20\times10^{7}\sim3.30\times10^{7}$m 的中短波紫外线可被真皮和深层组织吸收。红斑潜伏期为数小时至数天。

空气受大剂量紫外线照射后，能产生臭氧，对人体的呼吸道和中枢神经都有一定的刺激，对人体造成间接伤害。

（2）射频辐射的危害

射频电磁场的能量被机体吸收后，一部分转化为热能，即射频的致热效应；另一部分则转化为化学能，即射频的非致热效应。射频致热效应主要是机体组织内的电解质分子，在射频电场作用下，使无极性分子极化为有极性分子，有极性分子由于取向作用，则从原来无规则排列变成沿电场方向排列。由于射频电场的迅速变化，偶极分子随之变动方向，产生振荡而发热。在射频电磁场作用下，体温明显升高。对于射频的非致热效应，即使射频电磁场强度较低，接触人员也会出现神经衰弱、植物神经紊乱症状。表现为头痛、头晕、神经兴奋性增强、失眠、嗜睡、心悸、记忆力衰退等。

在射频辐射中，微波波长很短，能量很大，对人体的危害尤为明显。微波除有明显致热作用外，对机体还有较大的穿透性。尤其是微波中波长较长的波，能在不使皮肤热化或只有微弱热化的情况下，导致组织深部发热。深部热化对肌肉组织危害较轻，因为血液作为冷媒可以把产生的一部分热量带走。但是内脏器官在过热时，由于没有足够的血液冷却，有更大的危险性。

微波引起中枢神经机能障碍的主要表现是头痛、乏力、失眠、嗜睡、记忆力衰退、视觉及嗅觉机能低下。微波对心血管系统的影响，主要表现为血管痉挛、张力障碍症候群。初期血压下降，随着病情的发展血压升高。长时间受到高强度的微波辐射，会造成眼睛晶体及视网膜的伤害。低强度微波也能产生视网膜病变。

对于射频辐射的最高允许照射强度的标准，目前我国尚未颁布。参照国外有关标准，对中、短波波段，场强的最高允许标准可定为：电场强度不超过 $20V\cdot m^{-1}$，磁场强度不超过 $5A\cdot m^{-1}$。对于超短波段，电场强度不超过 $5V\cdot m^{-1}$。对于微波波段的允许照射标准，可参考卫生部、原机械工业部的部颁标准确定。

（3）电离辐射的危害

电离辐射对人体的危害是由超过允许剂量的放射线作用于机体的结果。放射性危害分为体外危害和体内危害。体外危害是放射线由体外穿入人体而造成的危害，X 射线、γ 射线、β 粒子和中子都能造成体外危害。体内危害是由于吞食、吸入、接触放射性物质，或通过受伤的皮肤直接侵入体内造成的。

在放射性物质中，能量较低的 β 粒子和穿透力较弱的 α 粒子由于能被皮肤阻止，不致造成严重的体外伤害。但电离能力很强的 α 粒子，当其侵入人体后，将导致严重伤害。电离辐射对人体细胞组织的伤害作用，主要是阻碍和伤害细胞的活动机能及导致细胞死亡。

人体长期或反复受到允许放射剂量的照射能使人体细胞改变机能，出现白血球过多，眼球晶体浑浊，皮肤干燥、毛发脱落、和内分泌失调。较高剂量能造成贫血、出血、白血球减少、胃肠道溃疡、皮肤溃疡或坏死。在极高剂量放射线作用下，造成的放射性伤害有以下三种类型。

① 中枢神经和大脑伤害

主要表现为虚弱、倦怠、嗜睡、昏迷、震颤、痉挛，可在两周内死亡。

② 胃肠伤害

主要表现为恶心、呕吐、腹泻、虚弱或虚脱，症状消失后可出现急性昏迷，通常可在两周内死亡。

③ 造血系统伤害

主要表现为恶心、呕吐、腹泻，但很快好转，约 2~3 周无病症之后，出现脱发、经常性流鼻血，再度腹泻，造成极度憔悴，2~6 周后死亡。

放射线最大允许剂量：

① 自然本底照射

即使不从事放射性作业，人体也不能完全避免放射性辐射。这是由于自然本底照射的结果。每人每年接受宇宙射线约 35mR；接受大地放射性物质的射线约 100mR；接受人体内的放射性物质的射线约 35mR。以上三个方面是自然本底照射的基本组成，总剂量为每人每年约 170mR。

② 最大允许剂量

国际上规定的最大允许剂量的定义为：在人的一生中，即使长期受到这种剂量的照射，也不会发生任何可觉察的伤害。GB 18871—2002《电离辐射防护与辐射安全基本标准》规定了对内、对外照射的年最大允许剂量。

3. 辐射的防护

（1）紫外线的防护

在紫外线发生装置或有强紫外线照射的场所，必须佩戴能吸收或反射紫外线的防护面罩及眼镜。此外，在紫外线发生源附近可设立屏障，或在室内和屏障上涂以黑色，可以吸收部分紫外线，减少反射作用。

（2）射频辐射的防护

防护射频辐射对人体危害的基本措施是，减少辐射源本身的直接辐射，屏蔽辐射源，屏蔽工作场所，远距离操作以及采取个人防护等。在实际防护中，应根据辐射源及其功率、辐射波段以及工作特性，采用上述单一或综合的防护措施。

（3）电离辐射的防护

① 缩短接触时间

从事或接触放射线的工作，人体受到外照射的累计剂量与暴露时间成正比，即受到射线照射的时间越长，接受的累计剂量越大。为了减少工作人员受照射的剂量，应缩短工作时间，禁止在有射线辐射的场所作不必要的停留。在剂量较大的情况下工作，尤其是在防护较差的条件下工作，为减少受照射时间，可采取分批轮流操作的方法，以免长时间受照射而超过允许剂量。

② 加大操作距离或实行遥控

放射性物质的辐射强度与距离的平方成反比，工作人员在一定的时间内所接受的剂量与距离的平方成反比。因此，采取加大距离、实行遥控的办法，可以达到防护的目的。

③ 屏蔽防护

在从事放射性作业、存在放射源及储存放射性物质的场所，采取屏蔽的方法是减少或消除放射性危害的重要措施。屏蔽的材质和形式通常根据放射线的性质和强度确定。屏蔽γ射线常用铅、铁、水泥、砖、石等。屏蔽β射线常用有机玻璃、铝板等。

弱β放射性物质，如碳14、硫35、氢3，可不必屏蔽；强β放射性物质，如磷35，则要以1cm厚塑胶或玻璃板遮蔽；当发生源发生相当量的二次X射线时便需要用铅遮蔽。γ射线和X射线的放射源要在有铅或混凝土屏蔽的条件下储存，屏蔽的厚度根据放射源的放射强度和需要减弱的程度而定。

水、石蜡或其他含大量氢分子的物质，对遮蔽中子放射线有效，若屏蔽量少时，也可使用隔板。遮蔽中子可产生二次γ射线，在计算屏蔽厚度时，应予考虑。

④ 个人防护服和用具

在任何有放射性污染或危险的场所，都必须穿工作服、戴胶皮手套、穿鞋套、戴面罩和目镜。在有吸入放射性粒子危险的场所，要携带氧气呼吸器。在发生意外事故导致大量放射污染或被多种途径污染时，可穿供给空气的衣套。

⑤ 操作安全事项

合理的操作程序和良好的卫生习惯，可以减少放射性物质的伤害。其基本要点为：

a. 为减少破损或泄漏，应在受容盘或双层容器上操作。工作台上应覆盖能吸收或黏附放射物的材料。

b. 采用湿法作业，并避免放射物经常转移。不得用嘴吸移液，手腕以下有伤口时，不应操作。用过的吸管、搅拌、烧杯及其他器皿，应放在吸收物质上，不得放在工作台上，更不能在放射区外使用。

c. 放射性物质应存放在有屏蔽的安全处所，易挥发的化学物质应放在通风良好处。为防止因破损而引起污染，所有装放射物的瓶子都应储存在大容器或受容盘内。

d. 在放射物作业场所，严禁饮食和吸烟。人员离开放射物作业场所，必须彻底清洗身体的暴露部分，特别是手，要用肥皂和温水洗净。

⑥ 信号和报警设施

对于辐射区或空气中具有放射活性的地区，以及在搬运、储存或使用超过规定量的放射物质时，都应严格规定设置明显警告标志或标签。在所有高辐射区都要有控制设施，使进入者可能接受的剂量减少至每小时100mR以下，并设置明显的警戒信号装置。在发生紧急事故时，需要所有人员立即安全撤离。应设置自动报警系统，使所有受到紧急事故影响的人都能听到撤离警报。

五、作业环境保护

在工业现代化的进程中，职业危害严重长期困扰我国工业和经济发展，由于生产场所的劳动条件较差、作业环境中有毒有害物质污染较为严重，各类职业病普遍高发对工人的安全与健康造成了严重的威胁。仅以尘肺为例，我国每年都有新发矽肺病患者。在有些大型煤矿的生产第一线工人中，每两个矿工就有一个是噪声聋的病人。由于粉尘、噪声和毒物的危害，使大量工人患病致残，过早死亡或失去劳动能力与生活能力，企业生产难以为继。矽肺等职业病经济损失巨大，使企业失去再生产能力，甚至连工资都难以发出。

作业环境差和等职业病的高发率还引起了一系列的社会问题。如专业学校招生难，矿山能源等基础产业招工难，大量伤残的职业病患者的安置治疗难等，已在国内外造成了一些不良的社会和政治影响。中国经济改革和对外开放以来，随着经济高速发展，职业危害不断从城市和农村、从国有企业向乡镇企业从沿海发达地区向内地欠发达地区转移，受害人数日益增多，危害程序越来越重。

作业环境保护的手段即：作业环境的监测。

1. 作业环境监测的目的

作业场所工作环境监测是识别职业而危害因素的一个重要手段，其目的是：

（1）掌握生产环境中职业病危害因素的性质、强度(浓度)及其在时间、空间的分布情况和变化规律；

（2）评估作业人员的接触水平，为了解接触水平与健康损害之间的关系提供基础数据；

（3）检查工作场所环境的卫生质量，评价作业条件是否符合职业卫生标准的要求；

（4）为监督职业病防治法律执行情况，鉴定预防措施效果提供技术支持；

（5）为控制职业病危主因素，以及制定、修订职业卫生标准提供科学依据。

2. 法律法规要求

在《职业病防治法》中，国家已经明确制定需要监测的职业病危害因素种类，同时要求：

（1）用人单位作业场所的职业病危害因素监测与评价，应纳入本单位的职业病防治计划，指定专人负责，并确保监测系统处于正常运行状态。

（2）应制定作业场所职业病危害因素监测计划，定期对工作场所进行职业病危害因素检测、评价。计划包括：①作业场所名称；②职业病危害因素名称；③检测单位；④检测频次及计划检测时间；⑤管理责任人。

（3）作业场所职业病危害因素检测与评价，应委托依法设立并取得省级卫生行政部门资质认证的职业卫生技术服务机构进行。选择时应充分考虑技术服务机构的资质范围、检测与评价技术水干和技术报务费用等，并要注意与选定的技术服务机构签订技术服务委托协议书。

（4）作业场所职业病危否因素定期检测、评价结果存入用人单位职业卫生档案、定期向所在地安全生产监督管理部门报告并向从业人员公布。

3. 作业环境监测依据

作业环境监测主要依据国家颁布的各类作业场所职业病危害因素采样与检测规范进行。在这些采样与检测规范中，分别对工作场所空气中有害物质的采样及检测方法、工作场所中粉尘测定方法和各类物理有害因素的测量方法进行了规定。

4. 工作场所空气中有害物质的采样

工作场所空气中有害物质的采样应严格按 GBZ 159—2004《工作场所空气中有害物质监测的采样规范》进行。

5. 工作场所空气中有害物质的检测

工作场所空气中有害物质的检测，应严格按 GBZ/T 160—2004 工作场所空气中 81 种有害物质及其化合物的检测方法进行。

其主要检测万法可按表 5-3 分类。

表 5-3　有害物质的主要检测方法

工作场所空气中有害物质类别	主要检测方法
生产性粉尘	滤膜称重法
无机物及其化合物	分光光度法/离子色谱发
有机类及有机化合物	气相色谱法/高效液相色谱法
金属、类金属及其化合物	原子吸收法/原子荧光光谱法
有机农药类	气相色谱法/高效液相色谱法
药物类	高效液相色谱法
炸药类	高效液相色谱法/分光光度法
生物类	比色法

物理性有在因素的测量，不同于化学性有在因素，必须使用特别的仪器，根据其有害因素的特点进行测量。噪声、高温、射频辐射、振动、照明等都是需要特别的仪器才能测试其危害程度的。

产生职业危害因素的企业，除要符合法律、法规规定条件外，其工作场所还要符合以下职业卫生要求：职业病危害因素的强度或者浓度符合国家职业卫生标准；有与职业病危害防护相适应的设施；生产布局合理，符合有害与无害作业分开的原则；有配套的更衣室、洗浴室、孕妇休息室等卫生设施；设备、工具、用具等设施符合保护劳动者生理、心理健康的要求；法律、行政法规和国务院卫生行政部门关于保护劳动者健康的其他要求。

第五节　化工条件与环境事故案例

一、厂区布置不合理导致多人死亡事故

1. 事故经过

1993 年 6 月 26 日，河南省某食品添加剂厂库房因过量存放氧化苯甲酰，导致发生爆炸事故，造成死亡 27 人，受伤 33 人，直接经济损失 300 万元。26 日 16 时 15 分左右，食品添加剂厂仓库内的 7t 多过氧化苯甲酰发生爆炸，随着爆炸的巨响，一股黑烟夹着火球瞬时就升上了天空，在天空形成一团黑蘑菇云，爆炸所产生的猛烈的气浪和冲击波，冲倒了厂房和院墙，随即被气浪掀起的砖头瓦块以及遇难者的残肢断腿从天而降。浓烟尘土散尽，3700m^2的建筑物已成平地，相邻的企业也受到灾害。

2. 事故分析

这是一起由于厂区布置不合理导致的多人死亡事故。厂址内有计划地、合理地进行建筑物、构筑物及其他工程设施的平面布置时要正确处理生产与安全、局部与整体、重点和一般、近期与远期的关系，作出统筹安排。厂区布置不合理、仓库区混存混放导致多人死亡事故主要表现在：

（1）厂区布局不合理，安全条件差。该厂产品的主要成分是过氧化苯甲酰，属甲类易燃易爆物质，遇明火、摩擦、撞击会发生爆炸。其原料之一的双氧水，也属甲类易燃易爆

物质。但该厂的生活区、一般生产区和危险品生产区没有按要求划分，厨房就设在厂内。

（2）该厂仓库内混存混放的现象十分严重，人员随便出入。更严重的是仓库与办公室混用，而且对职工吸烟无任何限制。这对于化工企业来讲是难以想象的。

（3）该厂项目的施工图纸不符合标准规定，工艺文件也不齐全，安全生产的内容几乎空白，同时一些生产设备的选型也存在问题，在事故发生前，一些设备在生产过程中已发生过燃烧。另外该厂在厂房施工中任意更改图纸，降低防爆标准，无消防设施，存在严重的事故隐患。

（4）安全管理混乱。该厂既无专人负责安全生产，也无安全管理制度，更没有对职工进行安全生产培训教育。

3. 事故预防

事故企业位于高新技术开发区，是一家新创办的化工企业，这起事故暴露出一些新办企业存在的严重忽视安全生产的问题，教训极为深刻。

（1）严格按照国家对危险化学品安全管理条例的要求来设计、生产、储存。投产前应邀请有关部门对现有厂房、设备、工艺规程进行论证，鉴定验收同意后再投产。

（2）对于企业来讲，既要讲求经济效益，更要注重安全，否则经济效益也不能保证。从某种意义上讲，正是该厂过度追求高额利润，不顾厂内存在的严重隐患，大批量生产易燃易爆物质，从而导致了这起重大爆炸伤亡事故。

（3）安全生产工作是一项长期的工作，只能加强，不能削弱，更不能无人去做。在这类危险性很大的企业，安全生产应是企业的生命，疏忽必然会发生事故。这起事故又一次证明了这一点。

（4）各级安全监管管理部门要加强对企业安全生产的监督管理，尤其是新办企业、危险性较大的企业，更应该是安全监督检查的重点。此外，在立项审批、项目设置等方面要严格把关，在安全生产上有问题的项目，决不能草率上马，防止留下事故隐患，造成不安全因素。

（5）企业要加强安全技术培训，提高干部、职工技术素质和安全意识。特种作业工人必须经过培训合格，持证上岗。

二、化工公用工程燃爆事故

1. 事故经过

1997 年 5 月 4 日上午 11 时 42 分，重庆市某化工总厂氯丁橡胶污水处理车间调节池 A 发生爆炸，当场炸死 12 人，伤 6 人。4 日上午 11 时 30 分，总厂工程公司 3 名维修人员，在调节池污水进口槽上方配管处动火，造成进口槽起火，厂消防队紧急出动，污水车间等部门的人员也参与灭火。11 时 42 分，调节池 A 发生爆炸，混凝土顶盖被炸翻，致使在调节池 A、B 盖上灭火的 12 名职工当场身亡，其中消防队员 7 人、污水车间 2 人、防腐公司 1 人、机动处 1 人、工程公司 1 人，另有 6 人受轻伤。与此同时，氯丁新线装置紧急停车，火焰于 12 时许被扑灭。

2. 事故原因

这是一起化工公用工程的燃烧事故。公用工程系统包括配电、供热、供风、冷却系统及废料处理系统。化工厂废料处理系统污水池燃爆事故主要表现在：

氯丁污水中含有大量的有机可燃物：乙炔、MVA(乙烯基乙炔)、碳氢相、乙醛、氯丁、二氯丁、凝胶等，MVA 沸点 5.5℃，乙醛沸点 20.5℃，氯丁二烯沸点 59.5℃。碳氢相是混合物，常温下易挥发。故在污水流槽中，轻组分大量挥发，易达到可燃范围。它们的爆炸下限为：MVA 1.7%，氯丁二烯 1.2%，乙炔 2.3%。因此，其相应界区严禁动火。

(1) 违章动火是起火的直接原因

氯丁橡胶装置老线 4 月 22 日停车大修，5 月 1 日新线开车，5 月 2 日调节池 B 开始接受氯丁污水。工程公司 3 人在 5 月 4 日上午去污水场调节池处装配一根管道。在此处施工本应冷配，但此 3 人既不办动火手续，又不听污水车间主任、安全员等的制止，擅自违章动火，引发污水流槽起火。

(2) 调节池 A 爆炸是造成伤亡的根源

爆炸内因是池内有可燃气体，外因是火种窜入，或受热。因氯丁污水混有固态杂质物，调节池要不定期地进行清理，清理时，杂质从池底阀排出。4 月中旬，污水车间决定对调节池 A 进行清理，由于池底阀被凝胶等固态杂质缠住，打不开，只得用潜水泵抽水，当抽到剩余水位高 700~800mm 时仍无法全抽走。每个调节池外形尺寸为 35m×5.5m×4.3m，容积为 677m^3，调节池上盖仅有人孔(800mm×800mm)2 个(盖有铁板)及 200 排气管 2 个，实际上它处于封闭状态。由于剩余污水尚超过 120m^3，内部的 MVA、乙醛、氯丁等物质慢慢挥发，同时正在运行中的池 B，易挥发组分通过排气管仍不断扩散到池 A，使池 A 中可燃物不断积累。在着火后燃烧过程中，可燃气及火焰从进口管窜入池 A，导致爆炸。事后调查当场幸存人员，他们在爆炸前正站在池 A 上，突然感到脚底发热，赶紧跳下，刚离开 5~6m，池 A 即发生爆炸。池 B 充满污水(现场查看，污水槽中污水面高于池 B 的进口管，起液封作用)，上方空间离顶盖仅 300m，未发生爆炸。事后，对 A、B 两池的水质进行抽样分析，分析结果显示，调节池 A 中残剩污水可燃物比池 B 中下降很多，说明它在挥发，若不用新鲜空气置换，上述气体不会自行扩散到池外。

3. 事故预防

“5·4”特大事故的发生，损失重大，教训极其深刻，说明企业的安全意识、“三纪”执行、管理制度的落实、安全隐患的整改还有死角，存在有令不行、有章不循的严重违纪行为，必须采取坚决措施，对全厂安全工作进行深入检查、整改。

(1) 牢记“5·4”特大事故日，加强“安全为了生产、生产必须安全”的思想教育。落实各级人员的安全责任制，层层建立安全网，使每个职工懂得“自己生命掌握在自己手中”，注意保护自己，也注意保护他人。

(2) 强化“三纪”，层层落实“三纪”。加强“三纪”教育和检查力度，特别对青年工人，组织安全、公安、劳资、生产、设备、技术、工会等部门查岗、查“三纪”，特别对零点班，对违纪者当重惩不贷。

(3) 查隐患，查死角，开展全厂安全大检查和整改落实。立即组织专门队伍，对全厂各个角落进行地毯式检查，对检查出的隐患和问题限期整改，即使资金再困难也要落实。

(4) 加强安全队伍的建设。针对厂安全队伍老化、人员素质参差不齐的现状，采取积极措施，补充新鲜血液，择优上岗。安全管理工作重点面向基层，发现隐患，狠抓落实。

对消防队力量及时充实，完善消防器材。

(5) 积极采取技术改进措施，向技术进步要安全。积极吸收国内外先进工艺技术、科学管理方法，逐步淘汰存在着不安全因素的工艺、设备和操作方法，积极采取自动化，减少手工操作，提高效率，减少废物排放，提高生产过程中的安全性和可靠性。

(6) 对氯丁污水处理装置的安全可靠性进行全面检查。

① 预处理池 A、B 改密封为敞口，人工下池清理前，必须鼓风，用新鲜空气置换，分析合格后才能下池。

② 对污水进入预处理池的流槽现场，定期清理及时运走废胶、高聚物等垃圾。

③ 对道路边的半密封氯丁污水沟改为敞开式。

④ 对进入污水处理场的碳氢相送二氯丁焚烧炉及其焚烧工艺进行科研技术攻关。

三、高压配电间触电电气安全事故

1. 事故经过

2001 年 5 月 24 日 9 时 50 分，辽宁省某石化厂总变电所所长刘某，在高压配电间看到 2 号进线主受柜里面有灰尘，于是就找来一把笤帚打扫，造成高压电触电事故。经现场的检修人员紧急抢救苏醒后，送往市区医院。经医院观察诊断，右手腕内侧和手背、右肩胛外侧(电流放电点)三度烧伤，烧伤面积为 3%。

2. 事故原因

这是一起高压配电间触电的化工电气安全事故。当人接近高压设备至一定程度时会发生严重的触电事故，不论高压设备是否已加绝缘，均应采取屏护或其他安全技术措施。安全措施不到位导致高压配电间触电事故主要表现在：

(1) 缺乏安全意识和自我保护意识。按规定，要打扫，也要办理相关的票证、采取了安全措施后才可以施工检修。

(2) 刘某违章操作。刘某在没有办理任何作业票证和采取安全技术措施的情况下，擅自进入高压间打扫高压设备卫生，这是严重的违章操作，也是造成这次触电事故的直接原因。

(3) 刘某对业务不熟。1992 年，工厂竣工时，设计的双路电源只施工了 1 号电源，2 号电源的输电线路只架设，但是，总变电所却是按双路电源设计施工的。这样，2 号电源所带的设备全由 1 号电源通过 1 号电源线路柜供电到 2 号电源联络柜，再供到其他设备上，其中有 1 条线从 2 号计量柜后边连到 2 号主受柜内少油断路器的下部。竣工投产以来，2 号电源的电压互感器、主受柜、计量柜，一直未用，其高压闸刀开关、少油断路器全部打开，从未合过。

(4) 车间和有关部门的领导，特别是车间主管领导和电气主管部门的有关人员，由于工作不够深入，缺乏严格的管理和必要的考核，对职工技术业务水平了解不够全面，对职工进行技术业务的培训学习和具体的工作指导不够，是造成这起事故的重要原因。

3. 事故预防

(1) 全厂职工认真分析事故原因，从中吸取深刻教训，开展一次有关安全法律法规的教育，提高职工学习和执行“操作规程”“安全规程”的自觉性，杜绝违章行为，保证安全生产。

（2）在全厂开展一次电气安全大检查，特别是在电气管理、电气设施、电气设备等方面，认真查找隐患，并及时整改，杜绝此类触电事故再次发生。

（3）要进一步落实安全生产责任制，做到各级管理人员和职工安全责任明确落实，切实做到从上至下认真管理，从下至上认真负责，人人都有高度的政治责任心和工作事业心，保证安全生产的顺利进行。

四、作业环境中毒事故

1. 事故经过

某污水处理厂技术人员曹某在没有采取任何防护措施情况下，进入污水池维修排水泵，因吸入大量腐败臭蛋味气体立即晕倒在池中。6 名工友未采取任何防护措施仓促救援，导致 7 人先后中毒，其中 3 人死亡。罪魁祸首为急性硫化氢中毒导致“电击样”死亡。

2. 事故原因

这是一起职业性化工作业环境中毒事故。由于生产场所作业环境中有毒有害物质污染较为严重，职业性中毒和职业病普遍高发对工人的安全与健康造成了严重的威胁。作业环境中硫化氢中毒事故主要表现在：

职业性急性硫化氢中毒事故一般发生在相对密闭的空间，如污水处理池、下水道、蓄粪池、井底等，空间里污泥有机物含量高、堆放时间长、堆放量大，在夏季高温、高湿条件下，受微生物作用产生大量硫化氢气体。人体吸入高浓度硫化氢气体后，强烈刺激颈动脉窦，反射性地引起呼吸停止，或者直接麻痹呼吸中枢而立即引起窒息，产生“电击样”死亡。

3. 事故预防

劳动者进入可能存在硫化氢的作业场所前，须先强制性通风，进入密闭空间时须佩戴报警装置，检测确认安全后方可入罐（池）作业，要佩戴好供氧式呼吸器、系安全绳、专人监护；遇中毒紧急情况发生时，先做好防护方能参加救援。企业应开展如现场心肺复苏术等应急技术培训；在危险区域设立安全警示标志；涉及硫化氢作业的用人单位应建立应急救援预案，并定期组织开展应急演练。

第六章 化工安全管理

化工企业的安全生产管理制度是多年来安全生产经验教训的积累和总结，是化工生产必须遵守的法规，在不断发展的生产过程中不断地完善和充实。安全操作规程分别从机器设备和人的角度来约束和规范操作人员的行为，最终目的都是保证企业能够安全正常地开展生产活动。

本章涉及的是“4M”事故系统中的“管理欠缺”要素，主要介绍化工安全管理制度和安全操作规程，重要介绍工艺操作、化学危险品、生产现场及人的安全管理措施和技术要求，阐述企业安全文化和HSE管理体系建设的功能和实施方法。

第一节 化工安全管理制度

根据国家推行的安全、环境与健康一体化管理体系，加强行业监督管理，化工企业的安全生产管理制度可按安全管理所面向的对象分为综合安全生产管理制度、安全技术管理制度、职业健康管理制度三类。这些制度是多年来安全生产经验教训的积累和总结，是化工生产必须遵守的法规。同时，在不断发展的生产过程中，这些规章制度也会不断地完善和充实，从而不断提高化工生产的安全生产技术和管理水平。

一、安全生产责任制度

安全生产责任制度是按照职业安全健康工作方针“安全第一、预防为主、综合治理”和“管生产的同时必须管安全”的原则，将各级负责人员、各职能部门及其工作人员和各岗位生产工人在职业安全健康方面应做的事情和应负的责任加以明确规定的一种制度。

《中华人民共和国安全生产法》(简称《安全生产法》)明确规定生产经营单位必须建立、健全安全生产责任制。安全生产责任制是生产经营单位各项安全生产规章制度的核心，是生产经营单位行政岗位责任制和经济责任制的重要组成部分，也是最基本的职业安全健康管理制度。

安全生产责任制由各级各类人员安全生产职责构成。各级领导、各类人员是指企业主要负责人、主管安全生产副厂级及其他副厂级负责人、安全生产管理人员、车间主任、班组长及职工。企业各级各类人员安全生产责任制具体如下。

1. 企业主要负责人安全职责

企业主要负责人是指对生产经营活动具有指挥权、决策权的人，企业主要负责人要依法履行安全生产职责。企业主要负责人是本单位安全生产的第一责任人，其主要职责如下：

（1）建立、健全并督促落实安全生产责任制。

（2）组织制定并督促落实安全生产规章制度和操作规程。

（3）保证安全生产投入的有效实施。

（4）定期主持研究安全生产问题。

（5）督促检查安全生产工作，及时消除生产安全事故隐患。

（6）组织制定并实施生产安全事故应急救援预案。

（7）及时、如实报告生产安全事故。

2. 主管安全生产副厂长（副经理）安全职责

（1）协助总经理抓好安全生产工作，贯彻落实安全生产方针、政策，对本单位安全生产负直接领导责任。

（2）认真组织好生产经营活动中的生产安全工作，负责研究、协调、处理有关安全生产问题。

（3）负责安排编制安全生产劳动保护措施计划并组织实施。

（4）负责对本单位干部、职工的安全教育的监督、检查与考核。

（5）组织安全生产检查，落实整改措施及经费的使用。

（6）组织落实事故隐患的整改工作，确保安全生产。

3. 其他副厂长（副经理）安全职责

（1）根据本单位职责分工对主管范围内安全生产工作人员负领导责任。

（2）做好分管部门安全教育工作。

（3）负责督促检查分管部门岗位责任制的落实和事故隐患的排查与排除。

（4）负责落实安全技术部门的安全技术措施。

（5）负责检查分管部门的设备、设施的维修工作，严格控制危险部位动火操作，组织完成分管部门安全生产计划的落实。

4. 安全生产管理人员的安全职责

（1）认真贯彻落实安全技术标准和要求，对本单位的安全生产和技术管理方面负主要责任。

（2）负责本单位安全技术知识的教育和培训工作。

（3）负责本单位特种设备的安全技术管理，防止因设备缺陷而发生生产安全事故。

（4）负责本单位新设备、新工艺、新产品、新配方、新材料的安全生产交底、指导工作。

（5）负责组织查清生产安全事故的技术原因，做好防止重复发生同类事故的技术措施。

5. 车间主任（分公司经理）安全职责

（1）认真贯彻落实安全生产法律法规及本单位的规章制度，对本部门的职工在生产、经营过程中的安全负全面责任。

（2）定期研究分析本部门的安全生产情况，制定事故隐患排查、解决办法。

（3）组织并参加本部门的安全检查，及时消除事故随患。

（4）定期对职工进行安全教育，对新入厂职工、转岗职工进行上岗前的安全教育及三级教育中的车间教育。

（5）及时发现、纠正、处理违章操作行为。

（6）负责本部门生产流程的安全生产工作，落实安全整改措施，监督班组长岗位责任制的落实。

（7）发生工伤事故，立即组织抢救，保护现场，及时上报安全主管部门，采取措施，防止事故进一步扩大。

（8）负责监督检查职工劳动保护用品的使用情况。

6. 班组长安全职责

（1）负责领导本班组职工严格执行本单位的规章制度和操作规程，保证本班组职工的生产安全。

（2）负责落实本班组职工“三级教育”中的班组教育内容，对新上岗的职工要做好安全技术交底，严格岗位责任制的落实。

（3）对违反操作规程的职工有权制止，对查出的事故隐患要立即采取措施。

（4）负责本班组设备、设施的安全巡视工作，发现问题及时上报。

（5）发现工伤事故应立即上报，并立即采取措施保护现场。

7. 职工安全职责

（1）认真学习并严格遵守各项规章制度，不违章作业，严格遵守安全操作规程，对本岗位的安全生产负直接责任。

（2）正确操作，精心维护和使用设备。

（3）及时、正确判断和处理各种事故隐患，采取有效消除措施。

（4）正确使用各种防护用品和灭火器材。

（5）积极参加各种安全活动、岗位练兵和事故预案演练。

（6）有权拒绝违章作业指挥，有权向上级报告违章作业行为，有权向监督管理部门报告本单位的重大事故隐患和生产安全事故。

（7）特种作业人员必须持有特种作业证件上岗，无证人员不准进行操作。

二、安全教育培训制度

《中国人民共和国安全生产法》对安全生产教育培训做出了明确规定，相关条款如下：

第二十四条　生产经营单位的主要负责人和安全生产管理人员必须具备与本单位所从事的生产经营活动相应的安全生产知识和管理能力。

危险物品的生产、经营、储存单位以及矿山、金属冶炼、建筑施工、道路运输单位的主要负责人和安全生产管理人员，应当由主管的负有安全生产监督管理职责的部门对其安全生产知识和管理能力考核合格。考核不得收费。

危险物品的生产、储存单位以及矿山、金属冶炼单位应当有注册安全工程师从事安全生产管理工作。鼓励其他生产经营单位聘用注册安全工程师从事安全生产管理工作。注册安全工程师按专业分类管理，具体办法由国务院人力资源和社会保障部门、国务院安全生产监督管理部门会同国务院有关部门制定。

第二十五条　生产经营单位应当对从业人员进行安全生产教育和培训，保证从业人员具备必要的安全生产知识，熟悉有关的安全生产规章制度和安全操作规程，掌握本岗位的安全操作技能，了解事故应急处理措施，知悉自身在安全生产方面的权利和义务。未经安全生产教育和培训合格的从业人员，不得上岗作业。

生产经营单位使用被派遣劳动者的，应当将被派遣劳动者纳入本单位从业人员统一管理，对被派遣劳动者进行岗位安全操作规程和安全操作技能的教育和培训。劳务派遣单位应当对被派遣劳动者进行必要的安全生产教育和培训。

生产经营单位接收中等职业学校、高等学校学生实习的，应当对实习学生进行相应的安全生产教育和培训，提供必要的劳动防护用品。学校应当协助生产经营单位对实习学生进行安全生产教育和培训。

生产经营单位应当建立安全生产教育和培训档案，如实记录安全生产教育和培训的时间、内容、参加人员以及考核结果等情况。

第二十六条　生产经营单位采用新工艺、新技术、新材料或者使用新设备，必须了解、掌握其安全技术特性，采取有效的安全防护措施，并对从业人员进行专门的安全生产教育和培训。

第二十七条　生产经营单位的特种作业人员必须按照国家有关规定经专门的安全作业培训，取得相应资格，方可上岗作业。

特种作业人员的范围由国务院安全生产监督管理部门会同国务院有关部门确定。

1. 企业主要负责人的教育培训

主要负责人的安全培训教育根据所从事行业的危险性分为两类，即危险物品的生产、经营、储存单位、矿山、建筑施工单位主要负责人的培训以及其他单位主要负责人的培训，具体规定为：前者单位主要负责人必须进行安全资格培训，经安全生产监督管理部门或法律法规规定的有关主管部门考核合格并取得安全资格证书后方可任职，安全资格培训时间不得少于 48 学时，每年再培训时间不得少于 16 学时；后者单位主要负责人必须按照国家有关规定进行安全生产培训，安全生产管理培训时间不得少于 24 学时，每年再培训时间不得少于 8 学时。特别应注意的是，所有单位主要负责人每年都应进行安全生产再培训。

2. 安全管理人员的教育培训

危险物品的生产、经营、储存单位、矿山、建筑施工单位安全生产管理人员必须进行安全资格培训，经安全生产监督管理部门或法律法规规定的有关主管部门考核合格后并取得安全资格证书后方可任职，其安全资格培训时间不得少于 48 学时，每年再培训时间不得少于 16 学时；其他单位安全生产管理人员必须按照国家有关规定进行安全生产培训，安全生产管理培训时间不得少于 24 学时，每年再培训时间不得少于 8 学时。所有单位的安全生产管理人员每年都应进行安全生产再培训。

3. 从业人员的教育培训

单位从业人员（简称“从业人员”）是指除主要负责人和安全生产管理人员以外，该单位从事生产经营活动的所有人员，包括其他负责人、管理人员、技术人员和各岗位的工人，以及临时聘用的人员。从业人员的安全教育培训可分为在岗普通从业人员的安全培训，新从业人员的安全培训以及调整工作岗位或离岗一年以上重新上岗的从业人员的安全培训。

（1）在岗普通从业人员。对在岗的从业人员应进行经常性的安全生产教育培训，其内容主要包括：安全生产新知识、新技术；安全生产法律法规；作业场所和工作岗位存在的危险因素、防范措施及事故应急措施；事故案例等。单位实施新工艺、新技术或使用新设备、新材料时应对从业人员进行有针对性的安全生产教育培训。

（2）新从业人员。新职工（包括新工人、合同工、临时工、外包工和培训、实习、外单位调入本企业人员等）均必须经过企业、车间（科）、班组（工段）三级安全教育。

新从业人员安全生产教育培训时间不得少于24学时。危险性较大的行业和岗位，教育培训时间不得少于48学时。

（3）调整工作岗位或离岗一年以上重新上岗的从业人员。从业人员调整工作岗位或离开工作岗位一年以上重新上岗时，应进行相应的车间（工段、区、队）级安全生产教育培训。

4. 特种作业人员的教育培训

特种作业是指在劳动过程中容易发生伤亡事故，对操作者本人，尤其对他人和周围设施的安全有重大危害的作业。从事特种作业的人员称为特种作业人员。

特种作业的范围包括：电工作业，金属焊接、切割作业，起重机械（含电梯）作业，企业内机动车辆驾驶，登高架设作业，锅炉作业（含水质化验），压力容器作业，制冷作业，爆破作业，矿山通风作业，矿山排水作业，矿山安全检查作业，矿山提升运输作业，采掘（剥）作业，矿山救护作业，危险物品作业，经国家有关部门批准的其他的作业。

特种作业人员上岗作业前，必须进行专门的安全技术和操作技能的培训教育，安全生产意识，获得证书后方可上岗。特种作业人员的培训推行全国统一培训大纲、统一考核教材、统一证件的制度。

特种作业人员安全技术考核包括安全技术理论考试与实际操作技能考核两部分际操作技能考核为主。《特种作业人员操作证》由国家统一印制，地市级以上行政主管部门负责签发，全国通用。离开特种作业岗位达6个月以上的特种作业人员，应当重新进行现场实际操作考核，经确认合格后方可上岗作业。取《特种作业人员操作证》者，每2年进行1次复审。连续从事本工种10年以上的，经用人单位进行知识更新教育后，每4年复审1次。复审的内容包括；健康捡查、违章记录、安全新知识和事故案例教育、本工种安全知识考试。未按期复审或复审不合格者，其操作证自行失效。

三、安全检查制度

安全检查是对生产过程及安全管理中可能存在的隐患、有害与危险因素或缺陷等进行查证，以确定隐患、有害与危险因素或缺陷的存在状态，以及它们转化为事故的条件，以便制定整改措施，消除隐患和有害与危险因素，确保安全生产。

企业在生产过程中，必然会产生机械设备的消耗、磨损、腐蚀和性能改变。生产环境也会随着生产过程的进行而发生改变，如尘、毒、噪声的产生、逸散、滴漏。随着生产的延续，职工的疲劳程度增加，安全意识有所减弱，从而会产生不安全行为。为此，开展经常性的、突击性的、专业性的安全检查，不断地、及时地发现生产中的不安全因意，并予以消除，才能预防事故和职业病的发生。

《安全生产法》规定："生产经营单位的安全管理人员应当根据本单位的生产经营特点，

对安全状况进行经常性检查；对检查中发现的安全问题，应当立即处理；不能处理的，应当及时报告本单位的有关负责人。检查及处理情况应当记录在案。”

1. 安全检查的内容

安全检查的内容根据不同企业、不同检查目的、不同时期各有侧重，概括起来可以分为以下几个方面。

（1）查思想认识。查思想认识是检查企业领导在思想上是否真正重视安全工作。检查企业领导对安全工作的认识是否正确，行动上是否真正关心职工的安全和健康；对国家和上级机关发布的方针、政策、法规是否认真贯彻并执行；企业领导是否向职工宣传国家劳动安全卫生的方针、政策。

（2）交现场、查隐患。深入生产现场，检查劳动条件、操作情况、生产设备以及相应的安全设施是否符合安全要求和劳动安全卫生的相关标准；检查生产装置和生产工艺是否存在事故隐患；检查企业安全生产各级组织对安全工作是否有正确的认识，是否真正关心职工的安全、健康，是否认真贯彻执行安全方针以及各项劳动保护政策法令；检查职工“安全第一”的思想是否建立。

（3）查管理、查制度。检查企业的安全工作在计划、组织、控制、制度等方面是否按国家法律、法规、标准及上级要求认真执行，是否完成各项要求。

（4）查安全生产教育。检查对企业领导的安全法规教育和安全生产管理的资格教育（持证）是否达到要求；检查职工的安全生产思想教育、安全生产知识教育，以及特殊作业的安全技术知识教育是否达标。

（5）查安全生产技术措施。检查各项安全生产技术措施（改善劳动条件、防止伤亡事故、预防职业病和职业中毒等）是否落实，安全生产技术措施所需的设备、材料是否已列入物资、技术供应计划中，对于每项措施是否都确定了其实现的期限；检查其负责人以及企业负责人对安全技术措施计划的编制和贯彻执行负责的情况。

（6）查纪律。查生产领导、技术人员、企业职工是否违反了安全生产纪律；企业单位各生产小组是否设有不脱产的安全员，督促工人遵守安全操作规程和各种安全制度，教育工人正确使用个人防护用品以及及时报告生产中的不安全情况；企业单位的职工是否自觉遵守安全生产规章制度，不进行违章作业且能随时制止他人违章作业。

（7）查整改。对被检查单位上一次查出的问题，按当时登记的项目、整改措施和期限进行复查，检查是否进行了整改及整改的效果。如果没有整改或整改不力的，要重新提出要求，限期整改。对隐瞒事故隐患的，应根据不同情况进行查封或拆除。整改工作要采取定整改项目、定完成时间、定整改负责人的“三定”做法，确保彻底解决问题。

2. 安全检查的类型

安全检查的频次、内容因实施检查的主体以及检查类型不同而有所差别。企业安全检查的类型主要有以下几种形式。

（1）综合性安全大检查。综合性安全大检查的内容是岗位责任制大检查，一般每年进行一次。检查要有安排、有组织、有总结、有考核、有评比，既要检查管理制度，又要检查现场。

（2）专业性安全检查。专业性安全检查主要对关键生产装置、要害部位，以及按行业部门规定的锅炉、压力容器、电气设备、机械设备、安全装置、监测仪表、危险物品、消防器材、防护器具、运输车辆、防尘防毒、液化气系统等分别进行检查。

这种检查应组织专业技术人员或委托有关专业检查单位来进行，这些单位应是有资质的，能开据有效检验证书的单位。

(3) 季节性安全检查。季节性安全检查是根据季节特点和对企业安全生产工作的影响，由安全部门组织相关管理部门和专业技术人员来进行。如雨季防冒、防静电、防触电、防洪等，夏季以防暑降温为主要内容，冬季以防冻保温为主要内容的季节性安全检查。

此外，节假日前也要针对安全、消防、危险物品、防护器具及重点装置和设备等进行安全检查。

(4) 日常安全检查。日常安全检查是指各级领导者、各职能处室的安全技术人员要经常深入现场进行岗位责任制、巡回检查制和交接班制执行情况的检查。

(5) 特殊安全检查。特殊安全检查指的是生产装置在停工检修前、检修开工前及新建、改建、扩建装置试车前，必须组织有关部门参加的安全捡查。

安全检查人员在检查中有权制止违章指挥、违章操作和批评违反劳动纪律者。对情节严重者，有权下令停止工作，对违章施工、检修者，有权下令停工。对检查出的安全隐患及安全管理中的漏洞，必须要求限期整改。对严重违反国家安全生产法规，随时可能造成严重人员伤亡的装置、设备、设施，可立即查封，并通知责任单位处理。

3. 安全检查的方法

(1) 常规检查。常规检查是常见的一种检查方法。通常由安全管理人员作为检查工作的主体，到作业场所的现场，通过感官或借助一定的简单工具、仪表等，对作业人员的行为、作业场所的环境条件、生产设备设施进行的定性检查。安全检查人员通过这一手段，可及时发现现场存在的安全隐患并采取措施予以消除，并纠正施工人员的不安全。

这种方法完全依靠安全检查人的经验和能力，检查的结果直接受安全检查人员个人素质的影响。因此，对安全检查人员要求较高。

(2) 安全检查表法。为使检查工作更加规范，使个人的行为对检查结果的影响减少到最小，常采用安全检查表法。

安全检查表(SCL)是为了全面找出系统中的不安全因素而事先把系统的组成顺序编制成表，以便进行检查或评审，这种表就叫做安全检查表。安全检查表是进行安全检查，发现和查明各种危险和隐患，监督各项安全规章制度的实施，及时发现事故隐患和违章行为的一个有力工具。

安全检查表应列举需查明的所有会导致事故的不安全因素。每个检查表均需写明检查时间、检查者、直接负责人等，以便分清责任。安全检查表的设计应做到系统、全面，检查项目应明确。

编制安全检查表的主要依据：

① 有关标准、规程、规范及规定。

② 国内事故案件及本单位在安全管理及生产中的有关经验。

③ 通过系统分析确定的危险部位及防范措施，都是安全检查表的内容。

④ 新知识、新成果、新方法、新技术、新法规和标准。

在我国许多行业都编制并实施了适合行业特点的安全检查标准。如建筑、火电、机、煤炭等行业都制定了适用于本行业的安全检查表。企业在实施安全检查工作时，可以根据行业颁布的安全检查标准，同时结合本单位情况制定更具有可操作性的检查表。

(3) 仪器检查法。机器、设备内部的缺陷及作业环境条件的真实信息或定量数据，只有通过仪器检查法进行定量化的检验与测量，才能发现安全隐患，从而为后续整改提供信息。因此必要时应该实施仪器检查。由于被检查对象不同，检查所用的仪器和手段也不同。

4. 安全检查的工作程序

安全检查的工作程序，就是安全检查工作发现问题、分析问题、整改问题、落实效果的过程方法。

(1) 安全检查准备。准备内容包括：

① 确定检查对象、目的、任务。

② 查阅、掌握有关法规、标准、规程的要求。

③ 了解检查对象的工艺流程、生产状况、可能出现危险、危害的情况。

④ 制定检查计划，安排检查内容、方法、步骤。

⑤ 编写安全检查表或检查提纲。

⑥ 准备必要的检测工具、仪器、书写表格或记录本。

⑦ 挑选和训练检查人员，并进行必要的分工等。

(2) 实施安全检查。实施安全检查就是通过访谈、查阅文件和记录、现场检查、仪器测量的方式获取信息。

① 访谈。通过与有关人员谈话来了解相关部门、岗位执行规章制度的情况。

② 查阅文件和记录。检查设计文件、作业规程、安全措施、责任制度、操作规程等是否齐全，是否有效；查阅相应记录，判断上述文件是否被执行。

③ 现场观察。到作业现场寻找不安全因素、事故隐患、事故征兆等。

④ 仪器测量。利用一定的检测检验仪器设备，对在用的设施、设备、器材状况及作业环境条件等进行测量，以发现隐患。

(3) 通过分析做出判断。掌握情况(获得信息)之后，就要进行分析和判断。可凭经验、技能进行分析、判断，必要时可以通过仪器、检验得出正确结论。

(4) 及时做出决定进行处理。做出判断后应针对存在的问题做出采取措施的决定，即下达隐患整改意见和要求，包括要求信息的反馈。

(5) 实现安全检查工作闭环。通过复查整改落实情况，获得整改效果的信息，以实现安全检查工作的闭环。

四、安全技术措施计划管理制度

为了有计划地改善劳动条件，保障职工在生产过程中的安全和健康，国家要求企业在编制生产、技术、财务计划的同时，必须编制安全技术措施计划。

安全技术措施计划分长期计划和年度计划，它的编制与企业生产、技术、财务计划的编制同步。年度计划是在企业编制下一年度生产、技术、财务计划时(一般在第三季度)进行，项目要求和方案先由车间提出，上报企业安全技术部门，安全技术部加以汇总、审定，作为年度的安全技术措施项目，统一纳入企业的技术措施计划，经企业法人代表和职代会审议，通过后即可执行。

安全技术措施计划的核心是安全技术措施，它是指运用工程技术手段消除物的不安全因素，实现生产工艺和机械设备等生产条件本质安全的措施。所编制的各项措施项目，应该规定实现的期限和负责人，安全技术部门负责监督项目的实施，并参加竣工验收，验收合格后方可交付使用。

1. 安全技术措施项目的范围

(1) 安全技术方面。以防止火灾、爆炸、中毒、工伤等为目的的各项措施，如防护装置、监测报警信号等。

(2) 职业卫生方面。改善生产环境和操作条件，防止职业病和职业中毒的技术措施，如防尘、防毒、防暑降温、消除噪声、改善及治理环境污染的措施等。

(3) 辅助设施方面。有关保证职业卫生历必需的设施及措施，如淋浴室、更衣室、卫生间、消毒间等。

(4) 安全宣传和教育方面。编写安全技术教材，购置图书、仪器、音像设备、计算机，建立安全教育室，办安全展览，出版安全刊物等所需的材料和提供相关设备。

(5) 安全技术科研方面。为了安全生产、职业卫生所开展的试验、研究和技术开发所需的设备、仪器、仪表、器材等。

2. 安全技术措施计划的编制

(1) 编制依据

安全技术措施计划的编制应以“安全第一、预防为主、综合治理”的方针为指导思想．以国家和地方政府发布的有关安全生产方面的法律、法规、规章及标准为主要依据，本着符合实际、讲求实效、统筹安排的原则来进行。主要考虑的内容应包括：影响安全生产的重大隐患；预防工伤、职业危害等要采取的措施；稳定和发展安全生产所需要的安全技术措施；职工提出的有关安全生产、职业卫生方面的合理化建议等。

(2) 编制内容

编制内容按照《安全技术措施计划的项目总名称表》及其说明的规定执行，具体如下：

① 单位和工作场所。

② 措施名称。

③ 措施内容与目的。

④ 经费预算及来源。

⑤ 负责设计、施工的单位及负责人。

⑥ 措施使用方法及预期效果。

(3) 计划编制及审批

企业领导应根据本单位具体情况向下属单位或职能部门提出具体要求，进行编制计划布置。下属单位确定本单位的安全技术措施计划项目并编制具体的计划和方案，经群众讨论后，送上级安全部门审查。安全部门将上报计划进行审查、平衡、汇总后，再由安全、技术、计划部门联合会审，并确定计划项目、明确设计施工部门、负责人、完成期限，成文后报厂总工程师审批。厂长根据总工程师的意见，召集有关部门和下层单位负责人审查核定计划。根据审查、核定结果，与生产计划同时下达到有关部门贯彻执行。企业负责人应该对安全技术措施计划的编制和贯彻执行负责。

安全技术措施编制及审批遵循以下规定：

① 由车间或职能部门提出车间年度安全技术措施项目，指定专人编制计划、方案并报安全技术部门审查汇总。

② 安全技术部门负费编制企业年度安全技术措施计划，报总工程师或主管经理(院长、厂长)审核。

③ 主管安全生产的经理(院长、厂长)或(总工程师)，应召开工会、有关部门及车间负责人会议，研究确定以下项目：年度安全技术措施项目；项目的资金；设计单位及负责人；施工单位及负责人；竣工或投产使用日期。

④ 经审核批准的安全技术措施项目，由生产计划部门在下达年度生产计划时一并下达。

⑤ 企业每年应按时编制下一年度的安全技术措施计划，并报上级主管部门备案。

⑥ 需有关主管部门审批或需请上级支持协调的安全技术措施项目，企业应办理报批手续，如削减已批准的安全技术措施项目，也必须办理报批手续。

(4) 计划的实施验收

编制好的安全卫生措施项目计划要尽快组织实施，项目计划落实到各有关部门和下属单位后，计划部门应定期检查。企业领导在检查生产计划的同时，应检查安全技术措施计划的完成情况。安全管理与安全技术部门应经常了解安全技术措施计划项目的实施情况，协助解决实施中的问题，及时汇报并督促有关单位按期完成。

已完成的计划项目要按规定组织竣工验收。竣工验收时一般应注意：所有材料、成品等必须经检验部门检验；外购设备必须有质量证明书；安全技术措施计划项目完成后，负责单位应向安全技术部门填报交工验收单，由安全技术部门组织有关单位验收；验收合格后，由负责单位持交工验收单向计划部门报完工，并办理财务手续；使用单位应建立台账，并定期进行维护和管理。

五、事故隐患管理制度

事故隐患是指生产经营单位违反安全生产法律、法规、规章、标准、规程和安全生产管理制度的规定，或者因其他因素在生产经营活动中存在可能导致事故发生的物的危险状态、人的不安全行为和管理上的缺陷。

事故隐患分为一般事故隐患和重大事故隐患。一般事故隐患是指危害和整改难度较小，发现后能够立即整改排除的隐患。重大事故隐患，是指危害和整改难度较大，应当局部或者全部停产停业，并经过一定时间整改治理方能排除的隐患，或者因外部因素影响致使生产经营单位自身难以排除的隐患。

为了防止和减少事故，保障生命财产安全，企业应建立事故隐患管理制度，并且企业在对事故隐患管理的过程中须做到以下几点：

（1）建立健全事故隐患排查治理和建档监控等制度，逐级建立并落实从主要负责人到每个从业人员的隐患排查治理和监控责任制，并建立资金使用专项制度，保证事故隐患排查治理所需的资金。

（2）定期组织安全生产管理人员、工程技术人员和其他相关人员排查本单位的事故隐患。对排查出的事故隐患，应当按照事故隐患的等级进行登记，建立事故隐患信息档案，并按照职责分工实施监控治理。

（3）建立事故隐患报告和举报奖励制度，鼓励、发动职工发现和排除事故隐患，鼓励社会公众举报。对发现、排除和举报事故隐患的有功人员，应当给予物质奖励和表彰。

（4）企业将生产经营项目、场所和设备发包、出租的，应当与承包、承租单位签订安全生产管理协议，并在协议中明确各方对事故隐患排查、治理和防控的管理职责。生产经营单位对承包、承租单位的事故隐患排查治理负有统一协调和监督管理的职责。

（5）每季、每年对本单位事故隐患排查治理情况进行统计分析，并分别于下一季度 15 日前和下一年 1 月 31 日前向安全监督管理部门和有关部门报送书面统计分析表。统计分析表应当由主要负责人签字。

对于重大事故隐患，企业除按规定报送外，还应及时向安全监督管理部门和有关门报告。重大事故隐患报告内容应当包括：

① 隐患的现状及其产生原因。

② 隐患的危害程度和整改难易程度分析。

③ 隐患的治理方案。

（6）对于一般事故隐患，由企业（车间、分厂、区队等）负责人或者有关人员立即组织整改。对于事故隐患，由企业主要负责人组织制定并实施事故隐患治理方案。重大事故隐患治理方案应当包括以下内容：

① 治理的目标和任务。

② 采取的方法和措施。

③ 经费和物资的落实。

④ 负责治理的机构和人员。

⑤ 治理的时限和要求。

⑥ 安全措施和应急预案。

（7）企业在事故隐患治理过程中，应当采取相应的安全防范措施，防止事故发生。事故隐患排除前或者排除过程中无法保证安全的，应当从危险区城内撤出作业人员，并疏散可能危及到的其他人员、设置警戒标志，暂时停产停业或者停止使用；对暂时难以停产或者停止使用的相关生产储存装置、设施、设备，应当加强维护和保养，防止事故发生。

（8）加强对自然灾害的预防。对于因自然灾害可能导致事故的隐患，应当按照有关法律、法规、标准和本规定的要求排查治理，采取可靠的预防措施，制订应急预案。在接到有关自然灾害预报时，应当及时向下属单位发出预警通知。发生自然灾害可能危及生产经营单位和人员安全的情况时，应当采取撤离人员、停止作业、加强监测等安全措施，并及时向当地人民政府及其有关部门报告。

第二节　化工安全操作规程

安全操作规程一般分为设备安全操作规程和岗位安全操作规程，它们分别从机器设备和人的角度来约束和规范操作人员的行为，最终目的都是保证企业能够安全正常地开展生产活动。

企业设备技术安全操作规程是安全操作各种设备的指导性文件，是安全生产的技术保障，是职工操作机械和调整仪器仪表以及从事其他作业时必须遵守的程序和注意事项。

生产岗位的安全操作规程是生产操作人员在不同岗位进行生产操作行为准则，它从人的角度来制定规则，让每个操作岗位部能确保安全。

一、生产岗位安全操作规程

化工生产岗位安全操作规程是化工生产企业各岗位如何遵守有关规定完成本岗位工作任务的具体操作程序和要求，是职工必须遵守的企业规章。具体内容应包括：物料的危险特性及安全注意事项；设备操作的安全要求和注意事项；必要的个人防护要求和使用方法；岗位必须了解的防火防爆及灭火器使用方面的内容；职业卫生和环境保护对作业环境方面的基本要求；岗位操作的具体程席、动作等安全内容。制定生产岗位安全操作规程要注意下面几个问题。

（1）岗位安全操作规程首先须明确使用范围及条件，内容要具体，针对性、可操作性要强，并且要做到覆盖企业的全部生产操作岗位以及员工操作的全过程，不能有空白、疏漏。不能以采用约束人的行为的操作规程取代按国家安全生产法规规定应具备的安全生产条件。

（2）编制的依据主要有：国家、地方、行业有关标准、规范；技术部门提供的工艺规程中有关安全的内容；参照同类行业或岗位多年总结出的经验教训和曾经发生过的事故案例；设备技术说明书中规定必须遵守的操作注意事项。

（3）制定岗位安全操作规程时，要先对操作的全过程进行危险辨识，再制定防止事故的措施，然后把防止事故的措施中有关规范、约束操作者行为的措施整理成为安全操作规程。岗位安全操作规程的制定是一个科学严谨的过程，必须符合岗位的具体要求和实际情况，不切实际的操作规程只是一种摆设，根本不能保证岗位员工的安全和健康。

（4）岗位安全操作规程的内容不能只明确“不准干什么、不准怎样干”。而不明确“应该怎么干”，不能留有让作业人员“想当然、自由发挥”的余地。应该具体明确操作前对设备、场地的安全检查，并确认安全操作的内容，作业中巡检的内容，操作中必须操作的步骤、方法，操作注意事项、安全禁忌事项和正确使用劳动防护用品的要求，出现故障时的排除方法和发现事故时的应急措施等。

由于化工生产企业的产品种类、生产条件、生产场所及工艺流程千差万别，因此各企业可根据本单位的具体情况、管理模式来编制岗位安全技术操作规程，也可以采用作业指导书的形式，这里不作一一赘述。

二、动火作业安全操作规程

HG 30010—2013《生产区域动火作业安全规范》规定了化工企业生产区域动火作业分级、动火作业安全要求、动火分析及合格标准和《动火安全作业证》的管理等。

在化工装置中，凡是动用明火或可能产生火种的作业都属于动火作业。例如：电焊、气焊、切割、熬沥青、供砂、喷灯等明火作业；凿水泥基础、打墙眼、电气设备的耐压试验、电烙铁、锡焊等易产生火花或高温的作业。凡检修动火部位和地区时，必须按动火要求，采取措施，办理审批手续。

1. 动火作业的分类

动火作业分为特殊危险动火作业、一级动火作业和二级动火作业三类。

特殊危险动火作业是指在生产运行状态下的易燃易爆物品生产装置、输送管道、储罐、容器等部位上及其他特殊危险场所的动火作业。

一级动火作业是指在易燃易爆场所进行的动火作业。

二级动火作业是指除特殊危险动火作业和一级动火作业以外的动火作业。

2. 动火作业安全要点

（1）在禁火区内动火应办理动火证的申请、审核和批准手续，明确动火地点、时间、动火方案、安全措施、现场监护人等。审批动火作业应考虑两个问题：一是动火设备本身，二是动火的周围环境。要做到“三不动火”，即没有动火证不动火，防火措施不落实不动火，监护人不在现场不动火。

（2）联系。动火前要和生产车间、工段联系，明确动火的设备、位置。事先由专人负责做好动火设备的置换、清洗、吹扫、隔离等解除危险因素的工作，并落实其他安全措施。

（3）隔离。动火设备应与其他生产系统可靠隔离，以防止运行中设备、管道内的物料泄漏到动火设备中来；将动火地区与其他区域采取临时隔火墙等措施加以隔开，防止火星飞溅而引起事故。

（4）移去可燃物。将动火周围 10m 范围以内的一切可燃物，如溶剂、润滑袖、未清洗的盛放过易燃液体的空桶等移到安全场所。

（5）灭火措施。动火期间动火地点附近的水温要保证充分，不能中断；动火场所准备好足够数量的灭火器具；在危险性大的重要地段动火，消防车和消防人员要到现场，做好充分准备。

（6）检查与监护。上述工作准备就绪后，根据动火制度的规定，厂、车间或安全、保卫部门的负责人应到现场检查，对照动火方案中提出的安全措施检查是否落实，并再次明确和落实现场监护人和动火现场指挥，交代安全注意事项。

（7）动火分析。动火分析不宜过早，一般不要早于动火前的半小时。如果动火中断半小时以上，应重做动火分析。分析试样要保留到动火之后，分析数据应做记录，分析人员应在分析化验报告单上签字。

（8）动火。动火应经由安全考核合格的人员执行，压力容器的焊补工作应由锅炉压力容器考试合格的工人担任。无合格证者不得独自从事焊接工作。动火作业出现异常时，监护人员或动火指挥应果断命令停止动火，待恢复正常、重新分析合格并经批准部门同意后，方可重新动火。高处动火作业应戴安全帽、系安全带，遵守高处作业的安全规定。氧气瓶和移动式乙炔瓶发生器不得有泄漏，应距明火 10m 以上。氧气瓶和已炔发生器的间距不得小于 5m，有五级以上大风时不宜高处动火。电焊机应放在指定的地方，火线和接地线应完整无损、牢靠，禁止用铁棒等物代替接地线和固定接地点。电焊机的接地线应接在被焊设备上，接地点应靠近焊接处，不准采用远距离接地回路。

（9）善后处理。动火结束后应清理现场，熄灭余火，做到不遗漏任何火种，切断动火作业所用电源。

三、检修作业安全操作规程

化工检修可分为计划检修和计划外检修。企业根据设备管理的经验和设备实际状况，制订设备检修计划，按计划进行的检修称为计划检修。根据检修的内容、周期和要求不同，计划检修又可分为小修、中修和大修。

运行中设备突然发生故障或事故，必须进行不停工或临时停工的检修和抢修称为计划外检修。这种计划外检修随着日常维护保养、检查检测管理和预测技术的不断完善和发展，必将日趋减少。

1. 化工检修的特点

（1）频繁性。化工生产具有高温、高压、腐蚀性强等特点，因而化工设备及其管道、阀门等附件在运行中腐蚀、磨损严重，化工检修任务繁重。除了计划小修、中修和大修外，计划外小修和临时停工抢修的作业也不少，使得检修作业极为频繁。

（2）复杂性。化工设备种类繁多，规格不一，要求从事检修作业的人员必须具有丰富的知识和技术，熟悉拿捏不同设备的结构、性能和特点。化工检修频繁，而计划外检修又无法预测，即便是计划检修，人员的作业形式和作业人数也在经常变动，不易管理。检修时往往上下立体交错，设备内外同时并进，加上化工设备不少是露天或半露天布置，检修工作受到环境、气候的制约。另外，临时人员进入检修现场机会就多，化工装置检修具有复杂性特点等。

（3）危险性。化工生产的危险性决定了化工装置检修的危险性。化工设备和管道中大多残存着易燃易爆有毒的物质，化工检修又离不开动火、动土、进罐入塔等作业。故客观上具备了发生火灾、爆炸、中毒、化工灼烧等事故的条件，稍有疏忽就会发生重大事故。

化工装量检修所具有的频繁性、复杂性和危险性大的特点，决定了化工安全检修的重要地位。实现化工安全检修不仅可以确保检修中的安全，防止重大事故发生，保护职工的安全和健康，而且可以促进检修工作按质按量按时完成，确保设备的检修质量，使设备投入运行后操作稳定，运转效率高，杜绝事故和环境污染，为安全生产创造良好条件。

2. 规程及步骤

检修前准备：

（1）设置检修指挥部。大修、中修时，为了加强停车检修工作的集中领导和统一计划，确保停车检修的安全顺利进行，检修前要成立以企业主要负责人为总指挥，主管设备、生产技术、人事保卫、物资供应及后勤服务等的负责人为副总指挥和机动、生产、劳资、供应、安全、环保、后勤等部门代表参加的指挥部。针对装置检修项目及特点，明确分工，分片包干，各司其职，各负其责。

(2) 制定检修方案。无论是全厂性停车大检修、系统或车间的检修，还是单项工程或单个设备的检修，在检修前均须制定装置停车、检修、开车方案及其安全措施。

安全检修方案主要内容应包括：检修时间、设备名称、检修内容、质量标准、工作程序、施工方法、起重方案、采取的安全技术措施；并明确施工负责人、检修项目安全员、安全措施的落实人等。方案中还应包括设备的置换、吹洗、盲板流程示意图等。尤其要制定合理工期，确保检修质量。检修方案及检修任务书必须得到审批：全厂性停车大检修、系统或车间的大、中修，以及生产过程中的抢修，应由总工程师(或副总工程师)或厂长(或主管机动设备部门)审批；单项工程或单个设备的检修，由机动设备部门审批，各审批部门必须同时对检修过程中的安全负全面责任。

(3) 检修前的安全教育。检修前，检修指挥部负责向参加检修的全体人员(包括外单位人员、临时工作人员等)进行检修方案技术交底，使其明确检修内容、步骤、方法、质量标准、人员分工、注意事项、存在的危险因素和由此而采取的安全技术措施等，达到分工明确、责任到人。同时还要组织检修人员到检修现场，了解和熟悉现场环境，进一步核实安全措施的可靠性。检修人员经安全教育并考试合格取得《安全(作业)合格证》后才能准许持证参加检修。

(4) 检修前检查。装置停车检修前，应由检修指挥部统一组织，对停车前的准备工作进行一次全面的检查。检查内容主要包括检修方案、检修项目及相应的安全措施、检修机具和检修现场等。

装置停车及停车后的安全操作：

装置正停车及停车后设备的清洗、置换、交出，由设备所在单位负责。设备清洗、置换后应有分析报告。检修项目负责人应合同设备技术人员、工艺技术人员检查并确认设备、工艺处理及盲板抽堵等安全处理合格，使之符合检修安全要求。

(1) 停车操作及注意事项。停车方案一经确定，应严格按停车方案确定的停车时间、停车程序以及各项安全措施有秩序地进行。停车操作及应注意问题如下：

① 卸压。系统卸压要缓慢由高压降至低压，应注意压力不得降至零，更不能造成负压，一般要求系统内保持微弱正压。在未做好卸压前，不得拆动设备。

② 降温。降温应按规定的降温速率进行降温，须保证达到规定要求。高温设备不能急骤降温，避免造成设备损伤，以切断热源后强制通风或自然冷却为宜，一般要求设备内介质温度要小于60℃。

③ 排净。排净生产系统(设备、管道)内储存的气、液、固体物料。如物料确实不能完全排净，应在“安全检修交接书”中详细记录，并进一步采取安全措施，排放残留物必须严格按规定地点和方法进行，不得随意放空或排入下水道，以免污染环境或发生事故。

④ 停车操作期间，装置周围应杜绝一切火源。

⑤ 停车过程中，对发生的异常情况和处理方法，要随时做好记录，对关键装置和要害部位的关键性操作，要采取监护制度。

（2）停车后的安全处理。

① 隔绝。由于隔绝不可靠致使有毒、易燃易爆、有腐蚀、窒息和高温介质进入检修设备而造成的重大事故时有发生，因此，检修设备必须进行可靠隔绝。

视具体情况最安全可靠的隔绝办法是拆除管线或抽插盲板。拆除管线是将与检修设备相连接的管道、管道上的阀门、伸缩接头等可拆卸部分拆下，然后在管路侧的法兰上装置盲板。如果无可拆卸部分或拆卸十分困难时，则应关严阀门，在和检修设备相连的管道法兰连接处插入盲板，这种方法操作方便，安全可靠，多被采用。抽插盲板属于危险作业，应办理《抽插盲板作业许可证》并同时落实各项安全措施。

② 置换和中和。为保证检修动火和罐内作业的安全，设备检修前内部的易燃、有毒气体应进行置换，酸、碱等腐蚀性液体应该中和，还有经酸洗或碱洗后的设备，为保证罐内作业安全和防止设备腐蚀，也应进行中和处理。

易燃、有意有害气体的置换，大多采用蒸汽、氮气等惰性气体作为置换介质，也可采用“注水排气”法将易燃，有害气体压出，达到置换要求。设备经惰性气体置换后，若需要进入其内部工作，则事先必须用空气置换惰性气体，以防窒息。

③ 清扫和清洗。对可能积附易燃、有毒介质残渣、油垢或沉积物的设备，这些杂质用置换方法一般是清除不尽的，故经气体置换后还应进行清扫和清洗。因为这些杂质在冷态时可能不分解、不挥发，在取样分析时符合动火要求或符合卫生要求，但当动火时，通到高温这些杂质会迅速分解或很快挥发，使空气中可燃物质或有毒有害物质浓度大大增加而发生燃烧爆炸事故或中毒事故。

检修设备和管道内的易燃、有毒的液体一般是用扫线的方法来清除，扫线的介质通常用蒸汽。置换和扫线无法清除的沉积物，应用蒸汽、热水或碱液等进行蒸煮、溶解、中和等将沉积的可燃、有毒物质清除干净。

检修阶段的安全操作：

检修阶段，常常涉及电工作业、拆除作业、动火作业、动土作业、高处作业、设备内作业等及压力容器、管道、电气仪表等化工装置的检修。检修应严格执行各有关规定，以保证检修工作顺利进行。以下仅介绍设备内作业的安全操作规程。

（1）设备内作业及其危险性。凡进入石油及化工生产区域的罐、塔、釜、槽、球、炉膛、锅筒、管道、容器等以及地下室、阴井、地坑、下水道或其他封闭场所内进行的作业称为设备内作业。

设备内危险性介质可能潜在中毒、窒息、燃烧爆炸、腐蚀性等危险；有些设备内作业在系统不停车情况下进行，也增加了设备内作业危险性。由于危险因赢的存在，加之照明差、作业区窄小、操作不便、容易疲劳等，更增加了中毒、窒息、触电等危险性，因此，设备内作业是一项危险性很大的作业。

（2）设备内作业安全要点。

① 设备内作业必须办理《设备内安全作业证》，并要严格履行审批手续。

② 进设备内作业前，必须将该设备与其他设备进行安全隔离（加盲板或拆除一段管线，不允许采用其他方法代替），并清洗、置换干净。

③ 在进入设备前 30min 必须取样分析，严格控制可燃气体、有毒气体浓度及氧含量在

安全指标范围内，分析合格后才允许进入设备内作业。如在设备内作业时间长，至少每隔2h取样分析一次，如发现超标，应立即停止作业，迅速撤出人员。

④ 采取适当的正压通风措施，确保设备内空气良好流通。

⑤ 应有足够的照明，设备内照明电压应不大于36V，在潮湿容器、狭小容器内作业电压应不大于12V，灯具及电动工具必须符合防潮、防爆等安全要求。

⑥ 进入有腐蚀、窒息、易燃易爆、有毒物料的设备内作业时，必须按规定佩戴适用的个体防护用品、器具。

⑦ 在设备内动火，必须按规定向时办理动火证和履行规定的手续。

⑧ 设备内作业必须设专人监护，并与设备内作业人员保持有效的联系。

⑨ 在检修作业条件发生变化，并有可能危及作业人员安全时，必须立即撤出；若需继续作业，必须重新办理进入设备内作业审批手续。

⑩ 检修作业完工后，经检修人、监护人与使用部门负责人共同检查设备内部，确认设备内无人员和工具、杂物后，方可封闭设备孔。

检修后的安全操作：

（1）检修项目负责人应会同有关检修人员检查检修项目是否有遗记，工器具和材料等是否遗漏在设备内。

（2）检修项目负责人应会同设备技术人员、工艺技术人员根据生产工艺要求检查盲板油堵情况。

（3）因检修需要而拆移的盖板、扶手、栏杆、防护罩等安全设施应恢复正常。

（4）检修所用的工器具应搬走，脚手架、临时电源、临时照明设备等应及时拆除。

（5）设备、屋顶、地面上的杂物、垃圾等应清理干净。

（6）检修单位应会同设备所在单位和有关部门对设备等进行试压、试漏，调校安全阀、仪表和连锁装量，并做好记录。

（7）检修单位应合同设备所在单位和有关部门，对检修的设备进行单体和联动试车，验收交接。

第三节　化工安全管理措施

一、工艺操作安全管理

工艺是指对劳动对象进行加工或再制以改变其形状或性质时所采用的技术方法和程序。工艺操作是指用特定的工艺对某种劳动对象进行加工时，所进行的一切现场劳动的总称。工艺操作安全管理是指为使工艺操作顺利进行并取得合格产品所采取的组织和技术措施。

工艺操作是生产产品的手段，是企业人员主要的生产活动。工艺操作安全管理是化工企业管理的重要组成部分，是保证生产顺利进行、取得较好经济效益的基础，是化工企业安全管理的核心部分。

工艺操作安全管理的主要内容：

① 工艺规程的制定、修订及执行；

② 安全技术规程的制定、修订及执行；

③ 安全管理制度的制定、修订及执行；

④ 岗位操作法的制定、修订及执行；

⑤ 操作的制定和执行。

二、化学危险品安全管理

化学物质品种繁多，目前已有六百多万种，并且随着石油化学工业的发展，每年约增加三千多新品种，分别具有不同程度的燃烧、爆炸、毒害、腐蚀和放射性等危险特性。如果在生产、使用、储存和运输过程中，思想麻痹、措施不力，往往会引起爆炸、燃烧、中毒和灼伤等事故，严重的还造成国家财产的巨大损失和人身伤亡。因此，从事石油化工生产的广大职工必须掌握这些物质的理化性质，采取切实有效措施，防患于未然。

化学危险品的生产车间或经销商店可根据需要设立周转性的化学危险物品仓库，其储存限量由当地主管部门与公安部门规定。交通运输部门的车站、码头应当修建专用仓库储存化学危险物品。修建专用仓库确有困难者，应根据有关安全、防火规定和物品的种类、性质，设置相应的通风、防爆、泄压、防火防雷、报警、灭火、防晒、调温、消除静电、防护围堤等安全设施。

运输、装卸化学危险物品，必须按照有关危险货物运输管理规定办理。对不符合规定的，发货人不得抢运，运输部门不得承运。运输装卸化学危险物品应当遵守下列规定：

① 装卸人员必须按规定穿戴好劳动保护用品；

② 轻拿轻放，防止撞击、拖拉和倾倒；

③ 碰撞、互相接触容易引起燃烧、爆炸或造成其他危险的化学危险物品，以及化学性质或防护、灭火方法互相抵触的化学危险物品，不得违反配装限制和混合装运；

④ 遇热、遇潮容易引起燃烧、爆炸或产生有毒气体的化学危险物品，在装运时应当采取隔热、防潮措施；

⑤ 装运化学危险品时不得客货混装；

⑥ 关于运输工具，要根据所运化学危险物品的性质和类别合理地选择；

⑦ 关于气瓶的充装、运输等，按国家有关专门规定执行；

⑧ 装卸油料等易燃易爆液体时，导管必须是能够消除静电的导管。

三、生产现场及人的安全管理

1. 人员的安全管理

人员管理在企业安全管理中是极其重要的，生产过程的指挥人员和劳动者是生产要素中员为活跃的因素，也是安全生产的主要因素。

(1) 人员质量控制

在石油化工企业参加生产建设的人员，都必须有相应的身体素质和文化、技术素质，以保证生产建设的正常进行。

① 身体素质主要指能承担所分配工作所需的体力。特别要控制石油化工生产的禁忌症。

② 文化、技术素质是指人员与所分配的工作有相适应的文化水平和技术知识，经过培养能掌握生产操作技能和具备相应的管理能力。

(2) 人员进入现场的控制

新入厂人员进入生产现场之前必须经过三级教育。厂安全科(处)建立三级教官卡，厂劳资料、安全科和教育科协同执行厂级安全教育，车间和班组分别履行二、三级安全教育。经考试合格才能进入岗位学习教育。三级安全教育的要求应按上级统一规定的内容结合本厂实际进行。

(3) 人员的安全思想和行为的管理

生产、劳动过程是生产各要素相互结合、矛盾运动的过程。人们在劳动和工作中受到各种矛盾的影响和制约，因此对于在现场劳动和工作人员的安全思想和安全行为必须加以管理，这是保证安全生产最重要的问题。安全思想和安全行为的实现，主要靠思想教育、安全知识和技能教育、生产技术知识和技能培训教育。使劳动、工作人员自觉遵守各项规章制度。另外，对各种不安全思想和不安全行为进行检查，及时纠正，并以此为例教育全体人员，形成“遵章守纪光荣、违章违纪可耻”的氛围。

在石油化工企业内从事生产劳动和管理工作必须取得资格。工人独立从事生产劳动必须经过学徒培训，在培训期内学习生产劳动知识和技能，同时学习安全知识和技能，在学习期满时经考试合格，由班组讨论确认已能独立项岗者发给“安全作业证”，作为独立劳动资格的确认凭证。只有取得安全作业证者，才是合法的劳动者。

已经取得生产、工作资格的人，企业也要不断加强培训教育，按照安全教育制度进行，每年进行考试、考核。应注意利用其他单位事故案例进行预防事故的教育。其目的是不断提高自我防护能力，提高执行规章制度的自觉性。

2. 生产现场的安全管理

生产劳动都是在现场进行的，现场管理的水平直接影响着安全制度的正确贯彻，也直接影响安全生产是否能真正实现。加强现场管理才能使规章制度落到实处。广义的生产现场应该指一切有生产要素存在的地方和场所。所以涉及面广，牵制着许多专业管理在现场的实现。

(1) 安全宣传

① 安全宣传的作用

它是人们的心理因素和教育因素在具体环境中的融合。通过具体的宣传形式(包括标语、标牌和广播等)，使人们一进厂就能清醒地意识自己已经从生活的环境进入了生产环境中，随着人员向生产岗位的深入，安全宣传也应不断深入，使其思想、心理都与生产紧密结合起来，掌握好生产的主动权。

② 安全宣传的形式和内容

主要形式是安全标语、安全标语牌、安全宣传画、安全标志牌等。主要内容以“安全生产、人人有责”“安全第一”“禁止吸烟”及“佩戴好劳动保护用具”等为主，根据生产性质和生产环境特点，制造出适合本厂的“进入厂区有关规定”。

（2）厂区公用设施的管理

厂区公用设施涉及安全方面的有厂区道路、下水道和窨井、地面水等。

（3）厂内交通安全管理

厂内与厂外交通规则虽然是相同的，但厂内一般不设交通警察；此外，厂内道路复杂，管线、支架、地沟等纵横交错；车间在修、抢修基建施工有时占用马路；车辆要进出库房、车间危险场地，厂内的车子类型多种多样，除厂内常见的交通运输车辆外，还有不出厂的翻斗车、叉车(铲车)、电瓶车等特种车辆，这些车辆常常运输各类危险物品。因此，要保证安全必须搞好厂内道路、车辆交通安全管理。

四、企业安全文化建设

1. 安全文化的基本功能

安全文化具有规范人们行为的作用，其基本功能有：

（1）导向功能

企业安全文化提倡、崇尚什么将通过潜移默化作用，接受共同的价值观念，职工的注意力必然转向所提倡、崇尚的内容，将职工个人目标引导到企业目标上来。

（2）凝聚功能

当一种企业安全文化的价值观被该企业成员认同之后，它就会成为一种黏合剂，从各方面把其成员团结起来，形成巨大的向心力和凝聚力，这就是文化力的凝聚功能。

（3）激励功能

文化力的激励功能，指的是文化力能使企业成员从内心产生一种情绪高昂、奋发进取的效应。通过发挥人的主动性、创造性、积极性、智慧能力，使人产生激励作用。

（4）约束功能

这是指文化力对企业每个成员的思想和行为具有约束和规范作用。文化力的约束功能，与传统的管理理论单纯强调制度的硬约束不同，它虽也有成文的硬制度约束，但更强调的是不成文的软约束。

（5）安全文化的规范行为功能

上述基本功能最终通过行为表现出来。因此建设安全文化的重要意义是通过提高人们的安全文化素质，规范人们的安全行为，并促进精神文明的建设。

因此，安全文化具有以下几个重要性质：

① 管理推动性。安全文化不同于一般的社会大众文化。社会大众文化往往是通过民众的广为流传而积淀下来的，只要不是反对国家主权、制造民族分裂、腐蚀社会道德风气的文化，就无需对其推崇还是制止。安全文化是人们安全价值观的直接体现，是人们安全行为的准则和引导力量，在各种利益冲突和干扰下，仅仅通过人们自发形成的安全文化，往往不能向着社会所需要的良好方向发展。安全文化的发展需要借助管理的力量加以推动。企业安全文化更是如此，它形成于企业内部，为企业员工所共有，可以由企业的组织管理过程加以促进和实施；并且企业安全文化的发展将给企业带来生产效益的增长。

② 弥漫性。安全文化不是作为一个独立的、边界清晰的系统而存在，它深藏于每个人

的内心中，表现于每个人的行动上，影响到每一个任务的完成过程，调整着整个社会的人际关系。安全技术和安全管理中都渗透着安全文化的影响，因此，也有人提出安全文化具有“场效应”的特性。

③ 相对稳定性。相对稳定性，也可理解为安全文化的不易变动性和不宜变动性。与所有文化现象一样，安全文化一旦形成，就具有很大的稳定性，并且对大多数在其氛围中的人，都有着普遍的影响力。正是这种稳定性，使企业把握安全生产的规律，制定相应的安全生产政策和战略才具有实际意义。尽管安全文化可以通过管理手段加以推动，但是真正对人产生深刻影响的合理的安全文化，一定要具有长期的稳定性，而强行推动的多变的文化只能让人无所适从，无法形成固定的行为模式。当然也要强调，安全文化的相对稳定性并不排斥其适应新形势和新情况的创新和发展。

2. 安全文化建设的目标

（1）全面提高企业全员安全文化素质

企业安全文化建设应以培养员工安全价值观念为首要目标，分层次、有重点、全面地提高企业职工的安全文化素质。对决策层的要求起点要高，不但要树立“安全第一、预防为主”“安全就是效益”“关爱生命、以人为本”等基本安全理念，还要了解安全生产相关法律法规，勇于承担安全责任；企业管理层应掌握安全生产方面的管理知识，熟悉安全生产相关法规和技术标准，做好企业安全生产教育、培训和宣传等工作；企业操作层即基层职工不但要自觉培养安全生产的意识，还应主动掌握必须的生产安全技能。

（2）提高企业安全管理的水平和层次

管理活动是人类发展的重要组成部分，它广泛体现在社会文化活动中。企业安全文化建设的目标之一是提升企业安全管理水平和层次。传统安全管理必须要向现代安全管理转变，无论是管理思想、管理理念、管理方法、管理模式等都需要进一步改进。企业应建立健全职业安全健康管理体系，建立富有自身特色的安全管理体系，针对企业自身风险特点和类型实施超前预防管理。

（3）营造浓厚的安全生产氛围

通过丰富多彩的企业安全文化活动，在企业内部营造一种“关注安全，关爱生命”的良好氛围，促使企业更多的人和群体对安全有新的、正确的认识和理解，将全体员工的安全需要转化为具体的愿景、目标、信条和行为准则，成为员工安全生产的精神动力，并为企业的安全生产目标而努力。

（4）树立企业良好的外部形象

企业文化作为企业的商誉资源，是企业核心竞争力的一个重要体现。企业安全文化建设目标之一是树立企业良好的外部形象，提升企业核心竞争力中的“软”实力，在企业投标、信贷、寻求合作、占有市场、吸引人才等方面，发挥出巨大的作用。

3. 企业安全文化建设的类型

企业安全文化是企业文化和安全文化的重要组成部分；因此，企业应当将安全文化作为企业文化培育和发展的一个突出重点。具体来说，企业安全文化建设可通过如下四种方式进行。

（1）班组及职工的安全文化建设

倡导科学、有效的基层安全文化建设手段：如三级教育（333 模式），特殊教育，检修前教育，开停车教育，日常教育，持证上岗，班前安全活动，标准化岗位和班组建设，技能演练和三不伤害活动等。

推行现代的安全文化建设手段：“三群”(群策、群力、群管)对策；班组建小家活动；“绿色工程”建设；事故判定技术；危险预知活动；风险报告机制；家属安全教育；“仿真”(应急)演习等。

(2) 管理层及决策者的安全文化建设

运用传统有效的安全文化建设手段；全面安全管理，“四全”安全活动，责任制体系，三同时，定期检查制，有效的行政管理，经济奖惩，岗位责任制大检查等。

推行现代的安全文化建设手段：三同步原则，目标管理法，无隐患管理法，系统科学管理，系统安全评价，动态风险预警模式，应急救援预案，事故保险对策等。

(3) 生产现场的安全文化建设

运用传统的安全文化建设手段：安全标语，安全标志(禁止标志、警告标志、指令标志等)，事故警示牌等。

推行现代的安全文化建设手段：技术及工艺的本质安全化，安全标准化建设，车间安全生产工作日计时，三防管理(尘、毒、烟)，四查工程(岗位、班组、车间、厂区)，三点控制(事故多发点、危险点、危害点)等。

(4) 企业人文环境的安全文化建设

运用传统的安全文化建设手段；安全宣传墙报，安全生产周(日、月)，安全竞赛活动，安全演讲比赛，事故报告会等。

推行现代的安全文化建设手段：安全文艺(晚会、电影、电视)活动，安全文化月(周、日)，事故祭日(或建事故警示碑)，安全贺年活动，安全宣传的“三个一工程”(一场晚会、一幅新标语、一块墙报)，青年职工的“六个一工程”(查一个事故隐患、提一条安全建议、创一条安全警示语、讲一件事故教训、当一周安全监督员、献一笔安全经费)等。

五、企业 HSE 管理体系建设

安全、环境与健康管理体系(简称 HSE 管理体系)是一种先进的系统化、科学化、规范化、制度化的管理方法，推行 HSE 管理体系是国际石油、石化行业安全管理的现代模式，也是当前进入国际市场竞争的通行证。目前石化行业正积极推进安全、环境与健康管理体系建设。

1. HSE 管理体系的概念

安全、环境与健康管理体系是一种事前进行风险分析，确定其自身活动可能发生的危害及后果，从而采取有效的防范手段和控制措施防止事故发生，以减少可能引起的人员伤害、财产损失和环境污染的有效管理方法。HSE 管理体系在实施中突出责任和考核，以责任和考核保证管理体系的实施。

安全，是指在劳动生产过程中，努力改善劳动条件，克服不安全因素，使劳动生产在保证劳动者健康、企业财产不受损失、人民生命得到安全的前提下顺利进行。环境，是指与人类密切相关的、影响人类生活和生产活动的各种自然力量或作用的总和。它不仅包括各种自然因素的组合，还包括人类与自然因素间相互形成的生态关系的组合。健康，是指人身体上没有疾病，在心理上(精神上)保持一种完好的状态。由于安全、环境与健康管理在实际工作过程中，有着密不可分的联系，因而把健康(health)、安全(safety)和环境(environment)管理形成一个整体管理体系，称作 HSE 管理体系。

通常，HSE 管理体系由几大要素组成，如领导承诺、方针目标和责任；组织机构、职责、资源和文件；风险评价和隐患治理；人员、培训和行为；装置设计和安装；承包商和供应商管理；危机和应急管理；检查、考核和监督；审核、评审、改进和保障体系等。

2. HSE 管理体系的发展过程

在工业发展初期，由于生产技术落后，人类只考虑对自然资源的盲目索取和破坏性开采，而没有从深层次意识到这种生产方式对人类所造成的负面影响。现代化大生产隐藏着重大危险，1984 年墨西哥城石油液化气爆炸事故，使 650 人丧生，数千人受伤；同年印度博帕尔市郊农药厂发生甲基异氰酸盐泄漏的恶性中毒事故，2500 人中毒死亡，20 余万人受伤且大多数人双目失明，67 万人受到残留毒气的影响；1988 年英国北海油田的帕玻尔·阿尔法石油平台火灾爆炸事故，造成 165 人死亡；1989 年的 ExxoN 公司 VAI. DEz 泄油事故，各种赔偿和罚款达 80 多亿美元；1989 年美国菲利浦公司休斯顿化工总厂爆炸火灾事故，全厂性毁灭，22 人死亡，直接财产损失 7.5 亿美元。国际上的重大事故对安全工作的深化发展与完善起到了巨大的推动作用，引起了工业界的普遍关注，深深认识到石油石化行业是高风险的行业，必须更进一步采取有效措施和建立完善的安全、环境与健康管理系统，以减少或避免重大事故和重大环境污染事件的发生。

由于对安全、环境与健康的管理在原则和效果上彼此相似，在实际过程中，三者之间又有着密不可分的联系，因此有必要把安全、环境和健康纳入一个完整的管理体系。1991 年，壳牌公司颁布健康、安全、环境(HSE)方针指南。同年，在荷兰海牙召开了第一届油气勘探、开发的健康、安全、环境(HSE)国际会议。1994 年在印度尼西亚的雅加达召开了油气开发专业的安全、环境与健康国际会议，HSE 活动在全球范围内迅速展开。HSE 管理体系是石油石化工业发展到一定阶段的必然产物，它的形成和发展是石油石化工业多年工作经验积累的成果。HSE 作为一个新型的安全、环境与健康管理体系，得到了世界上大多数石油石化公司的共同认可，从而成为石油石化公司共同遵守的行为准则。

美国杜邦公司是当今西方世界 200 家大型化工公司中的第一大公司，该公司在海外 50 多个国家和地区中设有 200 多家子公司、联合公司雇员约有 20 万人。杜邦公司推行 HSE 管理，企业经营管理和安全管理都达到国际一流水平。荷兰皇家石油公司/壳牌公司集团学习了美国杜邦公司先进的 HSE 管理经验，取得了非常明显的成效。英国 BP-AMOCO 追求并实现出色的健康、安全和环保表现，对健康、安全和环保表现的承诺是该集团五大经营政策(道德行为、雇员、公共关系、HSE 表现、控制和财务)之一。BP 集团健康、安全与环境表现的承诺为：每一位 BP 的职员，无论身处何地，都有责任做好 HSE 工作。良好的 HSE 表现是事业成功的关键。目标是无事故、无害于员工健康、无损于环境。

3. 实施 HSE 管理体系的作用

(1) 建立 HSE 管理体系是贯彻国家可持续发展战略的要求

为了保护人类生存和发展的需要，我国政府将保护环境作为基本国策。石油石化企业的风险较大，环境影响较广，建立和实施符合我国法律、法规和有关安全、劳动卫生、环保标准要求的 HSE 管理体系，有效地规范生产活动，进行全过程的安全、环境与健康控制，是安全生产、环境保护和人员健康的需要，是石油石化企业的社会责任，也是对实现国民经济可持续发展的贡献。

（2）实施 HSE 管理体系对石油石化企业进入国际市场将起到良好的促进作用

自从国际上一些大的石油石化公司实施 HSE 管理以来，国际石油石化行业对石油石化企业提出了 HSE 管理方面的要求，不实行 HSE 管理的企业将在对外合作中受到限制。实施 HSE 管理，可以促进我们的管理与国际接轨，树立良好的企业形象，对施工作业队伍顺利进入国际市场打下良好的基础。

（3）实施 HSE 管理可减少企业的成本，节约能源和资源

HSE 管理体系采取积极的预防措施，将安全、环境与健康管理体系纳入企业总的管理体系之中，通过实施 HSE 管理，对企业的生产实行全面的整体控制，降低事故发生率，减少环境污染，降低能耗，减少事故处理、环境治理、废物处理和预防职业病发生的费用，提高企业的经济效益。

（4）实施 HSE 管理可减少各类事故的发生

石油石化企业许多事故都是由于管理不严、操作人员疏忽引起，实施 HSE 管理，将规范操作程序，提高管理水平，增强预防事故的能力，尽最大努力避免事故的发生。在事故发生时，通过有组织、有系统的控制和处理，将事故影响和损失降低到最低限度。

（5）实施 HSE 管理可提高企业安全、环境与健康管理水平

推行安全、环境与健康管理体系标准，加强安全、环境与健康的教育培训，通过引进新的监测、规划、评价等管理技术，加强审核和评审，使企业在满足环境法规要求、健全管理机制、改进管理质量、提高运营效益等方面建立一体化的管理体系。

（6）实施 HSE 管理可改善企业形象，提高经济效益

随着人们生活水平的提高，安全、环境与健康意识的不断增强，对清洁生产、优美环境、人身及财产安全的要求日益增高。如果企业接连发生事故，既造成企业的巨大经济损失，又会造成环境污染，给人们留下技术落后、生产与管理水平低劣的印象，以致恶化与当地居民之间的关系，给企业的活动造成许多困难。企业实施 HSE 管理，通过提高安全、环境与健康的管理质量，减少和预防事故的发生，可以大大减少用于处理事故的开支，减少事故造成的减产、停产、营业中断的损失，提高经济效益，从而满足职工、社会对健康、安全与环境的要求，又能改善企业形象，增强市场竞争优势，这样就使企业的经济效益、社会效益和环境效益有机地结合在一起。

4. HSE 管理体系的构建

（1）HSE 管理体系基本术语

术语是对某一学科、专业或应用领域内所使用的一般性概念所做的准确而统一的描述，以使人们对某些有关概念形成共同的认识从而奠定相互交流、相互理解和开展工作的基础。如同术语的标准化是所有标准化活动的基础一样，HSE 管理术语的标准化也成为健康、安全与环境管理标准化活动中不可缺少的重要环节。

① 要素：安全、环境与健康管理中的关键因素。

② 事故(专指损伤事故)：造成死亡、职业病、伤害、财产损失或环境破坏的事件。

③ 危害：可能造成人员伤害、职业病、财产损失、作业环境破坏的根源或状态。

④ 风险：发生特定危害的可能性或发生事件结果的严重性。

⑤ 风险评价：依照现有的专业经验、评价标准和准则，对危害分析结果作出判断的过程。

⑥ 审核：判别管理活动和有关过程是否符合计划安排，这些安排是否得到有效实施，系统地验证企业实施安全、环境与健康方针和战略目标的过程。

⑦ 评审：高层管理者对安全、环境与健康管理体系的适应性及其执行情况进行正式评审。评审包括有关安全、环境与健康管理中存在的问题及方针、法规以及因外部条件改变而提出的新目标。

⑧ 资源：实施安全、环境与健康管理体系所需的人员、资金、设施、设备、技术和方法等。

⑨ 安全、环境与健康管理体系：指实施安全、环境与健康管理的组织机构、职责、做法、程序、过程和资源等而构成的整体。

⑩ 不符合：任何能够直接或间接造成伤亡、职业病、财产损失、环境污染事件；违背作业标准、规程、规章的行为；与管理体系要求产生的偏差。

⑪ 管理者代表：由公司最高领导者任命，在公司内代表最高领导者履行 HSE 管理职能的人员。

（2）HSE 管理体系的构建

① 领导决策和准备

首先需要最高管理者做出承诺，即遵守有关法律、法规和其他要求的承诺和实现持续改进的承诺。在体系建立和实施期间最高管理者必须为此提供必要的资源保障。

建立和实施 HSE 管理体系是一个十分复杂的系统工程，最高管理者应任命 HSE 管理者代表，来具体负责 HSE 管理体系的日常工作。

最高管理者还应授权管理者代表成立一个专门的工作小组，来完成企业的初始状态评审以及建立 HSE 管理体系的各项任务。

② 教育培训

HSE 管理体系标准的教育培训，是开始建立 HSE 管理体系十分重要的工作。培训工作要分层次、分阶段、循序渐进地进行，并且必须是全员培训。

③ 拟订工作计划

通常情况下，建立 HSE 管理体系需要一年以上的时间，因此需要拟订详细的工作计划。在拟订工作计划时要注意：目标明确、控制进程、突出重点。总计划表批准后，就可制定每项具体工作的分计划。与此同时，还要注意制定计划的另一项重要内容是提出资源的需求，报最高管理层批准。

④ 初始状态评审

初始状态评审是建立 HSE 管理体系的基础，其主要目的是了解企业的 HSE 管理现状，为企业建立 HSE 管理体系搜集信息并提供依据。

⑤ 危险辨识和风险评价

危险辨识是整个 HSE 管理体系建立的基础。主要分为：危害识别、风险评价和隐患治理。

⑥ 体系的策划和设计

主要任务是依据初始评审的结论，制定 HSE 方针、目标、指标和管理方案，并补充、完善、明确或重新划分组织机构和职责。

⑦ 编写体系文件

HSE 管理体系是一套文件化的管理制度和方法，因此，编写体系文件是企业建立 HSE 管理体系不可缺少的内容，是建立并保持 HSE 管理体系重要的基础工作，也是企业达到预定的 HSE 方针、评价和改进 HSE 管理体系、实现持续改进和事故预防必不可少的依据。

⑧ 体系的试运行和正式运行

体系文件编制完成以后，HSE 管理体系将进入试运行阶段。试运行的目的就是要在实践中检验体系的充分性、适用性和有效性。试运行阶段，企业应加大运作力度，特别是要加强体系文件的宣贯力度，使全体员工了解如何按照体系文件的要求去做，并且通过体系文件的实施，及时发现问题，找出问题的根源，采取措施予以纠正，及时对体系文件进行修改。

体系文件得到了进一步完善后，可以进入正式运行阶段。

在正式运行阶段发现的体系文件不适宜之处，需要按照规定的程序要求进行补充、完善，以实现持续改进的目的。

⑨ 内部审核

内部审核是企业对其自身的 HSE 管理体系所进行的审核，是对体系是否正常运行以及是否达到预定的目标等所做的系统性的验证过程，是 HSE 管理体系的一种自我保证手段。内部审核一般是对体系全部要素进行的全面审核，可采用集中式和滚动式两种方式。应有与被审核对象无直接责任的人员来实施，以保证审核的客观、公正和独立性。

⑩ 管理评审

管理评审是由企业的最高管理者定期对 HSE 管理体系进行的系统评价，一般每年进行一次，通常发生在内部审核之后和第三方审核之前，目的在于确保管理体系的持续适用性、充分性和有效性，并提出新的要求和方向，以实现 HSE 管理体系的持续改进。

第四节　化工安全管理实例

一、化工安全管理安全检查实例

为了系统地发现生产经营单位、车间、工序或机器、设备、装置以及各种操作管理和组织措施中的不安全因素，事先把检查对象加以剖析，把大系统分解成小系统，查处不安全因素的所在，然后确定检查项目，以提问的方式，将检查项目按系统或子系统顺序编制成表，以便进行检查和避免遗漏，这种表就叫做安全检查表。

各种类型安全检查表所应包含的内容及检查周期、使用者情况如表 6-1 所示。

表 6-1　安全检查表所包含内容划分

检查类别	设备		人的因素	管理因素	环境条件	检查周期	执行者
	重点设备	小型设备					
岗位检查	√	√	√		√	班	操作者
班组检查	√		√		√	班	班组长
工段检查	√		√			周	工段长
车间检查	√		√	√	√	半月	主任、安全员
厂级检查	√		√	√	√	月	厂长、安全科
专业检查	√		√			年	专业部门
定期检查	√		√		√	半年或季	安全/专业部门
群众性检查	√	√	√		√	半年或季	职工

根据编制依据与原则编制的乙炔发生器安全检查表见表 6-2。

表 6-2　乙炔发生器安全检查表

编号：　　　　车间部门：　　　　　　　设置地点：

序号	项目	检查内容要点	是√	否×
1	设置地点	不准靠近热源		
		不准烈日曝晒		
		与明火保持 10m 距离		
		与氧气瓶保持 5m 距离		
		高空作业时要放在上风向		
2	安全装置	安全薄膜材料质量厚度符合要求		
		泄压孔不堵塞		
		使用乙炔压力表		
		压力表清晰准确		
		用水清洁，水位正常		
		安全阀无损，动作灵敏		
		装有符合要求的回火防止器		
3	桶体	电石蓝升降完好灵活		
		花蓝不准用铜丝扎		
		内锥罩与桶壁间隙不堵		
		无裂纹及泄漏		
		电石质量、粒度、数量符合要求		
4	其他	乙炔皮管符合要求		
		乙炔皮管不应老化		
		乙炔皮管不准用紫铜管连接		
		不准和电焊线搭在一起		
		操作者有操作证		
记录事项				
检查人		检查时间		

安全检查表的目的和对象不同，检查的着眼点也就不同，因而编制不同类型安全检查表的总原则是，检查对象越大，检查项目越侧重于影响全局的。反之，检查对象越小，越侧重于局部。

二、化工安全管理杜邦安全文化实例

杜邦公司经过200多年的发展，已经形成了自己的企业安全文化，并把安全、健康和环境作为企业的核心价值之一。他们对安全的理解是：安全具有显而易见的价值，而不仅仅是一个项目、制度或培训课程；安全与企业的绩效息息相关；安全是习惯化、制度化的行为。

杜邦公司将企业安全文化发展描述为四个阶段，如图6-1所示。第一阶段是自然本能反应。处在该阶段的企业和员工对安全的重视仅仅是一种自然本能保护的反应，员工对安全是一种被动的服从；安全缺少高级管理层的参与。这一阶段的事故率很高。第二阶段是严格监督阶段。该阶段的特征是：各级管理层对安全责任作出承诺；员工执行安全规章制度仍是被动的，因害怕被纪律处分而遵守规章制度，此阶段，安全绩效会有提高，但事故发生率仍较高。第三阶段是自主管理阶段，事故率较低。企业已具有良好的安全管理及体系，员工具备良好的安全意识，视安全为自身生存的需要和价值的实现。进入第四阶段，事故率更低甚至趋于零，员工不但自己遵守各项规章制度，而且有意帮助别人；不但观察自己岗位上的不安全行为和条件，而且能留心观察其他岗位；员工将自己的安全知识和经验分享给其他同事等。杜邦公司现在已经发展到团队互助管理阶段。

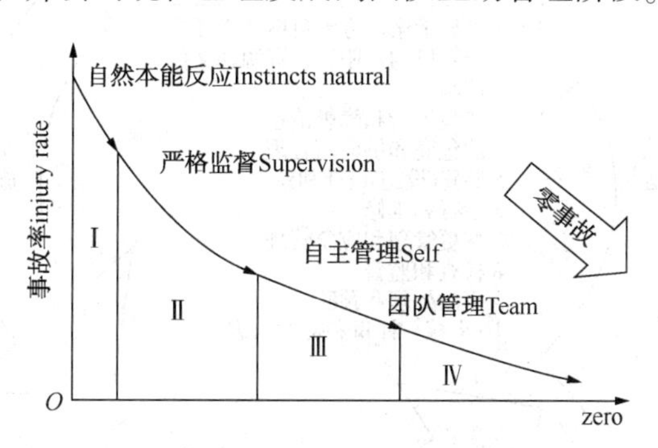

图6-1　杜邦企业文化建设的四个阶段示意图

杜邦建立了一整套适合自己的安全管理体系，要求每一位员工都要严守十大安全信念：①一切事故都可以防治；②管理层要抓安全工作，同时对安全负责任；③所有危害因素都可以控制；④安全工作是雇佣的一个条件；⑤所有员工都必须经过安全培训；⑥管理层"必须"进行安全检查；⑦所有不良因素都必须立即纠正；⑧工作之外的安全也很重要；⑨良好的安全创造良好的业务；⑩员工是安全工作的关键。杜邦坚持安全管理以人为本的信念，并制定了一套十分严格、苛刻的安全防范措施。但是正是这些苛刻的措施，令杜邦的员工感到十分安全。

在200多年后的今天，杜邦公司形成九大安全观：所有的伤害及职业疾病皆可避免；安全是每一位员工的职责；所有操作上的危害暴露都可以避免；必须训练所有的员工能够安全地工作；安全是员工雇用的条件；不断稽核是必要的；所有的缺失必须立即改善；员工是安全计划中最重要的一环；厂外安全与厂内安全同样重要。

杜邦公司的安全业绩是惊人的，它的安全业绩有两个 10 倍：一是杜邦的安全纪录优于其他企业 10 倍；二是杜邦员工上班时比下班后还要安全 10 倍。杜邦深圳独资厂从 1991 年起，因无工伤事故而连续获得杜邦总部颁发的安全奖；1993 年，上海杜邦农化有限公司创下 160 万工时无意外，成为世界最佳安全纪录之一；1996 年，东芜杜邦电子材料有限公司，荣获美国总部的董事会安全奖。美国职业安全局 2003 年嘉奖的“最安全公司”中，有 50%以上的公司接受了杜邦的安全咨询服务。

三、化工安全 HSE 管理体系实例

中国石化集团公司在参考国外大型石油化工企业开展 HSE 一体化管理经验的基础上，结合公司的实际情况，编制出中国石化集团公司 HSE 管理体系的一个体系、四个规范和五个指南。

（1）一个体系——HSE 管理体系

HSE 管理体系标准明确了中国石化集团公司 HSE 管理的十大要素，各要素之间紧密相关，相互渗透，不能随意取舍，以确保体系的系统性、统一性和规范性(图 6-2)。

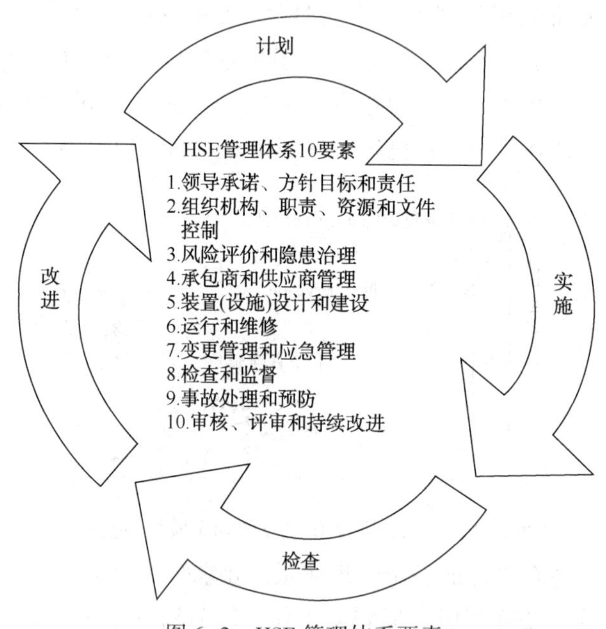

图 6-2　HSE 管理体系要素

① 领导承诺、方针目标和责任。中国石化集团公司 HSE 的方针是：安全第一、预防为主，全员动手、综合治理，改善环境、保护健康，科学管理、持续发展。HSE 的目标是：努力实现无事故、无污染、无人身伤害，创国际一流的 HSE 业绩。HSE 的承诺是：集团公司在世界任何地方，遵守所在国家和地区的法律、法规，尊重他们的风俗习惯和宗教信仰，在所有的业务领域对 HSE 的态度始终如一。HSE 的最终目的，就是追求最大限度地不发生事故、不损害员工健康、不破坏自然环境。

② 组织机构、职责、资源和文件控制。要求企业为了保证体系的有效运行，必须合理配置人力、物力和财力资源，明确各部门、人员的 HSE 管理职责，定期开展培训以提高全

体员工的素质，遵章守纪、规范行为，确保员工履行自己的 HSE 职责。

③ 风险评价和隐患治理。实行风险评价是建立和实施 HSE 管理体系的核心。要求企业经常对危害和隐患进行评价和分析，以便采取有效或适当的控制和防范措施，把风险降到最低限度。

④ 承包商和供应商管理。要求从承包商和供应商的资格预审、承包商和供应商的选择、开工前的准备、作业过程监督、承包商和供应商表现评价等方面对承包商和供应商进行管理。

⑤ 装置(设施)设计与建设。要求新建改建扩建装置(设施)时，要按照“三同时”的原则，按照有关标准、规范进行设计、设备采购、安装和试车，以确保装置(设施)保持良好的运行状态。

⑥ 运行与维护。要求对生产装置、设施、设备、危险物料、特殊工艺过程和危险作业环境进行有效控制，提高设施设备运行的安全性和可靠性，结合现有的、行之有效的管理方法和制度，对生产的各个环节进行管理。

⑦ 变更管理和应急管理。变更管理是指对人员、工作过程、工作程序、技术、设施等永久性或暂时性的变化进行有计划地控制，以避免或减轻对安全、环境与健康方面的危害和影响。应急管理是指对生产系统进行全面、系统、细致地分析和研究，确定可能发生的突发性事故，制定防范措施和应急计划。

⑧ 检查、考核和监督。要求定期对已建立的 HSE 管理体系的运行情况进行检查与监督，建立定期检查和监督制度，以保证 HSE 管理方针目标的实现。

⑨ 事故处理和预防。建立事故处理和预防管理程序，及时调查、确认事故或未遂事件发生的根本原因，制定相应的纠正和预防措施，确保事故不会再次发生。

⑩ 审核、评审和持续改进。要求企业定期对 HSE 管理体系进行审核、评审，以确保体系的适应性和有效性，使其不断完善，达到持续改进的目的。

（2）四个规范——油田、炼化、销售、施工企业 HSE 管理规范

HSE 管理规范是在 HSE 管理体系的基础上，依据集团公司已颁发的各种制度、标准、规范，对完成十大要素的具体要求。根据各专业特点，编制了油田企业 HSE 管理规范、炼油化工企业 HSE 管理规范、销售企业 HSE 管理规范、施工企业 HSE 管理规范。集团公司的各设计、科研单位按相应专业 HSE 管理规范实施。

（3）五个指南——油田、炼化、销售、施工企业 HSE 实施程序编制指南、管理职能部门 HSE 实施计划编制指南

HSE 管理体系实施的最终落脚点是作业实体，如生产装置、基层队等，因此在开展 HSE 管理过程中，重点是抓好作业实体(生产装置、基层队等)的 HSE 管理的实施。作业实体(生产装置、基层队等)根据集团公司的 HSE 管理体系的要求编写自己的 HSE 实施程序(集团公司已分专业编制了 HSE 实施程序编制指南)。油田企业编制基层队、炼化企业编制关键生产装置、销售企业编制油库和加油站、施工企业编制施工项目部实施程序。

HSE 管理体系的组织、监督者是各级职能部门，在推行 HSE 管理体系中，落实各级职能部门的管理职责，充分发挥职能部门的管理监督作用是十分重要的。因此，中国石化集团公司编制了各级职能部门 HSE 职责实施计划编制指南，要求各级职能部门根据公司 HSE 管理体系的要求，编写职能部门自己的 HSE 实施程序。

参 考 文 献

[1] 李晋．化工安全技术与典型事故剖析[M]．成都：四川大学出版社，2012.
[2] 邵辉，王凯全．安全心理学[M]．北京：化学工业出版社，2004.
[3] 邵辉，邢志祥，王凯全．安全行为管理[M]．北京：化学工业出版社，2008.
[4] 邵辉，王凯全．危险化学品生产安全[M]．北京：中国石化出版社，2010.
[5] 邵辉．化工安全[M]．北京：冶金工业出版社，2012.
[6] 邵辉．安全管理学[M]．北京：中国石化出版社，2014.
[7] 王凯全．化工安全工程学[M]．北京：中国石化出版社，2007.
[8] 王凯全，邵辉．危险化学品安全经营、储运与使用．第2版[M]．北京：中国石化出版社，2010.
[9] 王凯全．石油化工安全概论．第2版[M]．北京：中国石化出版社，2011.
[10] 王凯全．安全管理学[M]．北京：化学工业出版社，2011.
[11] 陈海群，陈群，王凯全．化工生产安全技术[M]．北京：中国石化出版社，2012.
[12] 王新颖，王凯全．危险化学品设备安全．第2版[M]．北京：中国石化出版社，2010.
[13] 赵庆贤，邵辉．危险化学品安全管理[M]．北京：中国石化出版社，2005.
[14] 田水承，景国勋．安全管理学[M]．北京：机械工业出版社，2009.
[15] 李彦海．化工企业管理、安全和环境保护[M]．北京：化学工业出版社，2000.
[16] 彭力．石油化工企业安全管理必读[M]．北京：石油工业出版社，2004.
[17] 匡永泰，高维民．石油化工安全评价技术[M]．北京：中国石化出版社，2005.
[18] 胡月．建筑施工现场危险源风险等级评价研究[D]．哈尔滨：哈尔滨工业大学，2009.